.... 에게

이 책을 통해 수학에 대한 흥미와 자신감을 갖고
수학 정복에 한 걸음 더 다가가기를 바랍니다.

.... 드림

수학의 눈을 찾아라

에듀아이즈(김서준, 박진형 외 4인) 지음

RHK
알에이치코리아

》 2007년 여름, 이 책의 공동 저자이자 2~3년을 같은 학교와 기숙사에서 매일 함께 생활하던 서울과학고 선후배 사이이기도 한 저희 여섯 명은 강남역 근처의 한 카페에 모였습니다. 그날 우리 대화의 첫 주제는 한국 수학의 국제적인 위상에 대한 것이었습니다. 저희 중에는 IMO(국제수학올림피아드), KMO(한국수학올림피아드)를 비롯해 각종 수학 경시 대회에서 최상위권의 성적을 거둔 친구도 있고, 현재 수학을 전공하고 있는 대학원생도 있으며, 또한 모든 구성원들이 이공계 대학 출신이었기 때문에 자연스레 수학 이야기에 몰입하게 되었습니다.

우리나라는 몇 년째 IMO에서 종합 3, 4위를 기록하는 등 최상위권의 성적을 유지하고 있고, 한 국가의 수학적인 역량을 말해주는 국제수학연맹(IMU)의 회원 등급도 두 번째로 높습니다. 게다가 2006년 OECD가 조사한 세계 57개국 학업 성취도에서 수학 부분 1~4위(1위와 오차 범위 내 4위)를 기록할 정도로 수학적 역량이 뛰어

난 나라입니다. 하지만 이러한 자긍심은 얼마 가지 않아 한 가지 의문과 맞닥뜨렸습니다.

> '그런데 왜 대부분의 학생들은 수학을 어려워하고 싫어하는 것일까?'

세계 최고 수준의 수학적 역량을 가진 나라의 학생들이 수학을 싫어한다는 것은 모순처럼 보일 수도 있지만, 분명 '잘하는 것'과 '친근하게 생각하고 좋아하는 것'은 다른 문제입니다. 어렵고 재미없게 배워도 억지로 잘할 수도 있으니까요. 물론 그러한 학습 방법은 일정 수준 이상에서는 더 이상 발전할 수 없는 한계를 드러냅니다.

그다지 길지 않은 토론 끝에, 저희는 현재 우리나라의 수학 교육에 근본적인 문제가 있다는 결론에 도달하게 되었습니다. 기본 개념이 확실히 정립되지 않은 학생에게 복잡하고 반복적인 문제 풀이를 무리하게 강요하는 방식으로는 절대로 수학에 흥미를 갖고 스스로 공부하게 할 수 없습니다. 지금까지의 수학 교육 방식이나 학습법이 획기적으로 개선되지 않는다면 학교에서건 학원에서건 아무리 많은 공부를 시키더라도 학생들은 점점 수학 공부를 어렵게 느끼고 결국 수학을 싫어하게 될 것입니다.

실제로도 많은 학생들이 수학에 대한 잘못된 편견 때문에 공부하는 데 어려움을 호소하고 있습니다. 그들이 가진 '수학 공포증'의 가장 대표적인 증상은 '수학을 잘하려면 좋은 머리를 타고나야 한다'라는 오래되고 고질적인 고정관념입니다. 그래서 지금도 많은 학생들이 '나는 수학 체질이 아니다', '내겐 수학적 재능이 없다'는 말로 수학 공포증을 합리화하고 있는 것입니다.

하지만 장담컨대 수학은 선택된 사람들만 잘할 수 있는 특수한 과목이 아닙니다. 이렇게 자신있게 말할 수 있는 데는 두 가지 근거가 있습니다. 첫째, 현재 중고등학교에서 배우는 수학의 범위는 지금까지 연구된 수학이라는 학문의 전체 내용 중 극히 일부입니다. 평균적인 지적 수준을 가진 학생이 올바른 공부법을 알고 실천하기만 한다면 누구나 무리 없이 정복할 수 있는 분량입니다.

둘째, 수학은 일단 자신감을 가지고 주도적으로 공부하는 습관만 들이면 다른 과목에 비해 효율적으로 점수 관리를 할 수 있습니다. 모든 공부가 그렇지만 수학은 특히 선순환 구조를 타기 쉬운 과목입니다. 초등부터 고등까지 모든 교과 과정이 서로 연관되어 있기에 기초적인 개념을 확실히 익혀두면 학년이 올라갈수록 공부에 더욱 재미가 붙고 좋은 성적을 얻을 수 있습니다.

요컨대 올바른 방법으로 직접 공부하면서 스스로 수학의 진정한 가치와 즐거움을 깨우쳐간다면 누구나 즐기면서도 잘할 수 있는 과목이 바로 수학이라는 것입니다.

하지만 무조건 수학이 중요하고 재미있는 과목이라고 설명하는 건 상당히 어렵고 추상적인 일입니다. 그래서 저희는 이 책에서 소설 형식을 통해 수학이 얼마나 흥미로운 학문인지, 어떻게 하면 수학에 대한 공포증을 떨쳐버리고 자신감을 가질 수 있는지, 효율적이고 효과적인 수학 공부법은 무엇인지를 소개하고자 했습니다. 고등학교 1학년 첫 중간고사를 망친 주인공이 수학 공부 비법서《수학의 눈》에 숨겨져 있는 일곱 개의 비법들을 찾아가는 과정을 통해 여러분도 그 해답을 함께 찾아보기 바랍니다.

몇 년치 교과 과정을 앞당겨 공부하는 무리한 선행 학습과 각종 사교육이 난무하는 현실이지만 기본을 모른 채 요령만을 좇는 것은 모래성 쌓기처럼 위태로울 수밖에 없습니다. 무엇보다 중요한 것은 수학을 잘하고 싶다는 소망과 수학을 잘해야겠다는 의지입니다.

수학을 잘하고 싶은데 도대체 방법을 몰라 답답한 학생들, 남들보다 열심히 공부하는 것 같은데도 수학 점수가 형편없어 고민하는 학생들이 이 책을 통해 좀 더 쉽게 성공적인 수학 공부법을 익힐 수 있으리라 확신합니다. 수학 공포증을 떨쳐버리고 자신만의 '수학의 눈'을 갖게 되기를, 더 넓은 수학의 세상을 보게 되기를 진심으로 바랍니다.

여섯 지은이들의 대표
김서준, 박진형

📗 차례

'66? 수학 66점?'

하도 어이가 없어 실감이 안 났다. 몇 번을 다시 봐도 분명히 66점이었다. 고등학교에 입학해서 처음 본 시험인데 66점이라니……. 중간고사 성적표를 받아든 순간, 나는 뒤통수를 한 대 얻어맞은 듯 멍해졌다. 상상할 수도 없는 점수였다.

'꿈이야. 그래, 분명히 꿈일 거야.'

하지만 몇 번이나 눈을 감았다 떠봐도 66이라는 황당한 점수에는 변함이 없었다.

'잠깐만! 이거 다른 사람 성적표 아냐?'

아주 짧은 순간 안도감이 스치며 가슴이 콩닥거렸다. 하지만 성적표 한 귀퉁이에 떡하니 박혀 있는 내 이름 석 자 '김희철'. 그 세 글자는 판사가 판결문 낭독 후 꽝, 꽝, 꽝 내려치는 나무망치 소리처럼 명확했다. 쐐기를 박듯 성적표에는 학년, 반, 번호까지 정확하게 표기되어 있었다. 머릿속에서 소용돌이가 휘몰아치는 것 같았다. 다른 과목 점수는 아예 눈에도 안 들어왔다.

'수학이 66점이라니……. 아니, 내가 왜?'

공부를 아주 잘하는 편은 아니었지만 항상 상위권의 성적은 유지했고, 특히 수학은 별로 어렵다고 느껴본 적도 없었다. 공식 몇 개 외우고 문제집 몇 권 풀어보면 시험도 별로 어려울 게 없었다. 수학 문제라는 게 대부분 비슷비슷했으니 말이다.

종례를 마치며 담임 선생님은 시험에 대한 짧은 촌평을 덧붙였다. 다음 시험에서는 더 열심히 공부해서 성적을 올리라는 판에 박힌 얘기였다. 그 말을 듣고 나니 아예 억장이 무너지는 것 같았다. 지금 내 귀에 그딴 위로나 격려가 들어오기나 하겠느냐고요!

문득 불길한 생각이 밀려왔다.

'그래, 어쩌면 내가 수학을 잘하는 게 아니라 중학교 수학이 너무 쉬워서 점수가 잘 나왔던 건지도 몰라. 사실 고등학교 수학은 중학교 수학하고는 비교도 안 되게 어렵잖아? 다른 애들도 다 비슷한 상황일 거야. 아니, 어쩌면 이게 진짜 내 실력일지도 몰라. 정말 그렇다면 어떡해야 하지?'

머리가 지끈지끈 아파왔다.

고등학교 수학이 갑자기, 그리고 많이 어려워진다는 얘기는 귀에 못이 박히도록 들어 이미 알고 있었다. 그래서 입학 전부터 학원에 다니며 선행 학습까지 했었던 것이다. 학원 수업도 열심히 들었고 내용도 어느 정도 이해했다고 생각했었다. 입학한 뒤에 학교 수업을 들을 때도 대부분 아는 내용이라 수업 내용을 소화하는 데 별 어려움을 못 느꼈다. 물론 수업을 매 시간 열심히 들은 건 아니지만 초반에 배우는 집합과 기초적인 연산들이 어려울 리 없지 않은가? 그런데 그 결과가 66점이라니, 믿을 수 없는 일이었다.

왜 이런 일이 벌어졌을까? 답안지 작성을 잘못했나? 그런 실수는 한 번도 해본 적이 없는데……. 시험 문제들을 돌이켜 생각해보니 더 혼란스러웠다. 시험 기간까지만 하더라도 다 안다고 자신했던 내용들이 갑자기 불확실해졌다. 유독 내가 잘 모르는 부분에서만 많은 문제가 나왔던 것 같기도 했다.

뒤늦게야 주섬주섬 가방을 챙겨들고 나오는 길에 하늘을 올려다보니 구름 한 점 없이 맑기만 했다. 마음이 답답하거나 힘들 때, 불안하거나 싱숭생숭할 때 하늘을 가만히 바라보고 있으면 마음이 차분히 가라앉곤 했는데, 이젠 어떡하나 암담할 뿐이다.

생각을 가다듬으려 숨을 크게 들이쉬는데 누군가 뒤에서 나를 부르는 소리가 들렸다.

"희철아! 같이 가자!"

소희였다. 입학하자마자 친구들은 물론 선배들한테까지 엄청난 인기를 얻고 있는 소희. 친구들은 모두 나와 소희 사이를 부러워했다. 또 어떤 녀석들은 내가 소희를 짝사랑한다며 놀리기도 했다. 소희한테 관심 있으면 관심 있다고 솔직히 얘기할 것이지, 말도 안 되는 질투를 하는 것이다. 저런 말괄량이는 내 취향 아니거든! 소희와 나는 그냥 오래된 소꿉친구일 뿐이다. 우리가 태어나기 전부터 부모님들끼리 이웃에 살며 친하게 지내온 터라 우리도 아주 꼬맹이였을 때부터 친구가 되었다. 게다가 유치원부터 시작해서 초등학교, 중학교도 같은 학교를 다녔는데 고등학교까지 같은 학교로 배정받게 된 것이다.

달려오는 소희의 표정이 유난히 환하다.

"아직 안 갔네. 근데 소희 너, 성적은 잘 나왔어?"

"응, 그럭저럭. 수학 점수가 예상했던 것보다 높게 나와서 평균 점수도 잘 나왔더라. 너는 어때? 시험 잘 봤어?"

"응, 뭐 그냥."

방긋 웃는 소희 앞에서 왠지 모를 부담감이 밀려왔다. 웬일인지 소희의 미소에 그만 기가 죽었다. 학교에서 집까지 가는 데 걸리는 10분도 안 되는 시간이 오늘은 왜 이렇게 길게만 느껴지는지, 백만 년은 되는 것 같았다.

66점짜리 성적표를 부모님께 보여드릴 생각을 하니 숨이 막히는 듯했다. 소희네 엄마한테 이야기를 들으면 엄마도 성적표가 나왔다는 걸 금방 아시게 될 텐데…….

아무것도 모르는 엄마 얼굴을 보고 있자니 죄송한 마음에 기분이 더 착잡해졌다. 머리가 아프다는 핑계로 일찍 자리에 누웠지만 쉽게 잠들지도 못하고 밤새 뒤척이다 일찌감치 일어나 집을 나섰다. 아침밥도 안 먹고 학교에 가는 나를 걱정스럽다는 듯 배웅하시는 엄마. 아, 어떡해야 하나…….

1교시가 끝나고 쉬는 시간이 되자 아이들이 몰려다니며 웅성거렸다. 다른 반 녀석들까지 가세해서 정신이 사나웠다. 가뜩이나 우울한 데다 잠까지 설쳐서 머리가 다 지끈거리는데 가만히 들어보니 또 소희 얘기다. 한심한 녀석들……. 보나마나 이번에도 말도 안 되는 스캔들 얘기겠지. 그런데 소희는 요즘 왜 그렇게 인기가 좋은 거야? 슬슬 짜증이 났다.

그때 명수가 책상에 걸터앉으며 말을 건넸다.

"야, 소희 말야, 네 짝사랑! 걔가 이번에 전교 1등이라며! 걔 원래 그렇게 공부 잘했었냐?"

"뭐? 소희가 전교 1등이라고? 처음 듣는 얘긴데? 소희야 뭐, 중학교 때부터 잘하긴 했지. 그래도 전교 1등까지는 아니었는데……."

"고등학교에선 수학 비중이 크잖냐. 이번에 1학년 전체에서 소희 혼자 수학 만점이래. 그래서 다들 이렇게 시끄러운 거야. 그나저나 반장 말야, 재석이. 걔 되게 안됐다. 수학 문제 하나 틀려서 이번에 소희한테 밀린 거잖아. 걔는 중학교 때부터 전교 1등 놓친 적이 없다던데……. 여기 입학할 때도 재석이가 1등이었잖아."

명수 말이 맞다. 고등학교에선 특히 수학이 중요하다. 나도 이번에 몸소 체감하고 있잖은가. 어려운 만큼 수학 점수 잘 나오는 애들이 드무니 수학만 제대로 해도 성적이 확 달라지는 것이다. 게다가 고등학교에선 과목마다 점수 비중이 다르니까 비중이 큰 수학이 중요할 수밖에 없다.

화장실 다녀올 시간은 있을 것 같아 답답한 마음에 교실을 나섰다. 복도는 교실보다 한결 나았다. 좀 시끄럽긴 하지만 교실에서 나는 퀴퀴한 냄새가 안 나니 두통이 가라앉았다.

"희철아!"

누가 어깨를 툭 치기에 돌아보니 화제의 주인공, 소희다.

"야, 세 번이나 불렀어!"

"어, 미안. 소희 너 이번 시험에서 전교 1등 했다며? 축하한다."

"고마워. 운이 좋았지, 뭐. 그런데 너 오늘은 힘이 없어 보이네. 무슨 일 있어?"

"아니, 그냥 머리가 좀 아파서……."

"그래? 양호실 가는 거야?"

걱정스러운 듯 내 얼굴을 들여다보는 소희를 뒤로 하고 고개를 푹 숙이고 복도를 걸어갔다.

묘한 기분이다. 초등학교 때는 내가 소희보다 수학을 더 잘했었다. 수학은 무조건 잘해야 한다는 부모님의 신조 때문에 나는 남들보다 빨리 학원과 학습지로 수학 공부를 시작했다. 덕분에 어릴 적에는 다른 애들보다 수학 성적이 좋았다. 반면에 소희는 따로 수학 공부를 하지 않아서 어려운 문제가 나오면 혼자서 고민하거나 가끔은 나에게 물어보기도 했다. 계산 실수도 잦은 편이라 성적이 썩 좋지 않았다.

그런데 중학교 때부터 상황은 달라졌다. 소희가 만점에 가까운 점수를 받기 시작한 것이었다. 소희 말을 들어보면, 대학에서 수학을 전공하신 아빠가 기본 개념을 잘 설명해주셔서 자기가 수학을 잘하게 된 것 같다고 했다. 열심히 학원을 다니던 나와는 달리 혼자서 공부하는데도 성적이 오르는 소희가 대단해 보이기 시작했다. 물론 중학교 때는 나도 나름대로 수학 성적이 좋았기 때문에 지금처럼 많은 차이가 나지는 않았지만……. 소희는 수학을 잘할 수 있는 유전자를 물려받은 걸까? 우리 아빠도 수학을 전공했으면 좋았을걸 하는 부질없는 생각까지 들었다.

학원에서도 공부는 영 손에 잡히지 않았다. 멍하게 자리에 앉아 수업을 듣는 둥 마는 둥 하고 있는데, 자꾸만 귀가 가려웠다. 너무 스트레스를 받았나. 집으로 돌아오는 길에는 작은 벌레 같은 게 귓속을 기어다니는 것처럼 사박사박 소리가 나며 근질근질해 견딜 수가 없었다. 귀가 시뻘게지도록 긁으며 현관문을 들어서는 나를 엄마가 놀란 눈으로 쳐다보셨다. 다행히 씻고 나자 귀의 가려움증은 가라앉았다.

그런데 잠자리에 들자 또다시 귓속에서 소리가 나기 시작했다. 사박사박 소리가 나며 근질근질한 게 딱 잠 설치기 좋은 상황이었다.

'귀에 뭐가 들어간 게 분명해. 내일도 그러면 병원에 가봐야지.'

나는 이불을 뒤집어쓰고 억지로 잠을 청했다.

얼핏 잠이 들었을까? 갑자기 한기가 느껴지며 저절로 눈이 떠졌다. 달빛인지 가로등 불빛인지 방안이 훤했다.

"으, 썰렁해. 벌써 5월인데 왜 이렇게 추운 거야?"

이불을 끌어올리는데 또다시 귓속에서 소리가 났다. 사박사박…… 이놈의 벌레가 아예 내 귓속에 둥지라도 틀 모양이었다. 귀가 가려워오면서 잠이 확 달아났다. 옷이라도 하나 더 껴입고 잘까 싶어 침대에서 일어서려는데 커튼이 살살 흔들렸다. 깜짝 놀라 살펴보니 창문이 활짝 열려 있는 게 어둠 속에서도 선명하게 보였다.

"세상에, 정신이 있는 거야 없는 거야! 창문을 열어놓고 잤으니 추울 수밖에 없지."

서둘러 창문을 닫고 이불 속을 파고들려는데, 등 뒤에서 싸늘한 기운이 느껴졌다. 양쪽 어깨에 소름이 쫙 돋았다.

바로 그때 그가 내게 말을 걸어왔다.

"손님이 찾아왔는데 이런 식으로 대접하면 예의가 아니지. 낄낄."

거칠고 허스키한 목소리가 낮게 깔리며 위협적으로 귀를 때렸다. 차가운 비웃음이 서려 있는 목소리였다. 순간 나는 심장이 멎을 뻔했다. 한쪽 다리만 이불 속에 넣은 어정쩡한 자세로 그의 목소리에 결박되고 말았다. 차가운 물이라도 뒤집어쓴 것처럼 머리카락이 곤두서며 등 뒤로 식은땀이 주룩 흘러내렸다.

'뭐지? 강돈가?'

머릿속이 텅 빈 것 같았다. 몸을 움직일 수도, 소리를 지를 수도 없었다. 무엇인지 확인해야 한다는 생각과 두려움이 뒤엉켜 목이 점점 뻣뻣해지고 있었다.

낯선 불청객은 천천히 내 옆으로 다가와 얼굴을 디밀었다. 빨갛고 거친 피부와 뾰족한 송곳니, 어지럽게 흐트러진 머리카락 사이에서 번뜩이는 붉게 충혈된 두 눈, 영화에나 나올 법한 악마의 형상이었다.

"뭐, 뭐야?"

턱이 덜덜 떨려 말도 제대로 안 나왔다.

"네가 김희철이지? 낄낄낄낄."

그는 울음인지 웃음인지 분간이 안 가는 소리로 웃었다.

그가 숨을 쉴 때마다 역한 냄새가 코끝을 자극했다. 화살처럼 생긴 꼬리가 등 뒤에서 6자 모양으로 말리며 너울너울 흔들렸다.

"넌 누구야! 어떻게 내 이름을 알고 있지?"

나는 반사적으로 몸을 빼며 침대 머리를 움켜쥐었다.

"장문고등학교 1학년 4반 김희철, 이번 중간고사 수학 점수 66점."

'빌어먹을, 꿈이구나! 내가 수학 때문에 너무 스트레스를 받았어.'

나는 세차게 머리를 흔들었다.

순간 그가 쓱 다가서며 손끝으로 내 왼쪽 뺨을 톡톡 건드렸다. 소름끼칠 만큼 차가운 느낌. 꿈이라기엔 너무도 생생했다. 거친 손톱과 차가운 피부가 금방이라도 심장을 얼려버릴 것만 같았다.

"낄낄낄……. 정신 차려. 꿈이 아니라고!"

온몸의 기운이 쑥 빠지며 자포자기하는 심정으로 그의 얼굴을 바라보았다. 그는 여전히 기분 나쁜 웃음을 섞어가며 벌건 눈을 번뜩였다.

"너도 고등학교 들어와서 수학 성적이 뚝 떨어졌구나. 낄낄낄……. 3년 동안 고생 좀 하겠어."

젠장! 가뜩이나 수학 때문에 머리 아파 죽겠는데, 이건 또 뭐람! 낯선 존재에 대한 두려움은 서서히 적개심으로 변해갔다.

"그래서! 내가 수학 못하는 게 너랑 무슨 상관인데?"

두 주먹에 힘이 불끈 들어갔다.

"이봐, 진정하라고. 낄낄낄낄……. 나는 너한테 거래를 제안하러 왔을 뿐이니까."

"거래? 도대체 무슨 소리야?"

"잘 들어봐. 네 입장에서는 조금도 손해 볼 게 없는 거래라고. 낄낄낄낄……. 그러면 내 소개부터 하지. 나는 수학의 악마 아크라고 한다. 매년 수학 시험에서 66점을 받은 666번째 학생을 찾아가서 거래를 제안하지. 달리 말하자면 김희철 네가 올해 수학 시험에서 66점을 받은 666번째 학생이라는 얘기야. 낄낄낄……."

도대체 어쩌라는 거야? 며칠간 수학이 속을 썩이더니 이번에는 수학의 악마까지 등장하다니. 이젠 수학이라는 말만 들어도 머리가 돌아버릴 지경이다.

"됐어. 난 거래 같은 거 필요 없으니 당장 꺼져!"

일순간 그의 눈이 시퍼렇게 빛을 뿜었다 가라앉았다.

"멍청하게 굴지 말고 조용히 하고 듣기나 해. 거래를 하고 말고는 내가 정하는 거야. 네가 아무리 발버둥을 쳐봤자 넌 나랑 거래를 하게 되어 있단 말씀이야."

그의 목소리가 더 낮게 잠기며 속삭였다. 또다시 무릎의 힘이 빠지며 오금이 오그라드는 것 같았다. 그가 어떤 거래를 제안하건 승낙할 수밖에 없으리란 생각이 엄습해오며 두려움이 밀려들었다.

"어, 어쩔 건데? 내 영혼이라도 가져가려고?"

나는 사력을 다해 버텼다. 어떻게든 물러서는 모습을 보여서는 안 된다는 생각이 들었다.

"낄낄낄낄……. 네 영혼까진 필요 없어. 난 네 자신감만 가져가면 되거든."

"자신감이라고?"

"그래, 자신감. 거래도 간단해. 내가 너에게 수학 공부 비법을 담은 《수학의 눈》을 주지. 《수학의 눈》은 말 그대로 수학을 제대로 이해하고 공부하는 눈을 갖게 해서 수학 점수를 올려주는 책이야. 《수학의 눈》을 갖게 되면 너는 수학 공부 때문에 고민할 일은 없을 거야.

물론 수학 때문에 수능 시험을 망칠 일도 없겠지."

"그럼 나한테《수학의 눈》을 주는 대신 내 자신감을 가져가겠다고?"

"아니, 아니야. 그건 너무 재미없잖아? 좀 더 들어봐. 네가《수학의 눈》을 통해 2학기 기말고사에서 수학 점수를 90점 이상 받으면 네가 이기게 돼. 그럼 넌 아무것도 잃지 않고 수학 실력만 늘게 되는 거지. 하지만 그렇지 못할 경우, 나는 네 자신감을 빼앗아간다. 그러면 너는 고등학교 3년 내내 수학을 두려워하게 될 뿐만 아니라, 평생 수학의 그림자를 뒤집어쓴 채 살아야 해."

"수학의 그림자를 뒤집어쓴다고?"

"그래. 그렇게 되면 넌 아무리 쉬운 계산이라도 자신감이 없어 두려움에 떨게 되지. 계산기가 없으면 단순한 계산을 해야 할 때도 '전 수학을 잘 못해서……'라며 식은땀을 흘리며 변명을 늘어놓거나, 번번이 '일곱 살짜리도 아니고 이 정도 계산도 못해?'라는 무시를 당하며 살게 되지. 재미있지 않아? 낄낄낄낄."

"그런 게 어딨어? 웃기지 마!"

"웃겨? 웃긴지 아닌지는 당해보면 알 일이고."

아까와는 다르게 그의 표정이 사뭇 진지해졌다. 내가 수학 점수를 원하는 만큼이나 그도 내 자신감을 가져가고 싶어 하는 모양이었다.

"그런데 만약 내가 실패한다면 넌 내 자신감을 갖다 뭐 할 건데?"

그의 눈이 또다시 퍼런 불빛을 내뿜었다.

"난 자신감을 먹고 사는 악마야. 그런데 자신감을 먹어본 게 언젠지 기억도 안 나. 이젠 배가 아주 등가죽에 들러붙을 판이라고. 하지만 아무 자신감이나 빼앗아 먹을 수는 없어. 난 수학의 악마니까 말이야. 만약 이번 거래에서 네가 이기면 난 또다시 1년을 기다려야 해."

그 얘기를 듣고 나니 왠지 그가 안됐다는 생각이 들었다. 하지만 수학 66점 받은 나보다 안됐을까. 이러다간 수능 시험은커녕 기말고사도 못 보고 죽을 것만 같았다.《수학의 눈》이 정말로 수학 공부 비법서라면 그깟 거래 못 할 것도 없지, 뭐. 이기면 되잖아? 하지만 악마를 믿어도 될까? 나를 이용해서 자신의 욕심만 채우려는 건 아닐까?

내 생각을 읽기라도 한 것처럼 악마의 유혹이 거세지기 시작했다.

"내가 조건으로 제안한 자신감의 의미를 잘 생각해봐. 어차피 네가 수학을 지금처럼밖에 못한다면 고등학교 내내 수학에서만큼은 확실히 자신감을 잃어버릴 테고, 나아가 대학 진학과 전공 선택, 그리고 진로까지 앞으로 남은 네 인생의 많은 선택에서 제약을 받게 될 거라고. 수학은 영원히 네 발목을 붙잡는 족쇄가 되는 거지. 나는 네게 기회를 주는 것뿐이야. 이기건 지건 넌 별로 손해 볼 게 없다고."

악마의 말은 모두 사실이었다. 최근의 나는 확연히 자신감이 줄어들고 있었고, 그 중심에는 형편없는 수학 성적에 대한 불안감이 자리하고 있었으니까.

"하지만 내가 지면……."

"그래, 내가 이기면 수학에 대한 네 자신감은 내가 꿀꺽 삼켜버릴 거야. 낄낄낄낄……. 1년을 기다려온 만찬이 되겠지. 물론 몇 달 만에 수학 점수를 90점 이상으로 올리는 게 쉽지는 않아. 하지만 그래야 거래가 거래답잖아? 나에게도 조금은 승산이 있어야 하니까 말이야. 낄낄낄낄……."

내 마음은 이미 기울어 있었다. 하지만 정말 이 거래를 받아들이는 게 잘하는 짓인지, 악마를 믿을 수 있을지 판단이 서질 않았다. 악마는 이번에도 내 마음을 꿰뚫어 보았다.

"아직도 망설이고 있군. 내가 확실히 말해줄 수 있는 것은 두 가지야. 악마는 거래를 할 때 절대 거짓말을 하지 않는다는 것, 그리고 네가 노력만 한다면 《수학의 눈》이 진짜 수학 공부 비법을 알려준다는 것이지. 얼마 전에 신문에서 봤을 거야. 국제 수학 올림피아드에 나가서 1등을 한 녀석 이야기로 한동안 시끄러웠지. 그 녀석은 중학교 1학년 때 나에게 《수학의 눈》을 받고부터 수학을 아주 잘하게 된 거라고."

"정말이야?"

"낄낄낄……. 너한텐 선택의 여지가 없다고 처음부터 말했잖아."

"……."

"자, 그럼 대답을 들어볼까?"

나는 이를 악물었다. 이 거래가 내게 주어진 기회일지도 몰라.

"……좋아. 《수학의 눈》을 받겠어."

부담스런 일이기는 하지만 악마의 말처럼 내겐 선택의 여지가 없었다. 이제 1학년인데, 이대로 대책 없이 수학을 포기할 수는 없는 일이었다.

악마의 눈에서 또다시 시퍼런 불빛이 빛났다.

"생각보다 현명한 아이로군. 낄낄낄낄……. 그럼 이걸로 거래가 성사된 거다. 이 거래를 되돌릴 수 없다는 건 따로 말하지 않아도 되겠지? 낄낄낄낄……."

그는 또다시 손끝으로 내 한쪽 뺨을 두드렸다. 그리고는 검고 치렁치렁한 옷 사이에서 책 한 권을 꺼내 들었다. 검은색 가죽 커버 위에 금색 글씨로 '수학의 눈'이라고 적혀 있었다.

　"자, 이 책은 이제 네 거야."

　나는 조심스레 책을 받아들었다. 별로 두껍지는 않은데 제법 무거웠다. 가죽 때문인지 따스한 느낌이었다. 얼음처럼 차가운 악마의 품속에 있었던 책이라고는 믿어지지 않았다.

　가슴이 두근거렸다. 이 책이 수학 점수를 올려줄 비법서라니……. 하지만 책을 펼쳐본 나는 깜짝 놀랐다. 책은 처음부터 끝까지 백지였다. 아차 싶은 생각이 들었다. 정작 중요한 《수학의 눈》은 확인도 안 해보고 거래부터 하다니…….

　"뭐야? 아무런 내용이 없잖아! 날 속인 거야?"

　"급하긴……. 이 책에는 분명히 수학 공부의 비법이 담겨 있어. 하지만 이 책의 내용은 희철이 네가 스스로 열심히 그리고 현명하게 수학 공부 방법을 찾아갈 때마다 내가 한 단계씩 공개해줄 거야. 모든 건 네가 하기 나름이란 걸 기억해. 한 번의 만찬을 위해 1년을 기다리는 날 보라고. 세상에 공짜는 없다니까!"

　"그럼 이제 어떻게 해야 하는 거지?"

　"수학을 잘하기 위해서는 몇 가지의 중요한 단계를 거쳐야 해. 특히 너처럼 수학 공부에 대해 혼란스러워하는 학생에게 《수학의 눈》은 첫 단계 힌트부터 줄 거야. 네가 그것을 올바로 이해하고 방법을 찾아나가면 공부 비법을 전수해주는 거지. 하지만 엉뚱한 곳에서 헤매고 다니면 비법의 문구는 점점 옅어지지. 세 번 이상 잘못된 방법으로 공부하면 비법의 문구는 아예 없어져버리고 거래는 그걸로 끝! 어때? 스릴 있지 않아? 낄낄낄낄……. 정신 똑바로 차려야 할 거야. 낄낄낄낄…….《수학의 눈》은 이제 네 거야. 잘해보라고. 쉽지 않겠지만……. 아, 하나만 더. 당연한 얘기지만 문제는 반드시 스스로의 힘으로 풀어야 한다는 것을 명심하라고. 이 책에 대해서도 입을 열어선 안 돼."

그가 또다시 내 뺨을 두드렸다. 섬뜩한 느낌에 진저리가 쳐졌다. 그 순간 그가 사라졌다. 아무런 소리도, 흔적도 남기지 않고 안개처럼 흩어져버렸다.

"때르르르릉!"

요란한 알람에 잠을 깼다. 하루의 시작을 알리는 반갑지 않은 소리에 눈보다 손이 먼저 반응했다. 하지만 알람을 끄고도 쉽게 눈이 떠지지 않았다. 오늘 아침은 왜 이렇게 피곤한 걸까. 잠을 잘못 잤는지 어깨가 심하게 결렸다.

기지개를 켜는데 문득 어젯밤의 일이 떠올랐다.

'별놈의 꿈을 다 꿨네. 수학 때문에 악마와 거래를 하다니…….'

하지만 미처 생각이 끝나기도 전에 책상 위에 놓인 검은색 가죽 표지가 눈길을 잡아당겼다.《수학의 눈》. 어젯밤, 수학의 악마 아크에게서 받은 바로 그 책이었다.

'이럴 수가!'

나는 놀랄 틈도 없이 침대를 박차고 나와 허겁지겁 책 표지를 넘겼다.

첫 번째
힌트

1

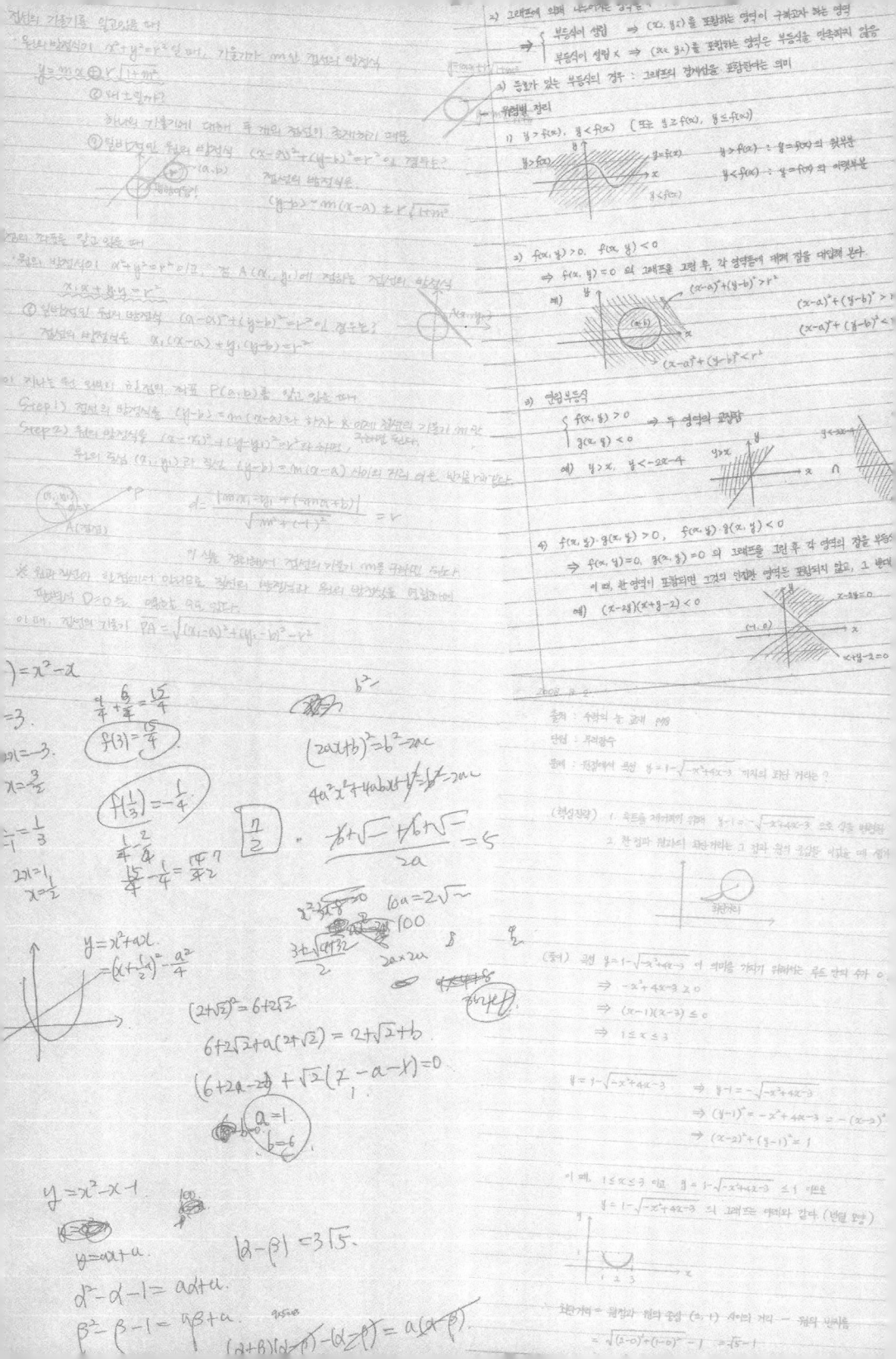

정선의 기울기를 알고있을 때

원의 방정식이 $x^2+y^2=r^2$일 때, 기울기가 m인 접선의 방정식

$y=mx \pm r\sqrt{1+m^2}$

① 대소관계

하나의 기울기에 대하여 두 개의 접선이 존재하기 때문

② 원방정식이 원의 방정식 $(x-a)^2+(y-b)^2=r^2$인 경우는
접선의 방정식은
$(y-b)=m(x-a)\pm r\sqrt{1+m^2}$

접점의 좌표를 알고 있을 때

'원의 방정식이 $x^2+y^2=r^2$이고, 점 $A(x_1, y_1)$에 접하는 접선의 방정식
$x_1 x + y_1 y = r^2$

① 원방정식이 원의 방정식 $(x-a)^2+(y-b)^2=r^2$인 경우는
접선의 방정식은 $x_1(x-a) + y_1(y-b) = r^2$

이 지나는 원 밖의 한 점의 좌표, 점 $P(a,b)$에 있을 때

Step1) 접선의 방정식을 $(y-b)=m(x-a)$라 하고 k 미지 접선의 기울기 계산
Step2) 원의 방정식 $(x-x_1)^2+(y-y_1)^2=r^2$라 하면,
원의 중심 (x_1, y_1)과 직선 $(y-b)=m(x-a)$ 사이의 거리 이용 반지름

$d = \dfrac{|mx_1 - y_1 + (-ma+b)|}{\sqrt{m^2+(-1)^2}} = r$

※ 원과 직선이 위 접선이 아니라면 정선의 방정식과 원의 방정식을 연립하여
판별식 $D=0$으로 예각을 구할 수 있다.
이때, 접선의 기울기 $\overline{PA} = \sqrt{(x_1-a)^2+(y_1-b)^2-r^2}$

$=x^2-x$

$=3.$ $\dfrac{9}{4}+\dfrac{6}{4}=\dfrac{15}{4}$

$)=-3.$ $f(3)=\dfrac{15}{4}$

$x=\dfrac{3}{2}$

$-\dfrac{1}{3}$ $f\left(\dfrac{1}{3}\right)=-\dfrac{1}{4}$

$2x=1$ $\dfrac{4}{4}-\dfrac{2}{4}$ $\boxed{\dfrac{7}{2}}$
$x=\dfrac{1}{2}$ $\dfrac{15}{4}-\dfrac{1}{4}=\dfrac{14}{4}$

$(2a x+b)^2=b^2-2ac$

$4a^2x^2+4abx+b^2=b^2-2ac$

$\dfrac{-b+\sqrt{\ } + b\sqrt{\ }}{2a} = 5$

$16a = 2\sqrt{\ }$ 100

$\dfrac{3\pm\sqrt{9-32}}{2}$ $2a\times 2a$

$y=x^2+ax$
$=\left(x+\dfrac{a}{2}\right)^2-\dfrac{a^2}{4}$

$(2+\sqrt{2})^2=6+2\sqrt{2}$

$6+2\sqrt{2}+a(2+\sqrt{2}) = 2+\sqrt{2}+b$

$(6+2a-2)+\sqrt{2}(2-a-1)=0$

$a=1$
$b=6$

$y=x^2-x-1$

$y=ax+a.$ $|\alpha-\beta| = 3\sqrt{5}.$

$\alpha^2-\alpha-1 = a\alpha+a.$

$\beta^2-\beta-1 = a\beta+a.$ $(\alpha+\beta)(\alpha-\beta)-(\alpha-\beta) = a(\alpha-\beta)$

---

② 그래프에 의해 나누어지는 경우는
→ 부등식이 성립   ⇒ (x, y)를 포함하는 영역이 구하고자 하는 영역
부등식이 성립 X ⇒ (x, y)를 포함하는 영역은 부등식을 만족하지 않음

③ 등호가 없는 부등식의 경우 : 그래프의 경계선을 포함하지 않는다는 의미

유형별 정리

1) $y>f(x)$, $y<f(x)$ (또는 $y \geq f(x)$, $y \leq f(x)$)

$y>f(x)$: $y=f(x)$의 윗부분
$y<f(x)$: $y=f(x)$의 아랫부분

2) $f(x, y)>0$, $f(x, y)<0$
⇒ $f(x, y)=0$의 그래프를 그린 후, 각 영역에 대해 점을 대입해 본다.

예)
$(x-a)^2+(y-b)^2>r^2$
$(x-a)^2+(y-b)^2<r^2$

3) 연립부등식
$\begin{cases} f(x, y)>0 \\ g(x, y)<0 \end{cases}$ → 두 영역의 공통부분

예) $y>x$, $y<-2x-4$

4) $f(x, y)\cdot g(x, y)>0$, $f(x, y)\cdot g(x, y)<0$
⇒ $f(x, y)=0$, $g(x, y)=0$의 그래프를 그린 후 각 영역의 점을 부등식
이때, 한 영역이 포함되면 그것의 인접한 영역은 포함되지 않고, 그 바깥

예) $(x-3)(x+y-2)<0$
$x-3=0$
$x+y-2=0$

2008

출처 : 수학의 눈 교재 p49

선생 : 무리함수

문제 : 원점에서 곡선 $y=1-\sqrt{-x^2+4x-3}$ 까지의 최단 거리는?

(핵심전략) 1. 루트를 제거하여 식을 $y=1-\sqrt{-x^2+4x-3}$으로 식을 변형한다.
2. 한 점과 원과의 최단거리는 그 점과 원의 중심을 이었을 때 생겨

(풀이) 곡선 $y=1-\sqrt{-x^2+4x-3}$ 이 의미를 가지기 위해서는 루트 안의 수가
⇒ $-x^2+4x-3 \geq 0$
⇒ $(x-1)(x-3) \leq 0$
⇒ $1 \leq x \leq 3$

$y=1-\sqrt{-x^2+4x-3}$ ⇒ $y-1=-\sqrt{-x^2+4x-3}$
⇒ $(y-1)^2 = -x^2+4x-3 = -(x-3)$
⇒ $(x-2)^2+(y-1)^2 = 1$

이때, $1\leq x \leq 3$이고 $y=1-\sqrt{-x^2+4x-3} \leq 1$ 이므로
$y=1-\sqrt{-x^2+4x-3}$ 의 그래프는 아래와 같다. (반원 모양)

최단거리 = 원점과 원의 중심 $(2, 1)$ 사이의 거리 - 원의 반지름
$= \sqrt{(2-0)^2+(1-0)^2} - 1 = \sqrt{5}-1$

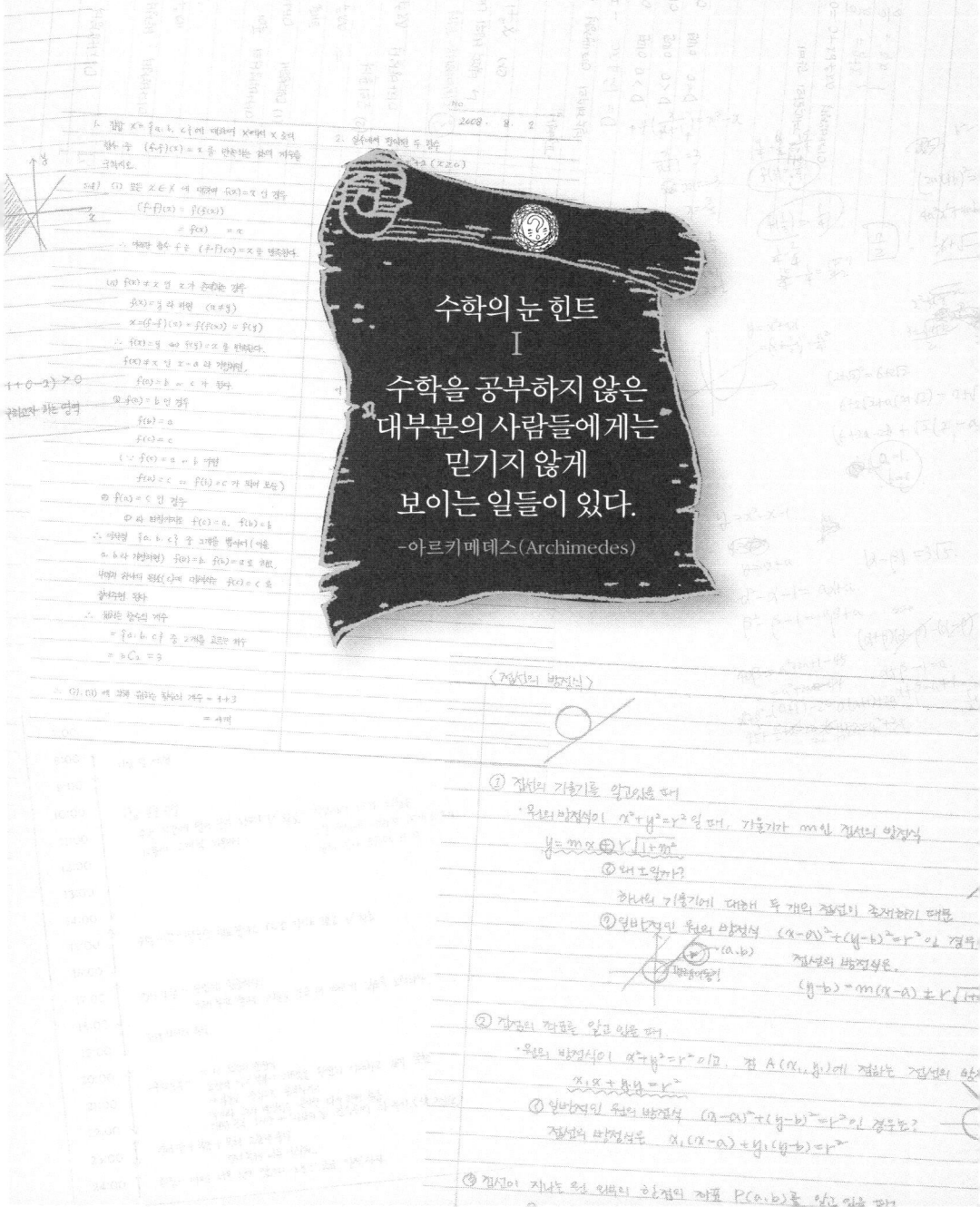

수학의 눈 힌트
I

수학을 공부하지 않은
대부분의 사람들에게는
믿기지 않게
보이는 일들이 있다.

-아르키메데스(Archimedes)

이 게 바로 아크가 말하던 힌트인 건가? 이 힌트를 제대로 이해하고 방법을 찾아나가면 공부 비법을 알려준다 이거지? 아르키메데스가 남긴 말인가 본데……. 하지만 10분 넘게 이 문구를 들여다보았지만 도저히 감이 오지 않았다. '수학을 공부하지 않은 대부분의 사람'이라면, 나도 거기에 포함된다는 얘기일까? 그래도 나는 아예 수학 공부를 안 했던 건 아니잖아. 그리고 또, '믿기지 않게 보이는 일'이라는 건 도대체 뭐지? 거래를 할 거면 그냥 비법이나 알려줄 것이지, 뭐가 이렇게 복잡한 거야?

하지만 오늘은 느긋한 고민을 허락하지 않는 평일 아침이다. 빨리 밥 먹고 학교 가라는 엄마의 재촉에 서둘러 방을 나섰다. 엄마의 목소리가 전에 없이 날카로웠다. 엄마도 나만큼이나 수학 때문에 스트레스를 받고 계시는 것 같다.

혹시나 누군가 볼까 싶어《수학의 눈》을 서랍 깊이 감추어두고 집을 나섰다. 하루 종일《수학의 눈》에 대한 생각으로 머릿속이 복잡했다. 머릿속이 온통 첫 번째 힌트로 가득 차 도무지 집중할 수가 없었다. 힌트뿐 아니라 어젯밤 일어났던 일에 대해 누구에게라도 말하지 않으면 미쳐버릴 것 같은 기분이었다. 하지만 그때마다 악마가 말했던 규칙이 떠올랐다.

"누구에게도 말하지 말고 혼자 힘으로 알아갈 것."

그렇게 첫 번째 힌트를 받은 지 5일째 되던 날, 점심을 먹다 번쩍 드는 생각이 있었다.

'맞아, 이거야. 일단 수학 공부를 지금보다 더 열심히 해야 한다는 얘기야. 중간고사 이후로 재미와 의욕이 뚝 떨어져서 학습량이 부쩍 줄어들었어. 바로 그 얘길 거야.'

집에 돌아오자마자 엄마에게 돈을 받아 수학 문제집을 세 권이나 사왔다. 엄마는 기특하다는 듯 슬쩍 미소를 지으며 지갑을 여셨다. 문제집을 사오자마자 책상 앞에 앉았다. 자자, 한 문제씩 시작해보자. 자발적으로 공부를 시작하니 뿌듯한 기분이 든다. 재석이나 소희처럼 수학을 잘하는 친구들은 날마다 이렇게 지내는 것일지도 몰라. 그래. 이게 답이야.

하지만 기쁨은 오래 가지 못했다. 두 시간쯤 지나자 문제 하나하나가 스트레스 덩어리로 변해갔다. 안 풀리던 문제들은 여전히 나를 끈질기게 붙잡고 늘어졌다. 이래서는 달라질 게 없다. 언제나처럼 억지로 공부하고 있을 뿐이었다. 문제를 하나하나 풀어갈 때마다 마음이 후련해지기는커녕 오히려 답답한 응어리가 커져가는 것 같다. 나도 모르게 한숨이 나왔다.

바로 그때 또다시 귓속에서 소리가 나며 귀가 근질거리기 시작했다.

"낄낄낄낄……."

깜짝 놀라 돌아보니 아크가 침대 위에 앉아 있었다. 밤에만 나타나는 게 아닌가 보다. 처음처럼 무섭진 않았지만 그 빨간 피부와 흔들거리는 꼬리는 여전히 기분 나빴다. 입을 다물고 있는데도 새하얀 송곳니가 살짝 드러나 있었다.

"쉽지 않지? 너는 어차피 수학을 못할 운명이라고. 낄낄낄……. 일찌감치 포기하고 지금을 즐기는 것도 나쁘진 않아, 친구! 낄낄낄……."

"거래를 했으면 조용히 기다려. 한창 공부하고 있는데, 왜 갑자기 나타나 훼방이람!"

"갑자기라니! 나는 항상 네 곁에 있다고. 네가 의식하지 못할 뿐이지. 뭐, 나도 더 이상 방해하진 않을게. 이제 겨우 시작인데, 벌써부터 좌절하면 재미없어질 테니까 말야. 자신감이란 게 점점 고조되다 뚝 떨어져야 더 맛있는 법이거든. 낄낄……."

겨우겨우 마음을 다독이며 아크를 쫓아냈다. 이렇게 조금만 더 하다 보면 그 힌트가 뜻하는 수학 공부 비법을 얻을 수 있을 거라는 생각이 들었다. 하지만 문제집은 좀처럼 진도가 안 나갔다.

12시가 넘었다. 식구들 모두 잠자리에 들었는지 집안이 고요했다. 나는 조용히 서랍을 열고《수학의 눈》을 꺼냈다. 이럴 수가! 힌트가 처음보다 많이 흐려져 있었다. 어떻게든 수학 공부를 열심히 하기만 하면 될 거라는 내 생각이 틀린 걸까? 첫 번째 힌트부터 난관에 부딪히고 나니 풀이 죽었다.

　아침 일찍 집을 나섰는데도 학교 가는 길이 심란하기만 했다. 교실에 들어서자마자 기다렸다는 듯이 명수가 달려왔다. 그나마 이 녀석이 있어서 아직 낯설기만 한 고등학교 생활이 외롭진 않다.

　"야, 너 이 퍼즐 맞추는 방법 알지? 한번 해봐. 이거 제대로 맞추면 내가 아웃백 쏜다."

　명수가 내미는 걸 받아들고 보니 어릴 때 종종 했던 슬라이딩 퍼즐이었다. 내가 의심스러운 눈길을 건네자 명수가 반색을 했다.

　"진짜야! 내가 아웃백 쏜다니깐!"

　"초딩들이나 하는 이런 퍼즐이 뭐가 대수라고……. 나 안 그래도 요즘 신경 쓸 것 많으니까 귀찮게 하지 마라."

　내가 책상 위에 가방을 툭 던지며 손사래를 치자 명수는 더 바짝 다가왔다.

　"얘가 오늘 왜 이렇게 까칠해? 이거 맞추면 진짜 아웃백 쏜다니까!"

　좀체 안 물러날 기세다. 이딴 게 뭐 별거라고…….

　"진짜지? 약속 지켜라. 내가 당장 맞출 테니까 기다려봐."

　너무 오랫동안 힌트 내용만 생각하던 차에 잘됐다 싶었다. 사실 내가 어렸을 때부터 이런 퍼즐은 잘 맞췄으니까. 오늘은 명수한테 맛있는 저녁을 얻어먹을 수 있겠구나.

　퍼즐은 의외로 간단했다. 일반적인 4×4 퍼즐로, 그림 대신 1부터 15까지의 숫자가 씌어 있는 퍼즐 조각이 배열되어 있고, 남은 한 칸은 조각을 움직일 수 있게 빈칸으로 되어 있었다. 명수가 준 것은

1	2	3	4
5	6	7	8
9	10	11	12
13	15	14	16

14와 15의 자리만 바뀌어 있었다. 그런데 너무 오랜만에 해보는 거라서 그런지 생각만큼 쉽지 않았다. 금방 맞출 것 같았는데 자습 시간 내내 해보아도 맞춰지지 않았다.

급기야 오전 수업 시간 내내 이 퍼즐만 주물럭거리고 말았다. 수업이야 뭐, 원래부터 잘 안 들었고, 이런저런 잡념으로 시간을 보내기 일쑤였는데, 오늘은 이 퍼즐이라도 맞추고 있었으니 오히려 지루하지 않게 보낸 셈이었다.

점심을 먹은 뒤에도 난 퍼즐을 잡고 있었다. 햇살도 좋은데 밖에 나가서 할까 하는 생각에 복도로 나서는데 명수가 지나가다 장난을 쳤다.

"아직도 못 했냐? 잘해봐라."

"기다려봐. 금방 될 테니까 지갑이나 잘 챙겨둬."

복도로 나오자마자 소희가 나타났다.

'얘가 이렇게 자꾸 나타나니까 쓸데없는 소문이 나지.'

"희철아, 뭐해?"

또 싱글벙글이다. 전교 1등 이후로 아주 얼굴이 편 것 같다.

"별거 아냐. 명수가 이 퍼즐을 맞추면 아웃백에서 저녁 산다고 해서……. 근데 생각처럼 잘 안 되네. 너도 알지? 내가 어릴 때 퍼즐 좀 맞췄잖아. 어렸을 때는 아무리 복잡하게 섞여 있어도 금방 맞췄는데, 이건 14랑 15 자리만 바뀐 건데도 잘 안 된다."

"14랑 15만 자리가 바뀌었다고?"

소희는 물끄러미 퍼즐을 바라보았다.

"잠깐만……."

한동안 생각에 잠겨 있던 소희의 얼굴에 다시 미소가 떠올랐다.

"야, 이 퍼즐은 평생 해도 못 맞추겠다. 명수가 너 골탕 먹이려고 퍼즐 조각들을 뽑아서 일부러 이렇게 만들어놓은 것 같은데?"

"그게 무슨 소리야? 맞출 수 없는 퍼즐이라니? 그리고 너는 그걸 어떻게 그렇게 금방 알았어? 나는 오전 내내 이것만 맞추고 있었는데도 맞출 수 없다는 생각은 못 해봤는데."

"아, 퍼즐을 맞출 수 있는지 없는지 알 수 있는 계산법이 있거든."

"정말? 어떻게 하는 건데?"

"방법은 간단해. 비정상적으로 배열된 퍼즐 조각의 숫자를 세면 돼. 여기서 비정상적이라는 건 숫자가 증가하는 순서로 배열되지 않은 것을 말해. 그러니까 각 퍼즐판에 씌어 있는 수보다 뒤에 있는 수들 중 자기보다 작은 것들의 개수를 세어서 더해주면 돼. 이때, 빈칸은 16이라고 생각하고 계산해야 해. 그리고 퍼즐의 왼쪽 제일 위를 흰색으로 하고 체스판 모양으로 흰색과 검은색을 번갈아가면서 칠했다고 생각해봐. 현재 빈칸이 있는 위치가 검은색에 해당하면 1을 더해주고, 흰색에 해당하면 1을 더하지 않는데, 이 수를 무질서 계수라고 해."

"무질서 계수?"

처음 듣는 말이었다. 하지만 소희에겐 무척 익숙하고 자연스러운 모양이었다.

"그래. 그래서 이 수가 홀수이면 이 퍼즐은 맞출 수 없는 거야. 명수가 준 퍼즐을 보면 14와 15만 자리가 바뀌었으니까 15를 기준으로 볼 때, 그 뒤에는 14밖에 없고 그건 15보다 작으니까 일단 1을 더해주어야 해. 다른 수들을 기준으로 봤을 때는 모두 뒤에 있는 수가 더 크게 배열되어 있으니까 상관이 없겠지? 그리고 빈 칸이 흰색 위치에 있으니까 1을 더해줄 필요가 없고. 결국 무질서 계수는 1이 되는 거야. 1은 홀수니까 이 퍼즐은 맞출 수 없는 것이고."

1	2	3	4
5	6	7	8
9	10	11	12
13	15	14	16

나는 멍하니 소희를 바라볼 수밖에 없었다. 내가 소희를 잘못 알고 있었던 걸까? 지금까지 알던 소희가 아닌, 전혀 다른 사람처럼 느껴졌다.

"소희 너 정말 대단한데? 어떻게 그런 걸 다 알고 있어?"

"우리 아빠가 수학과 나오셨잖아. 그래서 어릴 때부터 이런 재미있는 수학 문제들을 종종 내주셨어. 내가 수학을 재미있어하는 것도 다 그 덕분인 것 같아. 이런 퍼즐은 아주 기본적인 수학 문제야."

"이 퍼즐이 수학 문제라고?"

"그래. 무질서 계수를 계산하고, 그걸로 퍼즐을 맞출 수 있는 것인지 없는 것인지 생각해보는 것 자체가 굉장히 수학적이잖아. 지금 나는 계산하는 방법만 말했지만, 이걸 증명하려면 더 많은 수학적인 사고력이 필요해. 알고 보면 이런 퍼즐 말고도 참 많은 것들이 수학과 깊은 관련을 맺고 있어. 암호라든가 우리 아빠가 지금 연구하고 있는 경제학 같은 것들도 알고 보면 이 퍼즐처럼 수학의 원리를 이용하는 거라고 하더라."

"암호도?"

"그래. 나는 어려서부터 이렇게 수학과 관련된 재미있는 문제들을 접하면서 자연스럽게 수학적인 사고방식을 익힌 것 같아. 지금 내가 수학을 잘하는 것도 같은 이유에서일 테고 말이야."

소희가 자기 입으로 수학을 잘한다고 말하다니……. 부러움과 시기심이 동시에 꿈틀거렸다. 역시 부모님의 영향이 중요한 건가? 소희는 아빠에게서 특별한 수학 유전자를 물려받은 것일까? 그나저나 명수 녀석도 이런 원리를 알고 퍼즐을 조작한 걸까? 나쁜 녀석, 나를 골탕 먹이려 하다니!

학원 수업이 끝나고 집으로 돌아오는데 마침 소희네 집 앞에서 소희네 아빠를 만났다. 퇴근하시는 길인 것 같았다.

"안녕하세요, 아저씨!"

"오, 그래. 희철이구나. 공부하느라 힘들지?"

"아, 뭐 별로…… 근데요, 아저씨! 제가 오늘 소희에게 무질서 계수의 계산법에 대한 얘기를 들었거든요. 퍼즐 때문에요. 그 얘기 좀 해주실 수 있어요?"

"소희가 퍼즐을 풀 수 있는지 없는지 알 수 있는 방법에 대해 말해주었나 보구나. 그래, 잠깐 들어올래? 나도 모처럼 재미있는 이야기를 해보겠네!"

소희네 아빠는 정말 재미있는 얘깃거리라도 만난 듯 즐거운 표정이었다. 내가 수학 문제에 흥미를 갖는 것 자체가 재미있으신 모양이었다.

소희네 아빠는 종이를 꺼내 슬라이딩 퍼즐을 그려가며 설명을 해 나갔다.

"일단 무질서 계수를 구하는 방법에 대해서는 알고 있니?"

"네. 소희가 무질서 계수를 구하는 방법을 간략하게 설명해주었어요. 그렇지만, 완벽히 이해를 한 건 아닌 것 같아요."

"응, 그렇구나. 그럼 내가 무질서 계수에 대해서 좀 더 자세히 설명해줄게. 일단 아래 그림처럼, 각 위치에 놓인 퍼즐 조각을 순방향대로 $a_1, a_2, \cdots, a_{16}$이라고 해보자.

가령, 첫 번째 위치에 3이라고 쓰인 퍼즐 조각이 놓여 있으면 $a_1=3$이 되고, 두 번째 위치에 5라고 쓰인 퍼즐 조각이 놓여 있으면 $a_2=5$가 되지. 따라서 $a_1, a_2, \cdots, a_{16}$는 각 위치에 놓인 퍼즐 조각에 쓰인 숫자가 될 거야."

"그렇군요. 그럼 빈칸은 16이 쓰인 퍼즐 조각이라고 보는 거지요?"

"그렇지. 그 이후에는 임의의 퍼즐 조각 a_i 뒤에 있는 퍼즐 조각들

a_1	a_2	a_3	a_4
a_5	a_6	a_7	a_8
a_9	a_{10}	a_{11}	a_{12}
a_{13}	a_{14}	a_{15}	a_{16}

$a_{i+1}, a_{i+2}, \cdots, a_{16}$ 중에서 퍼즐 조각 a_i에 쓰인 숫자보다 작은 숫자가 쓰인 퍼즐 조각의 개수를 구하고, 이를 b_i라고 하자. 여기서 중요한 것은 $b_1, b_2, \cdots, b_{16}$ 모두를 구해야 한다는 거야. 그 후에는 왼쪽 위를 흰색으로 하고 체스판 모양으로 흰색과 검은색을 번갈아 칠한 다음에 현재 빈칸의 위치가 검은색에 있으면 $X=1$이라 하고, 흰색에 있으면 $X=0$이라고 하자. 최종적으로, 무질서 계수는 $b_1+b_2+\cdots+b_{16}+X$가 되지. 이 수가 홀수면 퍼즐을 맞출 수 없는 거란다."

"아, 그렇군요. 수학적으로 무질서 계수를 정의하니까 좀 더 명확히 이해가 된 것 같아요. 그렇다면 무질서 계수가 왜 짝수인 경우에만 퍼즐을 맞출 수 있는 건가요?"

"그건 아주 간단한 원리란다. 일단 퍼즐이 완성된 경우는 무질서 계수가 0이 돼. 그건 알겠지?"

"네. 순방향대로 모든 퍼즐 조각의 숫자가 오름차순으로 배열되어 있고, 빈칸이 흰색 위에 놓여 있으니까 무질서 계수는 0이 되겠네요."

"응. 그렇지. 그렇게 퍼즐이 완성된 상태에서는 어떻게 퍼즐을 섞더라도 무질서 계수는 짝수일 수밖에 없게 되거든. 즉, 어떠한 퍼즐의 상황에서 빈칸을 상, 하, 좌, 우 네 방향으로 움직여도 무질서 계수의 증감은 짝수일 수밖에 없어. 그렇기 때문에 무질서 계수가 홀수인 퍼즐은 어떻게 퍼즐을 섞어도 무질서 계수가 홀수일 수밖에 없고, 무질서 계수를 0으로 만들지 못하게 되지. 반면, 무질서 계수가 짝수인 퍼즐은 퍼즐을 잘 섞으면 무질서 계수를 0으로 만들 수 있기 때문에 퍼즐을 완성시킬 수 있는 거란다."

"그렇다면 빈칸을 상, 하, 좌, 우 네 방향 중 어떻게 움직이더라도 무질서 계수의 증감이 짝수가 되는 건 어떻게 증명해요?"

"하하하. 희철이가 이 퍼즐 문제에 흥미가 많은가 보네! 수학은 그렇게 궁금한 것이 있으면 계속 의문점을 갖고 질문하는 자세가 매우 중요하단다. 만약 희철이가 수학 공부에 지금과 같은 자세로 임한다면, 아주 훌륭한 학생이 될 수 있을 거란다. 하지만, 이 증명은 고등학교 학생의 수준을 뛰어넘는 것이라서, 여기까지만 이해해도 아주 훌륭하게 이해한 거라고 할 수 있어."

"아! 그렇군요. 감사합니다!"

아저씨의 칭찬을 들으니 무질서 계수를 이해한 나 자신이 뿌듯하고 대견했다. 아저씨께서는 위 퍼즐의 증명을 해주는 대신에, 함수의 일대일 대응 개념을 사용하여 사다리 타기가 어떻게 성립하는지도 설명해주셨다. 아무 생각 없이 가지고 놀던 퍼즐이나 친구들과 자주 했던 사다리 타기 놀이에 수학이 쓰이다니 정말 신기했다.

어쩌면 수학이 정말 재미있는 것일지도 모르겠다는 생각이 잠깐 머리를 스쳐갔다. 학교에서도 이런 식으로 수학을 가르쳐주면 좋을 텐데……. 무작정 공식만 외우고 문제만 풀다 보니 모두 수학이라면 지긋지긋해하는 게 아닌가. 언제나 그렇게 지루하고 재미없는 내용들만 가르치는 걸 보면 학생들을 혼란에 빠뜨리려고 작정한 것처럼 보일 지경이다. 많은 아이들이 고학년으로 올라갈수록 도대체 왜 수학을 공부해야 하는지 의문만 가중될 뿐, 수학과는 점점 멀어지고 있다. 처음부터 이렇게 재미있는 내용들로 구성된 수학책을 가지고 가르친다면 누가 수학을 싫어하겠는가 말이다.

그래, 어쩌면 이건 거대한 음모일지도 모른다. 수학 교과 과정을 만드는 사람들은 수학을 아주 잘하는 사람들이겠지. 재미있는 수학 분야에 대해서 누구보다도 잘 알고 있는 사람들이 수학을 이렇게 지루하게 가르치도록 했다는 것은 일부러 수학의 재미를 숨기려는

[사다리 타기의 수학적 설명]

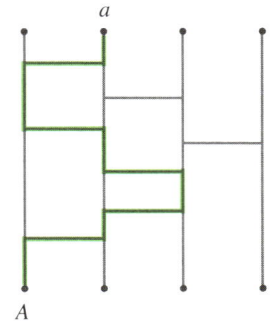

사다리 타기를 위쪽 가로줄에 적힌 항목들의 집합과 아래 가로줄에 적힌 항목들의 집합을 연결하는 함수로 생각해보자. 즉, 사다리를 다음과 같은 함수로 보면,

f : {위에 적힌 항목}→{아래에 적힌 항목}

이고, 그림에서는 $f(a) = A$가 된다. 이때, 아래에 적힌 항목에서부터 위쪽을 향해 반대 방향으로 사다리를 타고 올라간다면, 위에서 아래로 내려오는 길을 똑같이 거슬러 올라가게 된다. 이를 역함수의 개념으로 생각해볼 수 있고,

f^{-1} : {아래에 적힌 항목}→{위에 적힌 항목}

이고 그림에서는 $f^{-1}(A) = a$가 된다. 이처럼 사다리 타기를 함수로 보면, 항상 역함수가 존재하기 때문에 사다리 타기의 함수는 전단사함수(일대일대응)가 된다. 즉, 사다리 타기는 위에 적힌 항목과 아래에 적힌 항목을 일대일로 대응시킨다.

의도인지도 몰라. 수학 교육이 잘못돼도 단단히 잘못돼 있다는 생각이 들며 이런 것도 다 수학의 악마 아크의 장난일지도 모른다는 엉뚱한 생각마저 들었다.

다음 날은 담임 선생님 대신 수학 선생님이 조회를 들어오셨다. 담임 선생님은 몸이 안 좋아 병원에 들렀다 오후에야 나오신다고 했다. 수학 선생님을 보니 아침부터 이런저런 궁금증이 떠올랐다. 수학이 생각보다 재미난 과목이란 걸 수학 선생님도 알고 계시겠지? 한번 물어볼까? 아냐, 점수도 안 나오는 놈이 이상한 생각이나 한다고 혼날지도 몰라. 아니야, 그래도 모르잖아? 생각이 오락가락하며 머릿속이 복잡했다. 그때 수학 선생님이 나를 쳐다보셨다.

"왜, 김희철. 질문 있어?"

"네? 네……, 아니요. 아니……."

"뭐라는 거야? 선생님한테 할 말 있으면 조회 끝나고 따라와."

살짝 주눅이 들었다. 수학 선생님의 명태처럼 비쩍 마른 뺨이 실룩거렸다. 명태, 동태, 황태, 북어대가리, 노가리 등등 수학 선생님 별명은 전부 명태류였다. 둥그런 눈은 안경 너머로 퀭하고 뺨은 움푹 꺼져 있어 나이가 들어 보였다. 수학에 관심이 있다는데 뭐라고 하겠어? 물어나 보지, 하는 심정으로 수학 선생님을 따라나섰다.

"왜?"

말없이 앞서가시던 수학 선생님이 뒤도 안 돌아보며 물었다.

"그냥……. 별건 아니고요. 교과서에 나오는 것 말고, 재미있는 수학 문제나 퀴즈 같은 게 많더라고요. 선생님도 그런 거 아세요?"

"뭐? 이 녀석 봐라! 이리 와서 음료수나 한잔 마시고 가."

선생님은 교무실 앞 자판기 앞으로 나를 이끌었다. 기대 이상의 기회가 뚝 떨어진 것 같은 느낌이었다.

"어쩌다 그런 데 관심을 다 가지게 된 거야?"

"그냥요. 이번에 너무 점수가 안 나와서 고민하다 보니……."

"그래. 알고 보면 수학은 참 재미있는 학문이지. 생각보다 실용적이기도 하고 말이야. 수학이 응용되고 있는 분야도 생각보다 꽤 다양해. 우선 과학과 공학에선 수학이 아주 큰 비중을 차지하고 있지. 음, 어떻게 표현을 하면 좋을까. 수학은 과학과 공학의 언어라고 할수 있어. 우리가 언어를 통해 서로 대화하고, 자신의 생각을 표현하는 것처럼, 과학과 공학에선 수학이 그런 역할을 해."

수학이 우리말이나 영어 같은 언어의 개념이라니, 한 번도 생각해보지 못했던 이야기였다. 과학이나 공학을 공부하려면 반드시 수학을 해야 한다는 얘기잖아. 문득 신문에서 봤던 칼럼이 떠올랐다. 암호에 수학이 사용된다는 내용이었다. 소희도 그런 얘기를 했었는데…….

"저도 수학이 암호에 사용된다는 얘기는 들었어요."

"그래, 맞다. **암호학**이란 거야. 실제로 많은 수학자들이 암호를 연구하고 있지. 사람들이 암호를 처음으로 진지하게 생각하게 된 건 세계대전 때였단다. 전쟁 중에 상대편이 알아보지 못하게 자기편에게 메시지를 전달하려다 보니 암호가

암호학

언어학과 수학을 이용해 정보를 보호하는 방법을 다루는 학문. 인터넷에서의 정보 보안과 개인 정보 보호 등에 사용되면서 중요성이 더욱 커지고 있다.

발달하게 된 거지. 그때 암호 체계를 만든 사람들이 바로 수학자들이었어. 재미있는 건 적국의 암호를 해독하기 위해 동원된 사람들도 수학자였다는 사실이지. 제2차 세계대전 때, 독일군은 에니그마라는 암호기를 사용했는데, 해독이 안 되는 걸로 악명이 높은 암호였지. 바로 그 암호를 푼 사람이 영국의 수학자 튜링이었단다. 이 사람은 나중에 전산학에도 많은 공헌을 했지. 즉, 암호와 전산은 수학의 한 분야라고 할 수 있어."

"알수록 재미있어요. 그런데 소희 얘기를 들어보니 경제학 연구도 수학자들이 한다던데요? 소희 아빠가 수학을 전공하셨는데, 경제학과 교수시거든요."

"그래, 과학 이외에도 수학은 많은 곳에 쓰이지. 실제로 경제학이나 경영학에도 수학이 많이 쓰이고 있어. 물리학이 수학적인 언어로 자연 현상을 설명한다면, 경제학은 수학적인 언어로 경제 현상을 설명한다고 할 수 있어. 그리고 수학의 한 분야인 게임 이론이 경제학에서 매우 중요한 역할을 한단다."

"게임 이론이요?"

"혹시 〈뷰티풀 마인드〉라는 영화 아니?"

"아뇨. 못 봤는데요."

에니그마(Enigma)
1918년 슈르비우스에 의해 처음 고안되었고, 나치 독일이 군 관련 정보를 암호화하는 데 사용했다.

앨런 튜링
(Alan Turing, 1912-1954)
1935년 '튜링 머신'이라는 개념을 통해 현대 컴퓨터의 수학적인 모델을 고안한 천재 수학자이다. 1943년 세계 최초의 컴퓨터 콜로서스(Colossus)를 만들어 난공불락이던 독일군의 에니그마를 해독해냄으로써 제2차 세계대전을 연합군의 승리로 이끄는 데 기여했다.

게임 이론 (Game Theory)
응용 수학과 경제학의 한 분야로, 참가자들이 자신의 이익을 최대화하려는 상황에서 어떠한 전략을 펴는지 연구하는 학문.

"그래. 나중에 볼 기회가 있겠지. 그 영화는 존 내쉬라는 수학자의 이야기를 다룬 거야. 존 내쉬는 게임 이론의 발전에 큰 역할을 한 사람이지. 그 업적으로 노벨 경제학상도 받았으니까 말이야. 그뿐만이 아니야. 주식 거래 같은 금융 분야에도 전문적인 수학자들이 많아. 금융의 중심지인 뉴욕 월스트리트에서도 수학과가 가장 인기가 좋다고 하더라. 실제로 제임스 사이먼스라는 유명한 수학자가 있는데, 늦은 나이에 금융계로 진출해서 엄청

난 부자가 됐어. 제임스 사이먼스가 연봉을 얼마나 받았는지 아니?"

"글쎄요. 십억? 아니면 백억? 설마 천억대는 아니죠?"

"이런, 많이 놀라겠네. 무려 1조 7천억 원이란다. 2006년 한 해 동안 벌어들인 돈이 말이야."

1조 7천억이라는 돈은 내게 전혀 사실감이 없었다. 십억이니 백억이니 하는 것도 말로나 알지, 돈으로 치면 전혀 감이 안 왔다.

"수학을 전공하면 도대체 뭘 하나 싶지? 그런데 실제로 대학에서 수학을 공부한 사람들 중에는 돈을 많이 번 사람이 굉장히 많단다. 마이크로소프트를 창립한 빌 게이츠나 현재 마이크로소프트의 CEO인 스티브 발머 모두 대학에서 수학을 전공했지."

"수학이 상상 이상으로 다양한 분야에서 응용되고 있나 봐요."

"그렇단다. 수학만큼 다양하게 응용되면서 중요한 학문은 없지.

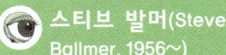
수학이 그만큼 논리적이고 체계적인 학문이기 때문이야. 하지만 수학의 가장 큰 매력은 수학 자체에 있다고 할 수 있어. 수학은 공부하면 할수록 흥미로운 학문이기 때문이야."

"그런 것 같아요. 세상의 많은 흥미로운 것들을 알기 위해선 수학이 꼭 필요하다는 것은 알겠어요. 그래서 수학이 중요하다는 것이겠지요. 하지만 수학 문제를 푸는 건 왜 그렇게 재미없는지 모르겠어요."

"그래, 많은 학생들이 수학은 매우 지루한 과목이라고 생각하지. 오래전에 학교를 졸업한 어른들 중에도 수학 공부를 끔찍한 기억으로 간직하고 있는 사람도 많고 말이야. 하지만 나는 수학만큼 흥미롭고 매력적인 것도 없다고 생각해. 완벽한 수학의 세계를 이해해 간다는 것은 정말 놀라운 일이란다."

"하지만, 저희 같은 학생들이 수학의 심오한 세계를 이해할 수는 없잖아요. 당장 배우는 기본적인 개념도 어려운걸요."

"그래, 지금 너희가 배우는 기본적인 개념들로는 수학의 진정한 매력을 알기 힘들 수도 있겠다. 하지만 심오하고 아름다운 이론들을 배울 수 없다고 수학의 매력을 알 수 없는 것은 아니야. 수학의 또 다른 매력은 수학 문제를 푸는 데 있거든."

"어려운 수학 문제를 푸는 걸 말씀하시는 건가요? 저는 날마다 수학 문제를 풀지만 항상 힘들고 지루하기만 하던걸요."

"음, 그래. 너희 모두 수학을 어려워하지. 문제가 잘 안 풀리면 화가 나기도 하고 말이야. 하지만 어려운 문제를 자기만의 아이디어로 해결했을 때 느끼는 짜릿한 기분은 그 어떤 것과도 바꿀 수 없는 기쁨이지. 사람들이 수학 공부를 하게 되는 것도 모두 그 짜릿함 때문이야. 선생님도 고등학교 때 어려운 수학 문제를 푸는 재미를 알게 되어 수학을 전공하게 되었단다."

1교시 시작을 알리는 벨이 울렸다. 재미있는 수학 관련 책을 추천받을 생각에 따라왔는데 이야기가 길어지고 말았다. 이제 보니 수학 선생님도 생각보다 지루한 사람은 아니었다. 수업 시간에는 따분하기만 했었는데…….

"자, 어서 들어가거라. 대학 입시에 쫓기느라 수학을 좀 더 재미있게 가르치지 못하는 게 아쉽구나. 수업이 재미있어진다면 너처럼 수학에 흥미를 갖는 아이들이 점점 더 많아질 텐데 말이다."

"그러게요. 게다가 한번 수학에 흥미를 잃어버리면 수학의 중요성을 아무리 강조해도 다시 수학 공부를 하게 하기는 어려운 것 같아요."

선생님은 자신이 우리를 수학과 멀어지게 한 것 같아 후회된다고 하셨다. 나부터도 수학의 중요성은 충분히 알고 있지만 도무지 재미는 못 느끼고 있었으니 말이다.

수학 선생님과 나누었던 대화는 하루 종일 머릿속을 맴돌았다. 수학의 매력과 재미라……. 하지만 수학 공부의 진정한 재미를 알고 그 즐거움 때문에 공부를 한다는 것은 지금 나에게는 아무래도 역부족이다. 우리는 언제나 시험과 점수, 대입이라는 머리 아픈 숙제를 안고 있기 때문에 학문의 즐거움 따윈 너무 고차원적인 것만 같다. 하지만 수학을 잘하면 나는 훨씬 더 많은 기회를 얻게 될 것이다. 대학이나 학과를 선택할 때도 그렇고, 직업을 선택할 때도 마찬가지다. 물리학이나 경제학을 공부하더라도 수학이 절대적이라고 하지 않는가. 수학은 그렇게 기회와 선택의 자유를 만들어주는 학문인 것이다. 게다가 수학이 그동안 생각해 왔던 것보다 흥미로운 학문이라는 것을 알았으니 수학은 어렵고 골치 아프기만 하다는 내 생각도 조금은 수정되어야 할 것 같다.

그 순간, 잠깐 잊고 있었던 《수학의 눈》이 떠올랐다. 이제 알겠다. "수학을 공부하지 않은 대부분의 사람들에게는 믿기지 않게 보이는 일들이 있다." 이 힌트는 수학을 공부한 사람들에게는 수학을 공부하지 않은 사람들이 모르는 것들이 보인다는 뜻이다. 즉, 수학을 공부하면 세상의 많은 일들을 더 깊이 이해할 수 있다는 얘기다. 수학과는 전혀 관련이 없어 보였던 퍼즐의 비밀을 수학을 통해 이해할 수 있었고, 우리 주변에 있는 수많은 일들에 수학이 중요하게 활용되고 있다는 사실처럼 말이다. 그렇다면 첫 번째 힌트는 수학이 매우 흥미로운 것이라고 말하고 있는 것이다. 수학은 흥미롭다. 그래, 바로 이게 정답이야!

나는 한걸음에 집으로 달려갔다. 황급히 《수학의 눈》을 꺼내 펼쳤다. 바로 그 순간 아크가 나타났다. 지난번 만남과 달리 아크는 아주 조용했다. 기분 나쁜 웃음을 흘리지도, 눈을 퍼렇게 번뜩이지도 않았다. 그냥 조용히 《수학의 눈》을 받아들더니 힌트 위에 손을 얹었다. 바로 그 순간 종이 안에 숨어 있던 글자들이 스멀스멀 기어 올라왔다. 첫 번째 힌트 뒤로 비법이 정리되어 나타난 것이었다.

"이제 시작일 뿐이야. 난관은 얼마든지 준비되어 있다고!"

그는 토라진 듯 삐죽거리더니 내게 책을 건네고 말없이 사라졌다. 이것으로 첫 번째 관문을 무사히 넘어섰다. 이제야 뭔가 시작되었다는 느낌이 들었다.

수학을 공부해야 하는
자신만의 이유를 찾아라

1. 수학 공부, 끝까지 포기하지 말아라

수학 없이는 좋은 대학도 없다

수학은 대학에 들어가기 위해 공부해야 하는 가장 중요한 과목 중 하나다. 하지만 단시간 내에 점수를 올리기 힘든 과목의 특성 때문에 많은 학생들이 수학을 공부할 시간에 차라리 다른 과목을 공부하는 것이 효율적이라고 생각하는 경향이 있다. 수학을 영어나 국어에 비해 어렵다고 생각하는 학생들이 많고, 실제로 수학이 다른 과목들에 비해 평균 성적이 낮은 것 또한 사실이다.

하지만 수학은 다른 과목보다 두 배 이상의 중요성을 가지고 있기 때문에 다른 과목들보다 더 잘해야 한다. 여기서 말하는 두 배라는 표현은 상징적인 의미가 아니다. 2005년도 대입 수학능력 평가부터 도입된 표준점수제에 따라 과목별로 점수를 계산해 보면, 실제 수능 성적에 반영되는 수학의 점수가 다른 과목보다 월등히 높다는 것을 알 수 있다.

표준점수란 원점수에 대한 상대적인 서열을 나타내는 점수다.

과목에 따라 점수의 분포가 다르고, 난이도가 다른 과목들의 점수를 일률적으로 비교하는 것은 무의미하기 때문에, 표준점수를 통해 각 과목들의 성적 분포를 표준화할 필요가 있었던 것이다.

	평균	표준편차
언어	70.6	17.4
수리(가)	55.1	21.2
수리(나)	47.6	27.1
외국어	60.9	22.1

〔2007학년도 수능 과목별 평균 및 표준편차〕

위의 표에서 보듯이 수리 영역(수학)의 평균이 다른 과목들에 비해 현저히 낮다. 따라서 수리 영역의 점수를 올린다면, 언어나 외국어의 점수를 올리는 것에 비해 표준점수가 눈에 띄게 높아진다. 표준점수는 평균이 100점, 표준편차가 20의 분포를 가지도록 표준화한 점수로 다음과 같은 방법으로 계산된다.

$$표준점수 = 100 + 20 \times \frac{x - m}{\sigma}$$

x : 자신이 취득한 원점수
m : 과목의 전체 지원자의 평균
σ : 표준편차

만약 어떤 학생이 언어와 수리(가) 영역에서 모두 60점을 받았다면, 표준점수는 각각 87.8과 104.6점이 된다. 평균이 낮은 수리(나) 영역에서 60점을 받은 경우 표준점수는 더 높아진 109.2점이다. 또한 언어와 수리 영역에서 모두 100점 만점을 받더라도, 표준점수는 언어 133.8점, 수리(가) 142.4, 수리(나) 138.7로 수리 영역에서 받을 수 있는 점수가 더 높다. 이렇게 같은 점수를 받더라도, 평균이 낮은 수리 영역의 표준점수가 훨씬 높아지기 때문에 수리 영역의 점수를 올리도록 노력하는 것이 전략적으로도 좋은 것이다.

또한 자연 계열에서는 수리 영역에 가중치를 주고 있고, 대학별 고사에서도 수학은 매우 큰 비중을 차지하고 있다. 서울대에서는 인문 계열에서도 수학적 사고가 중요하기 때문에, 2010학년도부터 정시 모집에서 인문 계열 지원자가 수능 시험 수리(가)형에 응시하면 가산점을 주기로 하는 등 주요 상위권 대학의 입시에서 수학의 비중은 점점 커지고 있는 추세다.

수학을 잘한다면 선택할 수 있는 대학의 폭이 한없이 넓어지는 데 반해, 수학을 포기한다면 다른 과목 성적이 아무리 좋다고 해도 선택할 수 있는 대학의 폭이 줄어들 수밖에 없다. 따라서 좋은 대학에 들어가기 위해서는 반드시 수학부터 잡아야 한다.

수학은 논리력과 사고력 증진의 발판

말을 잘한다거나 글을 잘 쓴다는 것은 논리적인 오류를 범하지 않고 자신의 생각을 조리 있게 잘 전달하는 것을 의미한다. 논리력을 키우는 가장 좋은 방법 중 하나는 수학을 공부하는 것이다. 수학은 공리에서 시작하여 논리적인 증명 과정을 통해 정리를 만들어내는 학문이고, 중고등 교육 과정에서 수학의 비중이 큰 것은 수학을 공부함으로써 수학에서 사용하는 가장 엄밀한 논리적인 규칙들과 사고의 흐름을 익힐 수 있기 때문이다.

수학을 공부할 때, 많은 문제를 풀어보는 것은 단순히 그 문제를 해결하는 방법을 익히기 위한 것이 아니라, 문제를 푸는 과정을 통해 논리력과 사고력을 개발하기 위한 것이다. 수학 문제를 풀 때는 가정과 결론을 구분하고, 가정에서 출발하여 개념과 공식을 적용하고 논리적인 추론 과정을 통해 결론에 도달해야 하므로, 수학 문제를 많이 풀어본다면 자연스럽게 논리력과 사고력이 발전할 수밖에 없는 것이다.

인문사회 계열의 학문들은 특히 논리적인 글쓰기가 중요하다. 그래서 서울대를 비롯한 많은 상위권 대학들이 인문 계열에서 학생을 선발할 때에도 수학 성적을 비중 있게 보는 것이다. 프랑스에서는 오래전부터 논리적인 글을 쓰기 위해서는 수학적인 사고력이 필수라는 생각에 많은 공감대가 형성되어 있었다. 실제로 프랑스에서는 고등 교육 기관에 진학할 때 수학 성적이 크게 반영되고 있다.

수학을 통해 세상을 더욱 깊게 이해하라

수학을 공부하다 보면, 이것들이 도대체 어디에 사용되는 것인지, 내 인생에 필요가 있는 것인지 회의가 느껴질 때가 많다. 하지만 얼핏 보기에는 다른 곳에 응용되지 않을 것 같은 수학 이론들도 여러 가지 자연 현상이나 경제 현상을 이해하는 데 많은 기여를 한다. 대표적인 예로 미분기하학과 미분방정식을 들 수 있다.

미분기하학과 미분방정식은 그 이름에서도 알 수 있듯이, 고등학교 수학 과정에서 중요하게 다루는 미분이라는 개념을 유용하게 사용하는 수학의 분야다.

미분기하학은 미분을 사용해 공간의 기하학적인 특성을 연구한다. 19세기에 처음 미분기하학이 탄생했을 때만 해도 순수한 수학적인 이유에서 연구가 시작되었다. 하지만 20세기 우리가 살고 있는 시공간이 어떻게 되어 있는지에 대해 더욱 근본적인 설명을 하는 상대성 이론(Theory of relativity, 자연법칙이 관성계에 대해 불변하고, 시간과 공간이 관측자에 따라 상대적이라는 이론으로, 20세기 초 아인슈타인이 창안)을 정립하는 데 미분기하학이 결정적인 역할을 하게 되었다.

뿐만 아니라 전혀 의외의 곳에서도 미분기하학이 사용되었다. 20세기 위대한 입체파 화가 피카소는 당대 최고의 수학자인 푸앵카레(Henry Poicaré, 1854~1912, 프랑스의 수학자로 위상수학, 수리물리학, 천체역학 등의 분야에서 많은 업적을 남겼다.)에게 미분기하학을 배웠다. 피카소는 기존 회화의 한계를 넘어서기 위해 공간에 대한 독창적인 탐구를 하고 있었는데, 마침 미분기하학에서 공간에 대한 새로운 해석을 하고 있었기 때문이다. 미분기하학은 상대성 이론뿐만 아니라 현대미술에도 영향을 준 셈이다.

미분방정식은 가장 많은 곳에 응용되는 수학 이론 중 하나다. 물리학의 많은 이론들이 미분방정식을 해결함으로써 발전해온

〔미분기하에서 다루는 휘어진 도형〕

것이다. 뉴턴이 처음 미분과 적분을 연구하게 된 것이 태양을 돌고 있는 지구의 운동을 이해하기 위해서였고, 그러한 운동이 결국에는 미분방정식의 형태로 표현되었기 때문이다. 또한, 경제학의 많은 현상들도 미분방정식으로 표현되고 있고, 금융 상품의 가격을 결정하기 위해서도 결국 미분방정식을 풀어야 한다.

물론 세상을 이해하기 위해 사용되는 수학이 미분기하학, 미분방정식처럼 고도의 수학적인 지식을 필요로 하는 것은 아니다. 중고등학교에서 배우는 확률을 사용한다면, 로또의 당첨 확률이나 기대값을 계산해볼 수도 있고, 포커에서 스트레이트, 풀 하우스, 투 페어 등이 나올 확률을 계산해볼 수도 있다. 포커에서 카드 조합의 순위는 나올 수 있는 패의 확률에 의해 결정된다. 또한, 수학 I에서 배우는 통계를 잘 이해하고 있다면, 여론 조사가 왜 타당성을 가질 수 있는지, 여론 조사 결과를 볼 때면 항상 나오던 신뢰도가 의미하는 것이 무엇인지도 알 수 있다.

　이처럼 전혀 쓸모 없어 보이는 수학 이론들도 알고 보면 세상을 이해하는 열쇠인 경우가 많다.

수학을 잘하면 직업 선택의 폭이 넓어진다

2007년 세계 금융계의 심장이라 할 수 있는 미국의 월스트리트 증권가에서 가장 높은 연봉을 받은 사람은 수학자 출신의 사이먼스였다. 1980년대까지 수학의 첨단 분야를 연구하던 사이먼스는 1982년 르네상스 테크놀로지라는 헤지 펀드 회사를 창립, 오늘날까지 높은 수익률을 유지하며 대단한 명성을 누리고 있다.

　사이먼스 이외에도 미국의 월스트리트에는 많은 수학 박사들이 활동하고 있다. 르네상스 테크놀로지의 경우는 아예 경제나 경영 전공자들보다는 순수수학을 전공한 박사들을 더 선호하는 것으로 유명하다. 금융이나 보험 등의 분야에서 심화된 수학 이론들이 많이 사용되고 있기 때문이다.

[뉴욕 증권 거래소의 전경]

또한 수학적이고 논리적인 사고력을 요하는 경영 컨설팅, 회계, 마케팅 등의 분야에서도 수학자들을 많이 선호한다. 실제로 이런 직업을 선택하는 데 수학적인 사고력이 강한 것은 강점이 될 수밖에 없다.

2. 나만의 이유, 나만의 목표를 찾아라

많은 학생들이 수학을 열심히 공부해야겠다고 결심하지만, 그 결심을 실천에 옮기는 사람은 많지 않다. 수학을 공부하다 보면 문제가 잘 안 풀리고, 개념 이해가 잘 안 되는 등 많은 어려움을 겪게 된다. 그럴 때마다 처음에 공부하고자 했던 의욕이 꺾이는 것이 사실이다. 기초가 부실하다는 생각이 들고, 어디서부터 시작해야 할지, 얼마나 더 공부해야 할지 답답한 마음이 들기 시작하면 결심은 어느 순간 흐지부지 사라지고 만다.

이런 문제에 대한 근본적인 해결책은 수학을 공부하는 자신만의 이유를 찾는 것이다. 수학 공부를 하다 어려움에 부닥쳤을 때, 왜 계속 공부를 해야 하는지 알려주는 자신만의 이유가 있다면, 주저앉지 않고 다시 일어설 수 있을 것이다.

이제 나만의 수학 공부 목표를 찾는 방법을 단계별로 알아보자.

자신의 직업 목표 찾기
먼저 자신의 적성이 무엇인지 파악해야 한다. 자신이 무엇에 흥미를 느끼는지, 어떤 재능이 있는지를 파악하여 자신에게 꼭 맞는 직업을 알아보는 것이다. 성격, 능력, 흥미 등을 평가하는 적성검사를 받아보고, 부모님, 선배, 책, 인터넷 등 여러 경로를 적극 활용해 내가 미래에 하고 싶은 일이 무엇인지 찾아보자.

직업 목표에 맞는 학과 목표 찾기

자신이 미래에 하고 싶은 일이 무엇인지를 찾았다면, 이제는 그일을 하기 위해 어떤 공부가 필요한지를 알아봐야 한다. 대부분의 전문 직종들은 대학 또는 대학원 과정의 공부를 필요로 한다. 따라서 자기가 하고 싶은 일을 하기 위해서는 대학에서 무슨 전공을 해야 하는지 알아보는 것이 꼭 필요하다.

학과 목표에 맞는 수학 성적 목표 만들기

이제 목표하는 대학과 학과가 정해졌다면, 마지막으로 그 대학에 들어가기 위해 필요한 수학 성적을 알아보자. 그리고 자신이 원하는 구체적인 수학 성적 목표를 만들고, 그 목표를 이루기 위해 어떻게 공부해야 할지 계획을 세워보자. 자신이 미래에 꼭 하고 싶은 일을 하기 위해 지금 수학을 공부해야 한다는 사실을 잊지 않는다면 수학 공부를 하며 겪게 되는 많은 어려움들을 이겨낼 수 있을 것이다.

두 번째 힌트 2

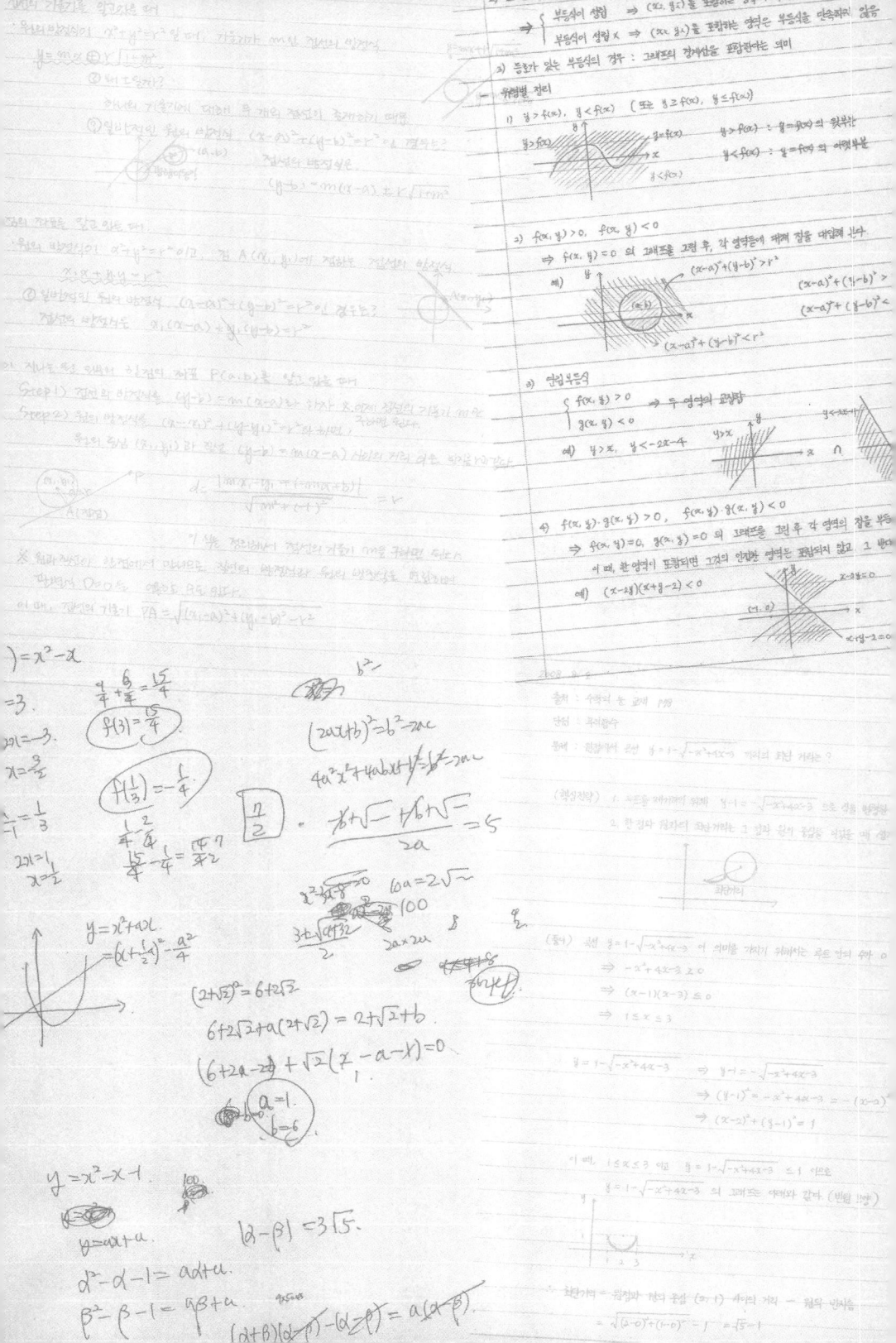

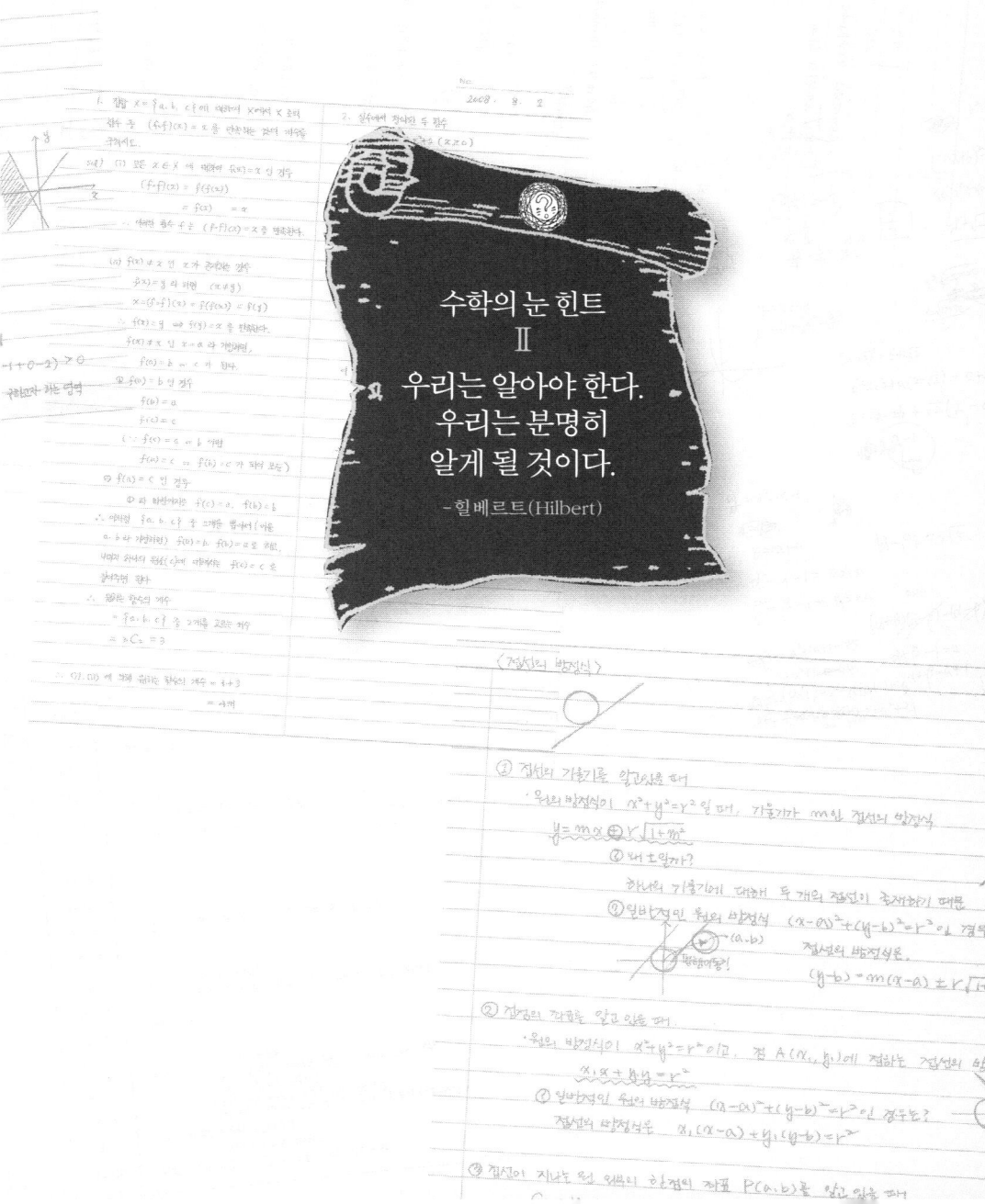

1. 집합 $X = \{a, b, c\}$에 대하여 X에서 X 로의
함수 중 $(f \cdot f)(x) = x$ 를 만족하는 것의 개수를
구하여라.

2. 실수에서 정의되는 두 함수

풀이) (가) 모든 $x \in X$ 에 대하여 $f(x) = x$ 일 경우
$\quad (f \cdot f)(x) = f(f(x))$
$\quad = f(x) = x$
∴ 어떠한 함수 f 은 $(f \cdot f)(x) = x$ 를 명심한다.

(나) $f(x) \neq x$ 인 x가 존재하는 경우
$\quad f(x) = y$ 라 하면 ($x \neq y$)
$\quad x = (f \cdot f)(x) = f(f(x)) = f(y)$
$\quad f(x) = y$ 일 때 $f(y) = x$ 를 만족한다.
$\quad f(x) \neq x$ 일 $x \in a$ 라 가정하면,
$\quad f(a) = b$ 이 된다.
모두 $f(a) = b$ 일 경우
$\quad f(a) = a$
$\quad f(c) = c$
∴ $f \cdot f(c) = c$ 이 성립
$\quad f(a) = a \Rightarrow f(b) = c$ 가 되어 모순)
(다) $f(a) = c$ 인 경우
c 와 확인하면 $f(c) = a$, $f(b) = b$
∴ 어떠한 a, b, c 중 c 를 대응한 함수 (이를
a, b 라 가정하면) $f(a) = b$ 등등 c 지 되고,
나머지 하나의 원소 c에 대응하여 $f(c) = c$ 를
알 수 있다.

∴ 위의 방식의 개수
= $\{a, b, c\}$ 중 2개를 고르는 개수
= $_3C_2 = 3$

∴ (가), (나) 에 의해 위의 함수의 개수 = $1 + 3$
$\quad = 4$개

⟨접선의 방정식⟩

① 접선의 기울기를 알고싶을 때
· 원의 방정식이 $x^2 + y^2 = r^2$ 일 때, 기울기가 m인 접선의 방정식
$\quad y = mx \pm r\sqrt{1 + m^2}$
② 왜 그럴까?
하나의 기울기에 대하여 두 개의 접선이 존재하기 때문
② 일반적인 원의 방정식 $(x-a)^2 + (y-b)^2 = r^2$이 경우
(a, b)
평행이동!
접선의 방정식은
$\quad (y-b) = m(x-a) \pm r\sqrt{1 +}$

② 접점의 좌표를 알고 있을 때
· 원의 방정식이 $x^2 + y^2 = r^2$이고, 점 $A(x_1, y_1)$에 접하는 접선의 방정식
$\quad x_1 x + y_1 y = r^2$
② 일반적인 원의 방정식 $(x-a)^2 + (y-b)^2 = r^2$이 경우는?
접선의 방정식은 $x_1(x-a) + y_1(y-b) = r^2$

③ 접선이 지나는 원 밖의 한 점의 좌표 $P(a, b)$를 알고 있을 때

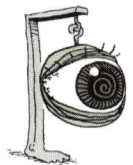

첫 번째 힌트의 답을 찾아내자 아크는 며칠간 잠잠했다. 그러던 어느 날 밤, 아크는 또다시 기세가 등등해져서 찾아왔다. 《수학의 눈》에는 이미 두 번째 힌트가 제시되어 있었다.

"흥, 이번에는 만만치 않을걸! 낄낄낄낄……."

그러고선 내 침대에 누워 갈 생각을 안 했다.

"나 공부해야 돼. 빨리 가."

"신경 쓸 것 없잖아. 그냥 조금만 누워 있다 갈 거야. 넌 그냥 네 공부나 해."

뻔뻔하게 굴기는……. 언제부터 우리가 이렇게 친했다고. 하지만 더 큰 문제는 힌트를 도무지 이해할 수 없다는 것이었다. 첫 번째 힌트와는 수준이 달랐다. 힐베르트? 이 사람은 도대체 무엇을 알고 싶다는 것일까.

이번에는 인터넷을 검색해보기로 했
다. TV에서 하는 퀴즈쇼에서도 문제가
어려우면 꼭 한 번씩은 인터넷 검색 기회
를 주지 않던가. 아무리 스스로 알아가야
한다지만 인터넷 검색 정도는 허용되겠
지. 인터넷에 힌트의 정답을 물어볼 생각
은 없다. 지금은 **힐베르트**가 누구인지, 어

힐베르트(David Hilbert, 1862~1943)
독일의 수학자로 현대 수학의 중요한 기반이 되는 많은 연구를 하여 현대 수학자의 아버지로 불리게 되었다. 1900년 파리의 세계 수학자 회의에서 20세기 수학의 연구 방향을 결정하는 23개의 문제를 제시했다.

떤 이유로 저런 문구를 남겼는지 알아보고 싶을 뿐이다.

다행히 한 블로그에서 그에 대한 내용을 찾을 수 있었다. 그는 20세
기 초에 활동했던 독일인 수학자였다. "우리는 알아야 한다. 우리는
분명히 알게 될 것이다"라는 말은 1930년에 힐베르트가 한 연설의
일부라고 했다. 힐베르트는 수학은 모순이 없는 완벽한 체계이고,
모든 수학적인 문제는 결국 풀리게 될 것이라는 신념을 가지고 있
었다. 그래서 모든 수학적인 진리들을 알아야 하고, 또 알게 될 것이
라고 자신에 찬 어조로 연설을 했던 것이다.

그렇다면 이번 힌트가 의미하는 것은 수학을 반드시 잘 알아야
한다는 것일까? 그렇다면 너무 쉬운데? 어떻게 이런 문제로 수학
공부의 비법을 알려준다는 거지? 그냥 수학을 '어떻게' 공부해야 되
는가나 알려줄 것이지, 무슨 비법서가 이따위람! 또 첫 번째 힌트처
럼 수학은 흥미로운 것이며 배우면 여러모로 큰 도움이 될 것이라
는 가르침을 주는 것도 아니고, 이렇게 무조건 알아야 한다는 건 좀
억지스럽지 않나?

월요일 아침, 교실에 들어서는데 아이들이 한데 모여 웅성거리고 있었다.

"다들 왜 저래?"

나는 책가방을 내려놓으며 명수에게 말을 건넸다.

"너 아직 소문 못 들었구나! 오늘 아이큐 검사 한대."

명수의 대답에 나는 속이 울렁거리기 시작했다. 수학 성적 쇼크도 채 가시지 않았는데, 아이큐 검사라니……. 아이큐도 66이 나오면 어떡하지? 하지만 명수는 대수롭지 않다는 듯 어깨를 으쓱했다.

"아이큐 검사 뭐 별거 있겠냐. 산수 계산 좀 하고, 입체 도형 좀 돌리고 하면 되는 거 아냐?"

마치 재미있는 게임이라도 되는 것처럼 명수는 자신만만했다. 하기야 명수는 중학교 때부터 아이큐가 높은 걸로 유명했으니까. 완전 짜증이다. 월요일 아침부터 웬 아이큐 검사람!

아이큐 검사는 명수 말대로 산수 계산 문제도 있었고, 도형을 돌리는 문제도 있었고, 규칙성을 찾는 문제도 있었다. 다양한 문제를 정신없이 풀다 보니 어느덧 시간이 훌쩍 지나가버렸다.

"희철아, 잘 풀었어?"

명수가 신이 나서 다가왔다.

"뭐 그냥……. 시간은 잘 가더라."

"그래? 도형 돌리는 거 너무 어렵지 않냐? 나는 아직도 머리가 빙빙 도는 것 같아. 난 아무래도 공간 지각 능력이 떨어지나 봐. 점수 안 나오면 어떡하지?"

"야야, 엄살 부리지 마! 너 중학교 때도 150인가 나왔잖아."

"근데, 희철아. 아이큐 검사 만들기 엄청 쉬울 거 같지 않냐?"

명수가 말꼬리를 돌렸다.

"대충 도형 몇 개 그리고 산수 문제 몇 개 만들고 해서 채점만 하면 금방이잖아."

내가 별다른 반응이 없자 옆에 있던 재석이가 끼어들었다.

"아닐걸? 내가 알기로는 이런 검사 만드는 거 정말 힘들다던데?"

"뭐? 우리 반장은 아는 것도 참 많으셔!"

명수가 까칠하게 반응했다.

"아니, 나도 잘 아는 건 아니고……. 전에 아이큐 검사에 대한 책을 읽은 적이 있거든."

"그런 책도 있어?"

책 얘기에 명수가 좀 누그러졌다. 평소 책을 좋아하는 명수는 책 얘기라면 뭐든지 흥미로워했다.

"그래. 거기서 보니까 아이큐 검사는 문제 하나를 만들 때도 굉장히 여러 가지를 고려해야 된대. 그중에서도 가장 중요한 건 표준화라는 작업이야."

"표준화? 그게 뭔데?"

명수는 이미 재석이의 이야기에 쏙 빠져 있었다.

"우리가 지능을 측정한 뒤에 그 결과를 해석하려면 어떤 기준이 필요하잖아. 우리 같은 경우엔 대한민국 고등학교 1학년들이 비교 대상이 되겠지."

"맞아. 우릴 초딩들하고 비교하면 안 되지."

"그래, 그래서 검사 문항을 만든 다음에 우리와 비슷한 조건의 사

통계학

집단 현상을 수량적으로 관찰하고 결과를 수집하여 분석하는 방법을 연구하는 응용 수학의 한 분야.

람들에게 예비 검사를 실시한다는 거야. 예를 들어 오늘 우리가 한 검사는 전국 각지의 고등학교 1학년 학생들을 모아 놓고 미리 검사했을 수 있겠지."

"그렇겠다. 남학생이랑 여학생의 성비도 맞아야 할 테고 말이야."

나도 한마디 덧붙였다.

"그래, 희철이도 뭘 좀 아는데!"

모처럼 재석이가 농담하는 모습을 보니 왠지 어색해 명수와 나는 피식 웃고 말았다. 재석이는 다시 표정을 가다듬으며 이야기를 이어갔다.

"더 놀라운 건 이런 작업들이 다 통계학을 기반으로 하고 있다는 거야."

"통계? 평균 구하고 표준편차 구하는 그 통계?"

"맞아! 표준화할 때 대한민국 고등학교 1학년 학생들 모두를 대표할 수 있는 몇 명의 학생을 대상으로만 검사를 하잖아. 이때, 이 학생들을 통해 전체의 평균이나 표준편차를 예측하고, 타당도랑 신뢰도 같은 것들을 구할 때도 통계로 한다고 하더라."

명수와 나는 귀를 쫑긋 세웠다.

"여기까지야. 그 이상은 너무 어려워서 다 까먹었어. 하하하!"

재석이가 슬쩍 얼굴을 붉히며 머리를 긁적였다.

"아, 한 가지 더! 이런 것들을 계산할 때는 SAS나 SPSS 같은 통계적인 계산을 할 수 있는 소프트웨어를 활용한대. 물론 그런 소프트웨어는 통계학자들이 만들었을 테고 말이야."

결국 아이큐 검사에도 수학자들이 있어야 한다는 이야기였다. 언제 수학 선생님하고 얘기할 기회가 있으면 좀 더 자세히 여쭤봐야겠다고 생각했다.

나는 조금씩 고등학교 생활에 적응해가고 있었다. 중간고사의 충격으로 과외와 학원을 다니며 수학 공부에 매달렸지만 수학 실력이 눈에 띄게 향상된 것 같지는 않았다. 이럴 때일수록 수학을 잘할 수 있는, 아니 시험을 잘 볼 수 있는 비법이 있어야 하는 건데, 《수학의 눈》에는 답답한 문구만 씌어 있으니…… 나는 어디에서 막혀 있는 걸까. 나는 정말 수학을 잘하게 될 수 있을까. 이런 고민이 깊어질 때면 꼭 귓속에서 사박거리는 소리가 나며 아크가 나타났다. 아크는 문제에 대해 갈피도 못 잡고 있는 나를 무척 고소해했다. 틈만 나면 불안감을 자극하며 이제 그만 수학은 포기하고 영어 공부나 하라며 유혹하곤 했다.

아이큐 검사를 한 지 2주 뒤, 결과가 나왔다. 또 한 번 자존심을 구기지 않을까 슬쩍 걱정이 되었다. 그렇잖아도 썩 좋은 아이큐는 아니었는데…… 아니나 다를까, 내 아이큐는 중학교 때보다도 더 내려가 있었다. 별 기대는 안 하고 있었지만 겨우 평균에 닿을까 말까 한 점수를 두 눈으로 확인하니 기분이 좋을 리가 없었다. 이러다 아이큐의 악마까지 등장하면 어쩌나 걱정이 될 정도였다. 그러고 나니 수학 공부를 하다 문제가 잘 안 풀릴 때면 '나는 왜 이렇게 머리가 나빠서 고생을 하는 걸까' 하는 생각이 자꾸 들었다. 우리 집안이 원래 수학을 못하는 건 아닐까? 누나도 고등학교 때 수학 때문에 고생 좀 했었잖아. 수학도 다 타고난 머리와 재능이 있어야 하는 건데 나는 수학을 잘하는 유전자를 못 받은 게 아닐까? 이런 생각을 하고 있자니 점점 더 헷갈렸다. 서글펐다. 차라리 음악 같은 걸 못했으면 이렇게 스트레스를 받지는 않았을 텐데……. 시간은 어느덧 기말고사를 향해 흘러가고 있었지만, 내 수학 실력은 여전히 제자리에서 맴돌고 있었다.

결국 그렇게 1학기 기말고사 날이 다가왔다. 아직 이해하지 못한 부분이 많고 못 푸는 문제들도 많아 자신감이 없는 상태에서 시험을 보려고 하니 긴장이 돼서 새벽까지 잠이 오지 않았다. 한 문제라도 더 풀어보려고 낑낑대다 잠을 설친 뒤 피곤한 몸을 이끌고 학교로 갔다. 쓰러지듯 책상에 엎드려 잠시 잠이 든 것 같은데, 뒤에서 명수가 부르는 소리에 깜짝 놀라 일어났다.

"야! 일어나. 너 요즘 너무 열심히 공부하는 거 아냐?"

이런! 벌써 시험 감독 선생님이 들어와서 수학 시험지를 나눠주고 계셨다. 아침 자습 시간에 마지막으로 한 번 더 개념 정리를 하려고 했는데, 이거 정말 큰일이다. 특히 절대값이 들어 있는 부등식 문제는 다시 한 번 정리를 해서 경우별로 풀이법을 외웠어야 했는데……. 제발 부등식 문제만 나오지 말아라.

그러나 시험지를 받자마자 나는 뒤통수를 한 대 얻어맞은 기분이었다. 절대값이 들어 있는 부등식 문제가 떡하니 2번에 자리 잡고 있었던 것이다. 중간고사 때도 수학 선생님은 교과서의 단원 순서를 무시하고 시험 문제를 내셨다. 처음부터 가슴이 턱 막히며 시험에 집중할 수가 없었다. 나는 1번을 미뤄두고 2번 문제부터 도전하기로 했다. 하지만 개념은 점점 엉켜만 갔다. 나중에 확실히 봐야지 하고 체크해놓았던 유형인데 정확한 풀이법이 떠오르지 않으니 답답해 죽을 지경이었다. 이걸 틀리면 억울해서 잠도 못 잘 것 같았다. 등으로 식은땀이 흘러내렸다.

어느새 10분째 2번 문제 하나로 고민 중이다. 나는 원래 문제를 앞에서부터 푸는 스타일이라 한 문제가 막히면 다음 문제로 잘 넘어가지 못했다. 이렇게 초반부터 고전하다 보니 이번 시험이 너무 심하게 어려운 게 아닐까 하는 생각이 들기 시작했다. 다음 문제도 이런 식이면 어떡하지? 두려움에 기가 꺾여 문제를 풀어나갈 엄두가 나지 않았다.

'중간고사에서 66점을 받았잖아. 기말고사는 기필코 잘 봐서 만회를 해야 해. 그래서 공부도 열심히 했잖아. 수학은 정말 잘하고 싶은데……. 이러다가 이번 시험도 망치는 게 아닐까?'

몇 문제 풀지도 못했는데 머릿속에 불길한 생각들이 자리 잡기 시작했다. 수학은 중요한 과목이다. 나도 그 사실을 누구보다도 더 절실히 느꼈기 때문에 아크의 거래를 받아들인 거고. 수학은 점수 비중도 높은 데다 잘하는 아이들과 못하는 아이들 간의 점수 차이가 크기 때문에 수학을 못하면 다른 과목을 아무리 잘해봐야 소용이 없다. 중간고사를 그따위로 봐놓고 기말고사까지 망쳐버리면 내신 성적에도 치명적인 악영향을 미칠 게 분명한데……. 결국 좋은 대학과는 영영 멀어지는 거지.

이런 생각을 할 때면 누나 생각이 났다. 누나는 문과였고, 국어와 영어를 굉장히 잘했지만 수학은 생각만큼 점수가 안 나와 늘 걱정하곤 했다. 결국 누나는 수능 시험에서 수학을 망친 탓에 원하던 대학을 포기해야만 했다. 수능 성적이 나오던 날 눈물을 흘리던 누나의 모습이 눈에 선했다.

누나는 자기가 원하는 대학에는 못 들어갔지만 그래도 나름대로 명문대로 손꼽히는 학교에 들어갔다. 평소에 워낙 공부를 잘해서 내신 성적이 좋았고, 수능에서도 수리 영역을 제외한 다른 모든 과목들에서 우수한 성적을 거뒀기 때문이다. 그래도 누나는 자기 학교에 대한 불만이 많았다. 어찌나 사사건건 투정인지, 자기가 원하는 대학에 못 들어갈 거라면 차라리 대학에 안 가는 게 낫겠다는 생각이 들 정도였다. 나도 이렇게 계속 수학 시험을 망치다 좋은 대학에 갈 형편이 안 되면 차라리 대학에 안 가는 편이 좋을지도 모른다. 하지만 우리나라처럼 학벌을 중시하는 사회에서 대학을 안 나오면 사람 구실을 못하게 되는 게 아닐까?

외할머니는 항상 사람은 대학 공부를 해야 된다며, 집안 형편 때문에 대학을 포기했던 우리 엄마에게 미안해했다. 지금의 엄마를 보면 크게 불행해 보이지는 않지만, 자기가 하고 싶었던 공부를 하지 못해서 아쉬워하는 모습은 종종 내비치곤 했다. 엄마가 누나와 나에게 어렸을 때부터 공부를 강조한 것도 모두 그런 이유에서라는 생각이 들곤 했었다. 그러니 내가 이렇게 계속 수학 시험을 망치고, 결국 대학에도 못 들어가면 내 인생의 불행은 둘째치고라도 부모님의 기대를 저버리는 일이 아닌가. 내가 비록 효자는 아니더라도 부모님의 기대를 크게 저버리며 불행하게 살고 싶지는 않은데 말이다.

이런 생각에 빠져 우울해하고 있는데 아크가 불쑥 나타나 속을 긁어댔다.

"지금 무슨 생각을 하고 있는 거야? 아예 일찌감치 대학까지 포기하시게? 낄낄낄낄……. 결국 이렇게 될 거,《수학의 눈》은 뭐 하려고 받아서 생고생을 하는 거야? 지금이라도 늦지 않았으니까 나한테 순순히 네 자신감을 넘겨. 그러면 모든 게 편해질 거야. 낄낄낄낄……."

결국 이번 기말고사도 망치고 말았다. 수학 점수가 중간고사 때보다 더 떨어진 64점이 나왔다. 이젠 뭐, 그다지 놀랍지도 않았다. 그래도 수학 성적이 또 한 번 떨어지고 나니 더 이상 공부할 마음이 생기지를 않았다. 요즘에는《수학의 눈》도, 아크의 등장도 시들해져버렸다. 아크는 그런 나를 더욱 재미있어했다. 모든 과정을 예상이나 하고 있었던 것처럼 태연하게 받아들이고 있었다. 이러다간 정말 아크에게 자신감을 넘겨야 할지도 모른다.

나는 왜 이렇게 수학을 못할까. 어쩌면 처음부터 수학을 못할 운명으로 태어난 것인지도 모르겠다. 우리 아빠도 소희네 아빠처럼 수학을 전공했으면 얼마나 좋았을까. 하릴없는 생각만 계속 주변을 맴돌았다.

이번 주는 '놀토'다. 학교가 쉬는 날이라 학원도 일찍 시작하고 일찍 끝났다. 그래 봤자 저녁 일곱 시지만……. 여느 날과 마찬가지로 책표지만 봐도 신경질이 치밀어오르는 수학 수업에 시달리다 풀이 죽어 집으로 돌아오는 길이었다.

"희철이, 오랜만이다! 학원 갔다 오는 길인가 보네."

깜짝 놀라 고개를 들어보니 소희네 아빠였다.

"아, 안녕하세요."

난 왠지 옛날부터 소희네 아빠가 편했다. 어릴 때는 엄마가 이 썩는다고 안 사주던 과자도 사주시고 재미있는 이야기도 많이 해주셨다. 중학교 때부터는 내가 힘들어할 때마다 위로도 해주고 조언도 많이 해주셔서 항상 의지가 되는 분이었다.

"학교 생활은 좀 어때? 수학에 대해서는 아직도 계속 관심 갖고 있는 거지?"

"그게요……."

마침 잘됐다 싶었다. 누구한테건 얘기라도 해야지, 속이 답답해 죽을 지경이었다. 나는 소희네 아빠에게 아이큐가 낮게 나오고, 기말고사에서 수학 시험을 망치고 마음고생 한 이야기를 털어놓았다. 수학 문제는 잘 풀리지 않고, 흥미는 점점 없어지고 있는데, 학원에 과외까지 하루 종일 수학에만 매달리고 있는 것 같아 너무나 괴로웠다.

"희철아, 아저씨 고등학교 때 아이큐가 몇이었는지 아니?"

"글쎄요, 잘은 모르겠지만, 굉장히 높았을 거 같은데요?"

"허허. 그렇게 봐주니 고맙구나. 이거 희철이에게 부끄러운 말이지만, 아저씨 아이큐는 96이었단다."

"에이, 거짓말하지 마세요, 아저씨. 수학을 전공하셨을 정도면 머리가 굉장히 좋았을 거 같은데요."

"이건 소희에게도 말하지 않았던 건데, 나도 고등학교 때 수학을 잘 못했었어."

"진짜요? 그런데 어쩌다가 대학에서 수학을 전공하시게 된 거예요?"

"사실 난 대학에서 물리를 공부하고 싶었단다. 그런데 선배들한테 물어보니까 물리를 공부하려면 수학을 아주 잘해야 된다고 하더라고. 그래서 하는 수 없다, 수학 한번 열심히 공부해보자 하는 마음으로 대학교는 수학과에 가게 된 거지."

아저씨는 대학에서 수학을 전공했지만 그때까지도 수학 공부가 너무 어려웠다고 한다. 대학교에서는 고등학교 때와는 또 다른 아주 심오한 내용들을 배우는데, 고등학교 때도 잘 못했던 수학이 전공한다고 해서 갑자기 잘 될 리 없었던 것이다.

"그래서 나도 처음엔 많이 좌절했어. 시험만 보면 거의 항상 꼴찌였으니까. 나는 내가 수학을 잘할 수 없는 사람이라고 결론을 내렸지. 그렇게 점점 공부하기가 두려워지고, 나중에는 거의 수학책만 봐도 치가 떨릴 정도였다니까."

"소희에게 듣기로는 아저씨 대학교 때 공부를 잘하셨다고 하던데요?"

아저씨의 얼굴에 빙긋 미소가 맴돌았다.

"그래. 하지만 처음에는 수학과 담을 쌓은 채 1년 정도 시간을 보냈지. 그러다 2학년 때 어떤 수업을 듣는데, 그 교수님 강의가 너무 재미있는 거야. '해석학'이라는 수업이었는데, 미적분학을 심도있게 다루는 과목이라고 생각하면 돼. 내용 자체는 어려웠지만 외국에서 공부하고 온 젊은 교수님이 친구처럼 편안하게 강의를 해주시니까 수업이 재미있더라. 그러다 그 교수님과 친해지게 되고, 그러다 보니 자연스럽게 공부를 하게 된 거지. 그런데 막상 공부를 해보니 수학이 엄청 재미난 것이라는 생각이 들더라고. 그래서 그때부터 수학에 흥미를 가지고 열심히 공부하기 시작한 거야."

소희네 아빠는 수학과 선후배들이 함께 하는 스터디 그룹에 들어갔다고 했다. 일주일에 두 번씩 모여 수학에 대해 여러 가지 토론을 하는 모임이었는데, 처음에는 수학을 잘하는 선배들이 하는 말을 하나도 못 알아들었단다. 마치 외국인들하고 얘기하고 있는 듯한 느낌이 들 정도였다니 상상이 간다. 하지만 선배나 친구들에게 직접 배우니 혼자 공부하는 것보다 훨씬 이해가 잘 되어 한번 잘해보자 하는 생각이 들었다고 했다.

또, 아저씨는 수학과 친해지기 위해서 항상 수학책을 몸에 지니고 다녔다고 했다. 잠을 잘 때도 수학책을 머리맡에 두고 주무셨는데, 처음에는 수학책이 자신을 덮치는 악몽을 꾼 적도 있었단다. 그렇게 꾸준히 수학에 관심을 가지고 열심히 공부한 결과 대학을 졸업할 즈음에는 성적이 수학과에서 최상위권이었다고 했다.

"사람들은 자기가 부족한 게 있으면 능력이 안 된다고, 자기는 원래 잘 못하는 거라고 말하고 싶어 하는 것 같아. 능력이 안 되면 어쩔 수 없으니 얼마나 편한 핑계야. 하지만 사실은 노력이 부족한 것일 수도 있고 방법이 잘못된 것일 수도 있잖아? 하지만 그걸 인정하게 되면 다시 그 괴로운 과정을 반복해야 하니 피할 수만 있다면 피하고 싶어 하는 거지. 특히 수학은 주변에서 다들 어렵다고 하니 공부를 시작하기도 전에 두려움부터 생기는 경우가 더 많은 것 같아."

"맞아요. 저도 수학 공부를 두려워하다 보니 더 하기 싫어진 것 같아요. 그냥 난 수학과는 거리가 먼 유전자를 타고났다고 생각해버리면 마음 편하잖아요. 그러다 보니 성적은 점점 더 나빠지고……."

"머리가 좋으면 당연히 수학 공부에 도움이 되겠지. 하지만 그 머리라는 게 태어날 때부터 딱 정해져 있는 그런 종류의 것은 아니야. 아이큐도 마찬가지고. 사람의 두뇌는 공부를 하면 할수록 좋아지는 거란다."

"잘 모르겠어요. 전 아이큐가 점점 떨어지고 있는걸요?"

"더 들어봐라. 대학교에서 수학을 공부하면서 처음엔 나도 저런 건 정말 천재들이나 이해할 수 있겠다 싶은 것들이 많았어. 그런데 시간이 흐른 뒤에 다시 그 내용을 보면 내가 왜 이 문제를 어려워했을까 하는 생각이 들곤 했지. 수학 공부를 한 만큼 머리가 좋아져서 그 내용을 이해할 수 있었던 게 아닐까? 사람들이 자기는 원래 못한다고 생각하는 대부분의 것들은 방법을 알고 조금만 노력하면 얼마든지 잘할 수 있는 것들이야. 특히 수학이 그래. 그렇게 수학을 못했던 나도 수학에 흥미를 갖고 노력하니까 잘할 수 있었던 걸 보면 말이야."

수학이 얼마나 재미있는지 알게 된 아저씨는 소희가 어렸을 때부터 수학과 친해지도록 하기 위해 많은 노력을 기울이셨다고 했다. 간단한 수학적인 사고력이 필요한 퍼즐을 내주기도 하고, 수학의 논리가 포함된 흥미로운 과학이나 경제학 등의 이야기도 많이 들려줘 소희는 어려서부터 수학에 친근하고 두려움 없이 다가갈 수 있었다. 소희가 누가 시키지 않아도 자발적으로 수학 공부를 하는 데는 이런 배경이 있었던 것이다. 높은 수학 성적과 주변 사람들의 칭찬은 소희로 하여금 수학에 더 큰 재미를 불러일으켰고, 결과적으로 소희는 더 흥미롭게 수학 공부를 하게 되었다. 소희의 수학 공부는 이렇게 선순환 구조 위에 있었던 것이다.

소희네 아빠와 나눈 이야기들이 저녁 내내 머릿속을 떠나지 않았다. 수학적 재능 없이 태어난 나 자신을 탓하고 있었는데, 그게 아니라는 얘기였다. 그러고 보니 얼마 전에 학교에서 돌았던 재석이에 대한 소문이 떠올랐다.

재석이가 중학교 첫 시험에서는 전교 100등 안에도 못 들었다는 것이다. 그런데 수학 성적만 유일하게 90점이 넘었고, 여기에 자신감을 얻어 수학을 더욱 열심히 공부하게 되었다고 했다. 그렇게 1학년 1학기 때 기초 실력을 완벽하게 닦은 재석이는 3학년 때까지 모든 시험에서 수학은 늘 100점을 맞았다. 재석이 생각을 하니 자신감을 갖고 꾸준히 노력한다면 나에게도 재기의 기회가 오지 않을까 하는 생각이 들었다. 나도 소희나 재석이처럼 수학 공부의 선순환 구조에 들어설 수만 있다면 지금처럼 억지로가 아니라 재미있게 수학을 공부할 수 있게 되고, 그렇게 되면 정말로 수학을 잘할 수도 있겠다는 자신감이 들기 시작했다.

'올바른 방법으로 수학을 공부하는 과정에 들어설 수만 있다면 누구나 수학을 잘할 수 있어. 그러므로 누구나 수학의 진짜 모습을 알게 되는 거겠지.'

생각이 여기까지 미치자 아크가 나타났다.

"녀석, 제법인걸! 좋아, 두 번째 비법을 알려주지."

아크는 《수학의 눈》을 받아들고 두 번째 힌트가 적힌 부분을 펼쳤다. 아크의 손길을 기다렸다는 듯 비법이 드러났다.

악순환 구조에서 벗어나 선순환 구조로 들어가라

1. '그까짓 거 나도 할 수 있다'는 마음가짐으로 시작하라

수학 성적이 나빠서 고민하고 있는 학생들 중에는 지적 능력 부족보다는 마음가짐에 문제가 있는 경우가 대부분이다. 지금 학교에서 배우는 수학이 어렵게 느껴진다면, 예전에 초등학교 때 배웠던 내용들을 돌이켜 생각해보자. 당시에는 어렵다고 느꼈을지 모르지만, 지금 다시 생각해보면 너무나 당연하고 쉬운 내용들일 것이다. 중고등학교 수학도 한 걸음 떨어져서 보면 마찬가지 수준일 수 있다. 모든 교과 과정은 학생들의 지적 능력을 고려하여 합리적으로 설계되어 있으며, 대한민국의 평범한 학생이라면 누구나 충분히 이해할 수 있는 학습을 요구하기 때문이다.

수학이라는 과목도 이를 받아들이는 학생들의 마음가짐에 따라 어렵게 느껴질 수도 있고 쉽게 느껴질 수도 있다. 수학을 잘하기 위한 첫걸음은 바로 '그까짓 거 나도 할 수 있다'는 자신감이다.

2. 수학 실패의 이유, 악순환 구조

수학을 어려워하는 학생들이 처한 구조를 살펴보자. 앞서 설명한 것처럼, 대다수는 능력 또는 자질이 부족하기 때문이 아니라 막연히 두려워하는 마음가짐을 가졌기 때문에 수학에 위축되고, 나쁜 시험 성적을 받는 과정, 즉 악순환의 반복을 통해 수학과 점점 멀어지게 된다.

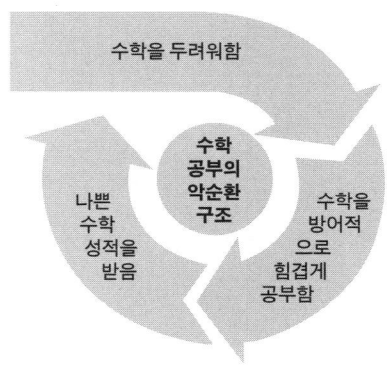

악순환 구조의 첫 번째 단계 ▶ 수학을 두려워함

학년이 올라가고 점점 복잡한 공식과 어려운 문제들이 등장하면 수학이 어렵게 느껴지기 시작한다. 내가 지금 이해하지 못하는 것이 기초가 부실해서 그런지, 아니면 내용이 어려운지 모르게 되고, 어디서부터 어떻게 공부를 해야 할지 갈피를 잡지 못한다. 주변 사람들은 수학적인 재능이 있는 머리가 좋은 학생들만 수학을 잘할 수 있다고 한다. 그런 말을 들을 때마다 나에게는 왜 그런 재능이 없을까 좌절만 하게 될 뿐이다. 무조건 수학은 잘하고 봐야 한다는 주변 사람들의 말에 스트레스를 받으며 불안감이 커진다.

악순환 구조의 두 번째 단계 ▶ 수학을 방어적으로 힘겹게 공부함

수학에 대해 두려움을 느끼는 상태에서 자발적으로 흥미를 느끼며 공부하기란 불가능에 가깝다. 학년이 올라갈수록 수학 점수의 비중이 점점 커지고, 조급한 마음에 시험 대비나 문제 풀이 위주로 공부하게 된다. 하지만 기본적인 공식이나 개념을 제대로 이해하지 못했기 때문에 공부 시간을 아무리 늘려도 문제를 계속 틀리게 된다.

왜 이렇게 어려운 수학 공부를 계속 해야 하는지에 대한 의문이 커져만 가고, 수학 공부에 대한 반발심이 생기면서 흥미와 의욕이 급속도로 떨어진다. 점차 수학 공부를 자신의 의지가 아닌 부모님이나 선생님 등 타인의 강요에 의해 어쩔 수 없이 하게 되고, 집중도 잘 안 된다.

악순환 구조의 세 번째 단계 ▶ 나쁜 수학 성적을 받음

시간이 갈수록 점점 더 수학 성적은 떨어져만 간다. 알아야 하는 기본 개념과 공식은 훨씬 많아지는데, 한번 떨어진 성적을 어떻게 만회해야 하는지 감이 잡히지 않는다. 낮은 수학 점수를 보며 결국 자신을 '원래 수학을 못하는 사람'이라고 단정하고, 억지로 수학을 공부해야만 하는 현실에 괴로워한다. 다시 악순

환 구조의 첫 번째 단계가 반복되면서, 수학을 더더욱 싫어하게
된다.

3. 수학 성공의 이유, 선순환 구조

반대로 수학을 잘하는 학생들의 대부분은 탁월한 수학적 재능을
가졌다기보다는 어떠한 계기로 선순환 구조에 들어선 경우라고
할 수 있다. 누구나 수학을 잘할 수 있다고 생각하고, 올바른 방
법과 함께 능동적으로 열심히 공부해나간다면 반드시 좋은 성적
을 받을 수 있다.

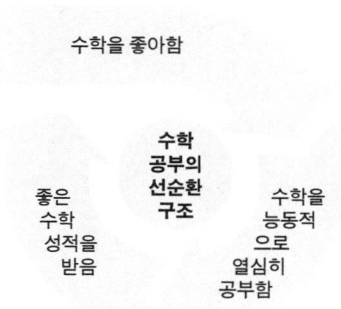

선순환 구조의 첫 번째 단계 ▶ **수학을 좋아함**

수학을 잘하는 학생들 중에는 어렸을 때부터 수학과 과학에 흥
미를 가졌던 경우가 많다. 수학적인 퍼즐이나 수학과 관련된 재

미있는 이야기를 접하며 수학에 친근하게 다가서게 되고, 두려움 없이 수학 공부를 하며 쉽게 재미를 붙이게 된다. 모든 요소를 외워야 하는 암기 과목에 비해, 기본적인 개념과 공식만 확실하게 익히면 다양한 문제에 풀이를 활용할 수 있는 수학 공부의 즐거움을 알게 된다.

선순환 구조의 두 번째 단계 ▶ 수학을 능동적으로 열심히 공부함

수학에 흥미를 가지게 되면서 자발적으로 열심히 공부할 수 있게 된다. 기본 개념을 확실히 익히고 있기 때문에 새로운 내용을 배우는 데 큰 부담이 없다. 또한 잘할 수 있다는 자신감을 바탕으로 능동적으로 새로운 개념과 공식을 익히고, 처음 보는 유형의 문제에도 쉽게 새로운 개념과 공식을 적용할 수 있게 되어 수학 실력이 빠르게 성장해간다.

선순환 구조의 세 번째 단계 ▶ 좋은 수학 성적을 받음

학년이 올라갈수록 수학에 어려움을 느끼는 학생들이 많아지며, 수학 평균 점수도 낮아지기 때문에 선순환 구조에 있는 학생들은 상대적으로 수학 성적이 올라간다. 높은 수학 성적과 이로 인한 주변 사람들의 칭찬은 수학에 더 큰 재미를 불러일으키고, 더욱 흥미를 가지며 수학 공부를 할 수 있게 된다. 이같이 수학을 좋아하고, 열심히 능동적으로 공부하게 되는 선순환 구조의 앞선 단계들이 반복된다.

물론 악순환 구조에 빠져 있는 학생이라고 해도 좌절할 필요는 없다. 지금부터라도 마음가짐을 새롭게 하고, 수학 실력을 눈에 띄게 향상시켜줄 선순환 구조에 들어가면 된다.

긍정적인 자기 암시를 걸어라

자기 암시를 하는 것이 무슨 소용이 있겠느냐고 하겠지만 실제로 자기 암시의 효과는 상당히 크다. '나는 공부하기 틀렸어'라고 생각하면 자신도 모르게 부정적인 자기 암시를 받게 되어 공부할 의욕을 잃어버리게 되는 반면, 날마다 '나는 할 수 있어!'라고 긍정적인 자기 암시를 걸어준 학생들이 그렇지 않은 학생들보다 30% 높은 성적을 보여준다는 연구 결과도 있다.

자신에게 거는 일상적인 말 한마디는 스스로를 발전시키는 놀라운 힘이 될 수 있다. 항상 자기 암시를 습관화해보자. 책상 앞에 앉아 공부하기 전에 5분간 눈을 감고 마음속으로 '나는 이 단원을 완벽히 이해할 수 있다. 나는 할 수 있다'라고 자기 암시를 해보자. 이런 작은 변화가 바로 불가능을 가능케 하는 원동력이다.

수학, 피할 수 없다면 '독하게' 즐겨라

학생들에게 물어보면 열 명 중 7~8명은 수학이 싫다고 대답한다. 그리고 그 이유는 수학이 복잡하고 어려워서, 또는 외워야 할 공식들이 너무 많아서라고 한다. 분명히 수학이 쉬운 과목은 아니다. 하지만 다른 과목들과 비교해봤을 때, 수학은 효율적으로 공부할 수 있는 측면이 있다.

매번 시험 기간마다 새로운 내용을 암기해야 하는 암기 과목에 비해, 수학은 한번 기초를 다져놓고, 각 단원 간의 연관 관계를 파악하고 있으면, 새로운 내용을 금방 이해하고 응용할 수 있다. 따라서 수학은 다른 과목들에 비해 성적을 유지하기 쉽다.

또한 수학은 어느 과목보다도 명쾌하고 논리적인 과목이다. '1+1=2'처럼 수학에는 항상 답이 있고, 답이 도출되는 과정 또한 명확하기 때문에 어려운 문제를 풀었을 때 느끼게 되는 성취감은 다른 어떤 과목보다도 크다. 어려운 문제를 접해서 이리저리 풀이를 시도해보다가 고민 끝에 나오는 답, 그리고 그 과정이 정답과 일치했을 때의 기쁨이란 다른 과목에서는 느끼기 힘든 수학만의 매력이다.

'수학'은 여러분이 앞으로 반드시 거쳐야 할 인생의 관문이다. 피할 수 없다면 즐기라는 말처럼 지금부터라도 수학을 '지독하게' 좋아해보자. 몇 개월 또는 1년 후 바뀐 모습에 스스로 놀라게 될 것이다.

1년만 괴로우면 남은 인생이 편하다

수학은 매 학년마다 배우는 모든 단원들이 서로 유기적으로 연결되어 있기 때문에 단순히 한두 단원을 열심히 공부했다고 곧바로 성적 향상으로 이어지지는 않는다. 대체로 수학 공부 성취도는 다음 그림과 같은 학습 곡선을 그리게 된다.

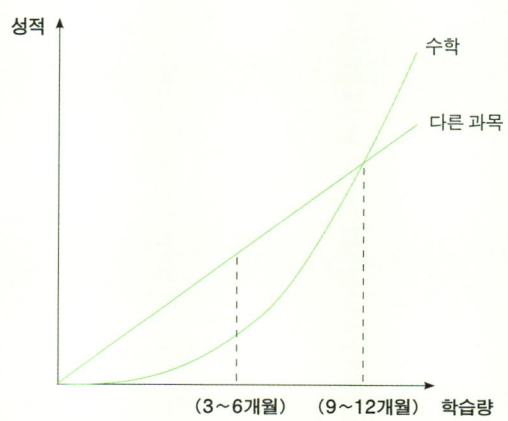

일곱 가지를 외우면 일곱 가지 문제를 풀 수 있는 암기 과목들과는 다르게 수학은 어느 순간까지는 성적이 눈에 띄게 오르지 않는 특성이 있다. 문제는 많은 학생들이 그 순간을 지나기 전에 수학을 포기한다는 것이다. 수학을 잘하기 위해 꾸준함과 끈기가 필요한 것은 바로 이런 이유 때문이다.

위의 그래프에서 알 수 있듯이 수학은 최소한 3~6개월 정도는 집중적으로 공부해야 실력이 향상되는 것을 스스로 느낄 수 있다. 이러한 흐름으로 9~12개월 정도 즐겁게, 올바른 방법으로 공부한다면 눈에 띄게 실력도 향상되고 다른 과목들에 비해 학습 효율도 높아질 것이다. 당장 성적이 오르지 않는다고 절대로 수학을 포기하지 말자. 조금만 더 노력하면 다른 과목에 비해 훨씬 수월하게 공부하고, 좋은 성적을 받을 수도 있는 과목이 바로 수학이다.

세 번째
힌트

3

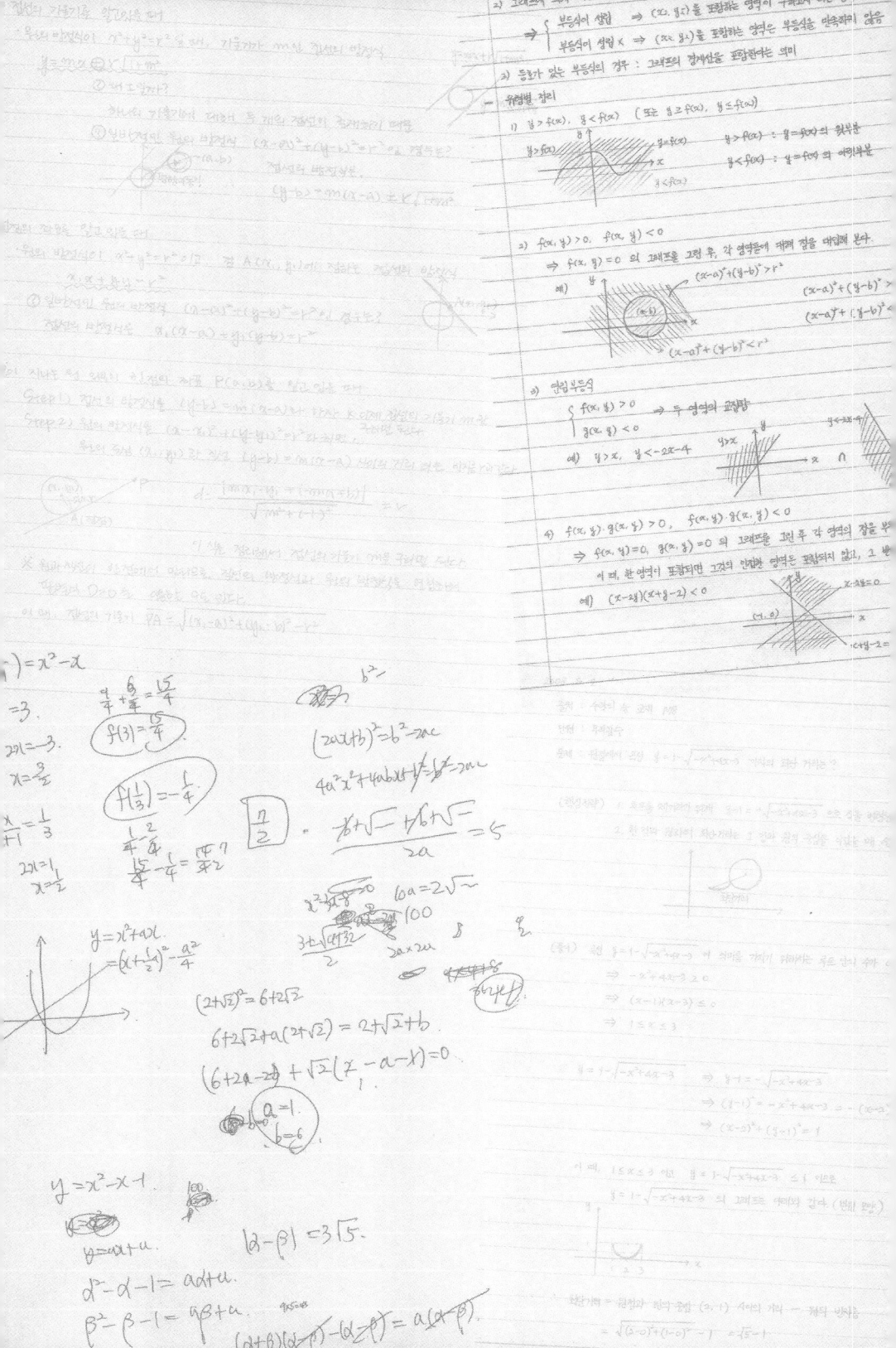

직선의 기울기를 알아내는 것이

유성이 $y=x^2$이고 $x^2+y^2=r^2$ 위에, 기울기가 m인 접선의 방정식

...

2) 그래프에서
$$\Rightarrow \begin{cases} \text{부등식 성립} \Rightarrow (x, y)\text{를 포함하는 영역이 구하고자 하는} \\ \text{부등식 성립} \times \Rightarrow (x, y)\text{를 포함하는 영역은 부등식을 만족하지 않음} \end{cases}$$

3) 등호 없는 부등식의 경우 : 그래프의 경계선을 포함하는 의미

- 유형별 정리
  1) $y > f(x)$, $y < f(x)$ ($또는 y \geq f(x), y \leq f(x)$)
  $y > f(x)$: $y = f(x)$의 윗부분
  $y < f(x)$: $y = f(x)$의 아래부분

  2) $f(x, y) > 0$, $f(x, y) < 0$
  $\Rightarrow f(x, y) = 0$ 의 그래프를 그린 후, 각 영역들에 대해 점을 대입해 본다.
  예) $(x-a)^2 + (y-b)^2 > r^2$
  $(x-a)^2 + (y-b)^2 < r^2$

  3) 연립부등식
  $$\begin{cases} f(x, y) > 0 \\ g(x, y) < 0 \end{cases} \Rightarrow \text{두 영역의 교집합}$$
  예) $y > x$, $y < -2x - 4$

  4) $f(x, y) \cdot g(x, y) > 0$, $f(x, y) \cdot g(x, y) < 0$
  $\Rightarrow f(x, y) = 0$, $g(x, y) = 0$ 의 그래프를 그린 후 각 영역의 점을 부
  이 때, 한 영역이 포함되면 그것의 인접한 영역은 포함되지 않고, 그 다음
  예) $(x - 2y)(x + y - 2) < 0$

$)= x^2 - x$

$= 3.$ $\frac{a}{4} + \frac{b}{4} = \frac{15}{4}$

$2a = 3.$ $f(3) = \frac{15}{4}$

$x = \frac{3}{2}$ $f(\frac{1}{3}) = -\frac{1}{4}$

$\frac{x}{x+1} = \frac{1}{3}$

$y = x^2 + ax$
$= (x + \frac{a}{2})^2 - \frac{a^2}{4}$

$(2+\sqrt{2})^2 = 6 + 2\sqrt{2}$
$6 + 2\sqrt{2} + a(2+\sqrt{2}) = 2\sqrt{2} + b$
$(6 + 2a - b) + \sqrt{2}(2 - a -) = 0$
$a = 1.$
$b = 6.$

$y = x^2 - x - 1.$

$y = ax + a.$

$\alpha^2 - \alpha - 1 = a\alpha + a.$
$\beta^2 - \beta - 1 = a\beta + a.$

$|\alpha - \beta| = 3\sqrt{5}.$

$(\alpha + \beta)(\alpha - \beta) - (\alpha - \beta) = a(\alpha + \beta)$

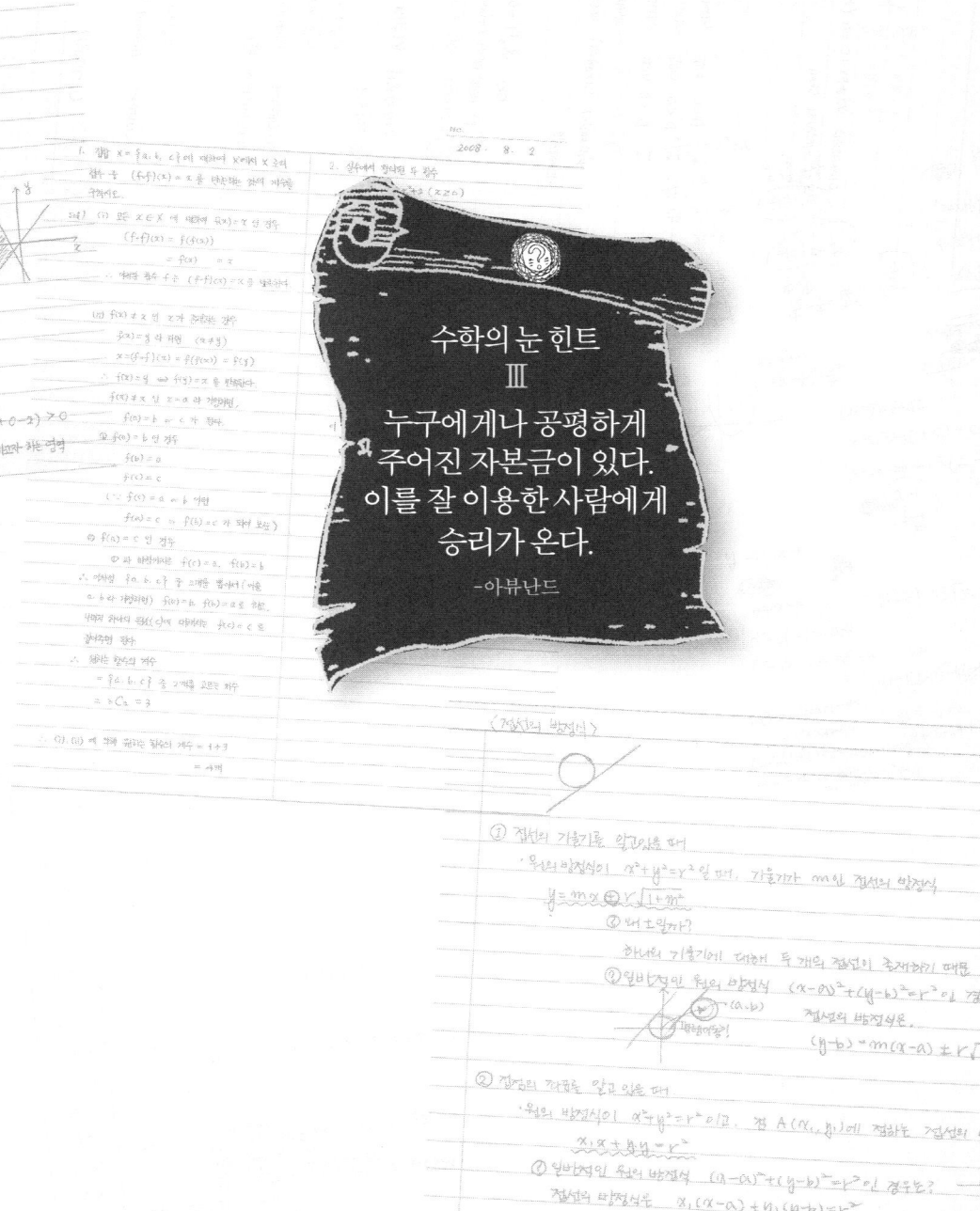

수학의 눈 힌트
Ⅲ
누구에게나 공평하게
주어진 자본금이 있다.
이를 잘 이용한 사람에게
승리가 온다.

-아뷰난드

찌는 듯한 무더위가 며칠째 계속되고 있다. 뉴스를 들으니 20년 만에 가장 더운 여름이라고 한다. 재석이네는 방학이 시작되자마자 속초로 여름휴가를 떠났다. 우리 집은 아빠가 오랜만에 긴 휴가를 받아 외할머니 댁에 가기로 되어 있었지만 나는 혼자 집에 남아서 공부를 하기로 했다. 남들 노는 만큼 다 맞춰서 놀다간 대책이 없겠다는 생각에서였다. 엄마는 나 혼자 두고 떠나는 걸 걱정스러워했지만 은근히 대견스러워하는 눈치였다.

방학이 시작되던 날, 나는 학원에서 하는 '수학 10-나 여름 특강'을 신청했다. 5주 동안 수학 10-나의 전체 내용을 배우는 수업이었다. 원래는 명수와 함께 듣기로 했었는데, 이 녀석은 꼭 방학 때까지 공부를 해야 하냐며 불평을 늘어놓더니 개강 직전에 아예 수강 신청을 취소해버렸다. 명수 녀석은 머리는 좋은데 너무 노력을 안 하고 놀려고만 한다. 물론 지금 내가 남 걱정할 때는 아니지만······.

첫 수업이 있던 날 나는 깜짝 놀랐다. 맨 앞자리에 소희가 앉아 있었기 때문이다. 좀체 학원에 다니지 않는 소희가 학원에 나왔다는 것도 놀라웠지만, 내 실력으로 소희와 같은 수업을 듣게 된 것도 신기했다. 선행 학습반이라 성적별로 편성을 하지 않은 모양이다.

사실 수학 시험을 연달아 망친 이후로는 한동안 소희와 마주치고 싶지 않았다. 나만 작아진 것 같은 느낌 때문이었다. 빨리 성적부터 올려야 소희한테도 마음이 편해질 텐데······. 어쨌거나 이렇게 같은 수업을 듣게 된 이상 소희한테 지지 않기 위해서라도 정말 열심히 해야겠구나 하는 생각을 하고 있는데 나를 알아본 소희가 먼저 다가왔다.

"희철이구나. 방학인데 열심히 하네?"

소희의 말투에서 은근히 사람을 내려다보는 듯한 거만함이 느껴졌다. 내가 수학을 잘 못하니까 방학에라도 열심히 해야 한다는 말일까, 아니면 나처럼 공부 못하는 애가 방학인데도 공부하려는 게 우습다는 걸까. 걱정했던 대로 마음이 불편해지기 시작했다.

"응, 이번 방학에 수학을 좀 공부하기로 했거든. 그러는 너는 여기 웬일이야? 너 원래 학원 안 다니잖아."

"아, 원래는 혼자서 공부하려고 했는데, 아무래도 수업을 들으면서 전체적으로 한 번 정리해보는 것이 좋을 것 같아서. 그리고 사실은 이 선생님이 우리 아빠 대학교 후배인데, 강의를 아주 잘하신다고 해서 말이야."

애가 뭐라는 거야, 지금? 자기는 원래 수학을 잘하니까 혼자서 공부해도 충분한데, 선생님이 아버지 후배라서 그냥 한번 들어준다는 거야? 급한 마음에 외할머니 댁에 가는 것도 포기하고 학원 수업을 들으러 온 내 처지가 처량하게 느껴졌다.

이제는 정말 수학을 잘하고 싶다. 《수학의 눈》 덕분에 수학을 공부해야 하는 이유도 알았고, 할 수 있다는 자신감도 생겼다. 하지만 아직도 내가 수학을 잘할 수 있을까 하는 걱정을 완전히 떨쳐버리긴 힘들었다.

수업 진도는 굉장히 빨랐다. 하긴 한 학기 동안 배울 내용을 5주 안에 끝내야 하니 빠를 수밖에 없겠지. 그래도 첫날 수업은 비교적 잘 알아들었다. 하지만 여전히 문제는 잘 풀리지 않았다. 수학을 잘해야겠다는 생각은 있는데 도대체 어떻게 해야 할지 막막하기만 했다. 계속 이렇게 수학이 어려우면 또 흥미를 잃고 힘들어할지도 모르는데……. 이제는 제대로 수학 공부 방법을 배우고 싶은데…….

《수학의 눈》이 제시한 세 번째 힌트는 '누구에게나 공평하게 주어진 자본금'을 잘 이용한 사람이 승리한다는 것이었다. 그냥 수학 공부 비법이나 시원하게 알려주지 계속 이렇게 어려운 문제만 내고 있으니 답답한 노릇이다. 공평하게 주어진 자본금을 잘 활용하라니, 도대체 무슨 뜻일까? 학원이 쉬는 날인데도 온통 수학 생각뿐이라 머리가 아팠다.

머리도 식힐 겸 명수랑 홍대 입구에 놀러 가기로 했다. 마침 명수가 좋아하는 가수가 거기서 공연을 한다고 했다. 명수는 평소에도 이상한 음악을 많이 듣는데, 오늘 공연하는 '스틸러'라는 밴드도 처음 들어보는 이름이었다. 홍대 입구에 도착했지만 공연까지는 시간이 한참 남아 있어 주변을 돌아다녔다. 명수는 꼭 가보고 싶었던 레코드점이 있다며 나를 이끌었다. '언더마니아', 이름부터 마니아스러웠다. 레코드점치고는 왠지 허름하고 복잡했다. 무슨 중고품 가게처럼 옛날 LP판부터, CD들이 산더미처럼 쌓여 있고 축음기 같은 골동품도 간간이 보였다. 산적같이 생긴 레코드점 아저씨를 보니 정말로 언더그라운드를 위한 공간이라는 느낌이 들었다. 심상치 않은 분위기에 기가 죽어 있는 나는 아랑곳하지 않고, 명수는 아주 신이 났다.

"진짜 좋다! 역시 음악은 CD로 들어야 본래의 느낌이 산다니까."

잔뜩 폼을 잡으며 흐뭇해하는 명수를 보니 살짝 기분이 상했다.

"야, MP3로 듣나 CD로 듣나 그게 똑같은 음악이지, 얼마나 차이가 난다고 그래."

"그러니까 희철이 네가 감수성 부족하다는 소리를 듣는 거야. MP3가 얼마나 심한 손실 압축 방식인데……."

"손실 압축? 그게 뭔데?"

"이 형님께서 또 가르침을 줘야겠구나. 일반적인 CD 용량이 600MB 정도 되는 건 알지? 거기에 10곡에서 15곡 정도가 들어 있는 거고. 그럼 대충 한 곡당 크기가 적어도 몇 십 메가는 된다는 말이겠지. 그런데 네가 컴퓨터로 듣는 음악 파일 크기가 얼마나 되는지 알아?"

> **손실 압축 방식**
>
> 음악이나 영상 파일 등의 데이터를 다룰 때, 사용자가 큰 차이를 느끼지 못하는 주파 대역을 삭제하여 파일의 용량을 크게 줄이는 압축 기법. 대표적인 예로 MP3, jpg 등이 있다.

"음……. 나는 MP3나 WMA 파일을 주로 듣는데, 보통 1MB에서 커봐야 4~5MB 정도 되는 것 같은데?"

"그래, 바로 그거야. 그게 원래의 파일을 10배 이상 압축했다는 증거야. 그 과정에서 원본에 있던 상당 부분이 잘려나가 없어지기 때문에 손실 압축 방식이라고 부르는 거야."

이 녀석 제법인걸! 하긴 명수는 평소에도 자신이 좋아하는 부분에 대해서는 깊이 파고드는 성격이었다. 음악을 좋아하더니 별걸 다 알고 있었다.

"하지만 귀에 들리는 음악에는 별 차이가 없는 것 같은데……."

"아니, 자주 듣다 보면 그 차이를 느끼게 돼 있어. 내 귀에도 차이가 느껴질 정도라고! 특히 128kbps 이하로 압축된 파일로 음악 들으면 영 찝찝하단 말이야. 음악 좋아하는 사람들은 대부분 그 정도의 음질 수준에서는 MP3와 CD 음악을 구분해낼 수 있을 거야."

"아, 네 말을 듣고 보니 음악 파일에 '128kbps, 192kbps, 320kbps' 같은 게 쓰여 있는 걸 본 것 같다. 예전부터 궁금했는데 그게 무슨 뜻이야?"

"bps는 '비트 퍼 세컨드(bit per second)'의 약자인데, 말 그대로 1초에 몇 비트의 정보를 음악의 형태로 표현하는지를 나타내는 단위야. 일반 CD를 레코딩할 때 표준 규격이 '44.1KHz / 16bit / stereo' 거든. 헤르츠(Hz)는 1초에 얼마나 많은 음성 정보가 추출되었냐는 뜻이고 스테레오(stereo)는 입체적인 사운드를 내기 위해 스피커별로 음원을 따로 저장한 거야. 계산해보면 '$44,100 \times 16 \times 2 = 1,411,200$bps', 이걸 kbps로 바꾸면 약 1,411kbps가 되는 거지."

"그럼 CD 음악이랑 128kbps짜리 MP3 음악은 실제 음질로도 열 배나 차이가 나는 거야?"

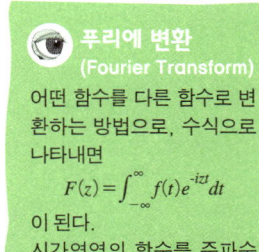

"사실 그렇게까지 느껴지지는 않아. 손실 압축은 우리 귀에 잘 안 들리는 부분을 잘라내는 것이거든. 이 과정을 효과적으로 진행하기 위해 '**푸리에 변환**'이라는 수학적 테크닉을 사용하지."

"푸리에 변환?"

"간단히 말하면 시간 영역으로 표현되어 있는 함수를 주파수 영역의 함수로 바꿔서 해석하는 수학적 기법이야. 이렇게 바꾸면 주파수별로 신호를 나눌 수 있기 때문에 사람 귀에 잘 안 들리는 주파수 대역을 효과적으로 지울 수 있거든. 이 알고리즘을 얼마나 잘 짜느냐에 따라 같은 용량으로 압축하더라도 음질이 달라지는 거야. 푸리에 변환은 음원 압축 말고도 잡음 제거나 앰프 기술, 음성 및 그림 압축 등에 사용된다고 하더라. 수학이 생각보다 다양한 데 쓰이지?"

"그러게…… 안 그래도 지난번에 네가 준 퍼즐의 속임수도 수학으로 알아냈으니까 말이다!"

"하하하! 그래서 재미있었잖아."

제대로 이해하기는 어렵지만, 수업 시간에 배웠던 함수가 저런 곳에 응용되는구나 하는 생각을 하니 그동안 별 생각 없이 들어왔던 MP3도 신기하게 느껴졌다. 명수는 사뭇 진지한 표정으로 이야기를 이어나갔다.

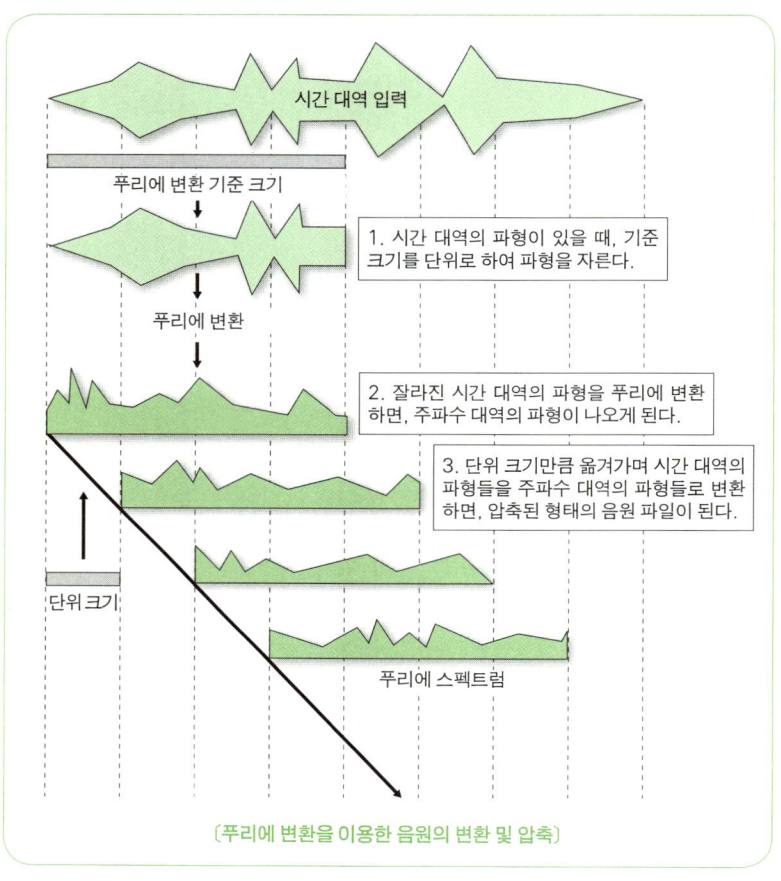

〔푸리에 변환을 이용한 음원의 변환 및 압축〕

"하지만 아무리 기술이 발전해도 난 예전의 느낌이 더 좋아. 몇 년 전까지만 해도 돈은 좀 들어도 마음에 드는 CD를 찾아 음반 가게 진열대를 뒤지는 게 너무 즐거운 일이었는데……. 요즘은 너무 쉽게 음악을 들을 수 있어서 그 진짜 가치를 음미하기 어려운 것 같아. 어떤 것을 들었나, 어떤 느낌이었나 기억에도 잘 안 남고 말이지."

명수의 말에는 확실히 공감 가는 부분이 있었다. 내가 돈을 주고

CD를 사본 적은 거의 없지만, 쉽게 얻은 것일수록 쉽게 잃어버린다는 진리는 요즘 수학 공부를 하면서도 느끼고 있으니 말이다. 수학 문제도 별 고민 없이 답부터 봐버리면 어떻게 풀었는지 기억이 잘 안 남았다. 내가 이렇게 수학 공부 방법을 찾아 고생하고 있는 것도 다 의미 있는 학습의 과정이 될 거라는 기대 때문이기도 했다.

공연이 끝나고 나면 따로 밥 먹을 시간이 없을 것 같아 좀 이르지만 저녁을 먹기로 했다. 스파게티를 먹으며 이런저런 얘기를 나누다 보니 문득《수학의 눈》이 말하는 '누구에게나 주어진 자본금'이란 사람의 머리를 뜻하는 것이 아닐까 하는 생각이 들었다. 수학을 공부하는 데 좋은 두뇌는 절대적으로 중요한 거니까 말이다. 지금《수학의 눈》에서는 수학을 잘하는 데 필요한 머리 쓰는 법을 알려주려는 게 아닐까? 방향은 그럴듯하다. 머리 좋은 명수랑 이야기를 하다 보면 실마리가 보이지 않을까?

"명수야, 너는 방학 때 공부 안 해?"

"공부야 뭐, 2학기 시작하면 하게 되겠지. 희철이 너는 대체 왜 공부를 해야 한다고 생각하는데?"

"우리 사회는 무조건 좋은 대학을 나와야 대접을 해주잖아. 좋은 대학에 들어가려면 공부를 잘해야지 별 수 있냐? 그래서 부모님이나 선생님도 그렇게 우리를 압박하고 있는 거고 말이야."

"그래, 좋은 대학에 가야만 한다고 하자. 그런데 왜 꼭 공부를 잘해야 좋은 대학에 들어갈 수 있는 걸까? 세상은 많은 사람들이 저마다 다른 재능을 가지고 살아가는 곳이잖아. 그중에는 수학은 잘 못하지만 다른 분야에 특별한 재능을 가진 사람도 있을 수 있고 말이야. 그런데 왜 모두 다 똑같은 공부를 해서 줄 세우기를 하지? 나는 그게 너무 싫어."

"그래도 너는 머리가 좋으니까 조금만 노력하면 금방 잘할 수 있잖아."

"이렇게 억지스러운 상황에서는 하고 싶지 않아. 그리고 사실 내가 잔머리 좋은 게 수학 공부에 도움이 되는지도 잘 모르겠다."

명수에게서도 힌트를 얻어내지는 못했다. 그렇다면 그 자본금이란 게 머리를 얘기하는 건 아닌 건가? 명수를 보면 아무리 머리가 좋아도 스스로 공부하지 않으면 아무 소용이 없는 것 같았다.

홍대 나들이의 원래 목적이었던 공연은 생각보다 지루했다. 처음부터 끝까지 낯선 음악에 낯선 분위기였다. 나로서는 참 적응 안 되는 음악이었다. 반면에 명수는 완전히 흥분해 있었다. '이런 최고의 공연을 보게 되어서 운이 얼마나 좋은지 모른다'고 입에 침이 마르도록 칭찬을 쏟아내는 명수를 도무지 이해할 수 없었다.

문제는 집에 돌아오는 길에 일어났다. 오랜만의 외출에 피곤했는지 버스 안에서 졸다가 내려야 하는 정거장을 놓쳐버린 것이다. 공연이 예정보다 한 시간이나 늦게 끝난 데다 정거장마저 지나쳐버린 탓에 집에 도착하니 자정이 다 되어 있었다. 내일 아침까지 학원 숙제를 해야 하는데 이미 너무 늦어버렸다. 이렇게 늦을 줄 알았다면 명수 만나러 나가기 전에 미리 숙제를 해놓을걸……. 살짝 후회가 되기 시작했다.

아, 갑자기 귓속이 가렵다. 아크의 신호다. 이 녀석은 꼭 이럴 때, 마음이 조급해지거나 나약해지면 어김없이 나타나 의지를 시험한다.

《수학의 눈》 힌트도 못 풀고 대책 없이 놀다 보니 이렇게 되는 거야. 낄낄낄낄……. 어쩌냐, 한번 숙제가 밀리기 시작하면 끝도 없을 텐데……. 그냥 포기할래? 낄낄낄낄…….”

녀석의 충혈된 눈에 불량한 기대감이 가득 차 있었다.

“냅둬! 금방 할 수 있으니까. 그리고 힌트의 실마리도 거의 잡았어! 그러니 신경 쓰지 마셔!”

“그래? 그럼 기다려보지, 뭐. 근데 말이야, 너 지금까지는 그런대로 잘 해왔지만 이제부터는 좀 다를걸? 진도대로 밀리지 않고 차근 차근 공부해나가는 것은 그저 마음먹기만으로 할 수 있는 게 아니거든. 낄낄낄낄…….”

아크의 말을 들으니 조바심이 나기 시작했다. 모처럼 공부가 좀 되기 시작했는데, 여기서 진도를 놓치면 안 된다. 그런데 숙제를 하나도 못 한 상태가 되고 보니 난감하기 짝이 없었다. 지금까지는 숙제를 열심히 해온 덕에 그나마 수업 내용을 알아들을 수 있었다. 말하자면 《수학의 눈》에서 말하는 선순환 구조에 막 들어서는 과정인데, 이 흐름을 깬다면 얼마나 후퇴해야 하는지 가늠조차 되지 않았다.

나는 씻는 것도 미뤄두고 숙제부터 하려고 교재를 폈다. 하지만 이렇게 덥고 피곤한 날, 졸음이 나를 내버려 둘 리가 없었다. 게다가 방학이라 긴장이 풀어졌는지 금방 눈꺼풀이 무거워졌다. 겨우 두 문제 풀고 세 번째 문제를 풀려는데 잠이 쏟아졌다. 이 부분은 수업 중에도 잘 이해하지 못했던 내용이라 개념을 다시 확인해봐야겠다는 생각을 하면서 나도 모르게 책상에 쓰러졌다.

“때르르르릉! 때르르르릉!”

이런! 알람 소리에 일어나 보니 8시 30분이었다. 빨리 일어나서 준비하고 학원에 가야 했다. 그래도 알람을 맞춰놓은 덕에 학원은 안 늦겠지만, 숙제를 못 했으니 큰일이다. 여름방학 때 수학 공부 한 번 제대로 해보기로 마음먹고 그동안 꾸준히 해왔는데, 나의 굳은 의지가 이렇게 무너지나 하는 허탈한 생각에 아침부터 기운이 쫙 빠졌다.

오늘은 지난 시간에 이어 직선의 방정식에 대해 배웠다. 좌표 평면에 직선이 어떻게 나타나는지, 중학교 때 배웠던 일차함수의 그래프를 조금 심도있게 다루는 단원이었다. 수업은 언제나처럼 숙제를 해서 지난 수업 시간의 내용을 충분히 이해하고 있어야 따라갈 수 있었다. 지난 수업 때 배운 것은 모두 알고 있다는 전제하에 다음 단계로 넘어가는데, 숙제는커녕 복습도 제대로 못 한 나로서는 오리무중이었다. 나는 결국 30분도 채 지나지 않아 수업을 따라가려는 노력을 포기하고 말았다. 강의가 귀 밖으로 밀려나니 온갖 잡다한 생각들이 머릿속을 맴돌았다. 다음부터는 꼭 숙제를 잘 해와야지, 2학기에는 수학이 조금 더 쉽겠지 하는 생각을 하며 수업 시간을 허비하고 말았다.

"오늘 내용 좀 어렵지 않니?"

수업이 끝나자마자 소희가 또 속을 긁고 지나갔다.

'어렵냐고? 난 도무지 뭔 말인지도 모르겠다.'

그냥 속으로만 삐죽거리며 강의실을 나섰다.

그 다음 수업인 영어 시간에는 영어 단어를 백 개나 외우고 문법 문제도 열 장이나 풀어오라는 엄청난 숙제를 받았다. 오늘 수학 수업도 제대로 이해를 못한 데다 밀린 숙제까지, 해야 할 공부가 산더미인데 영어 단어는 또 언제 외우나. 한숨부터 나왔다.

다행히도 오늘은 수학 숙제가 없으니 그나마 어제 못한 공부를 보충해야겠단 생각이 들었다. 영어 단어 외우기부터 얼른 해놓고 수학 공부에 집중하려는데 불안한 마음에 도무지 집중할 수가 없었다. 결국 저녁 내내 영어 단어만 외우다 시간을 다 보내고 말았다. 내일 아침엔 또 수학 시간에 새로운 진도를 나갈 텐데, 정말 큰일이었다.

그렇게 나는 하루하루 수학 강의 진도를 못 따라가게 되었고, 숙제를 못 해갔던 수업 이후로 정확히 네 번째 시간부터는 수업 내용을 하나도 못 알아듣는 상황에 이르고 말았다. 소희네 아빠의 말씀처럼 수학 선생님의 설명이 외국어처럼 들렸다. 조금씩 생기던 흥미와 자신감은 온데간데없이 사라지고 갑자기 수학이 두려워졌다.

방학이 시작된 지 2주째 되던 날, 외할머니 댁에 갔던 식구들이 돌아왔다. 학교 보충 수업이 시작되면서 학원들도 이에 맞춰 오후로 수업을 옮기게 되었다. 나는 아직도 학원 진도를 따라잡지 못한 채 헤매고 있었고, 공부해야 할 양은 점점 늘어만 가는데 학교 보충 수업까지 들어야 하니 난감할 뿐이었다.

'어디서부터 잘못된 거지? 내가 너무 무리하게 학원을 다니고 있는 건 아닐까? 명수랑 하루 놀았던 것을 빼면 방학 내내 수학 공부만 하고 있는 거나 다름없는데, 왜 자꾸 진도는 밀려만 가는 거지?'

오늘도 그렇게 책상 앞에 앉아서 어떻게 공부하면 좋을지를 고민하며 시간을 보냈다. 온갖 생각이 뒤엉켜 고민하는 일도 답답하기만 했다.

"낄낄낄낄······."

벌써 적응이 된 걸까, 이제는 귓속에서 소리가 나거나 귀가 근질거리는 조짐도 없이 아크가 불쑥 나타났다.

"왜, 또!"

"그냥 포기해. 아무래도 넌 안 될 거 같아."

"뭐야? 공부하는 데 방해하지 마!"

"공부는 무슨 공부? 요즘엔 하루 종일 어떻게 공부해야 하나 고민만 하고 있잖아, 낄낄······. 그렇게 고민만 하느니 차라리 편하게 포기하라고. 나한테 자신감만 넘기면 돼. 낄낄낄낄······."

결국 아크 녀석과 말싸움을 하느라 오늘도 공부를 제대로 못했다. 어쩌면 아크의 말이 맞는지도 모른다. 어떻게 공부해야 하나 고민을 하고 있으면 될 일이 하나도 없는 건 당연하지.

결국 밀린 숙제와 못 따라가는 진도 생각에 잔뜩 풀이 죽어 학교에 갔다. 반장 재석이가 한쪽 구석에서 아이들을 잔뜩 모아놓고 어제 본 영화 이야기를 하고 있었다. 재석이는 나보다도 학원을 더 많이 다니고 있는데 언제 저렇게 시간이 나서 영화도 보고 하는 거지? 재석이 성격으로 미뤄봤을 때 학원 진도를 못 따라가면서 영화관에나 다닐 녀석도 아닌데 말이야. 어쩌면 재석이만의 시간 관리 비법이 있는지도 모르겠다는 생각이 들었다.

아침 자습 시간이 끝나자 명수가 또 충동질을 해왔다.

"희철아, 오늘 학교 끝나고 재석이랑 같이 PC방 가기로 했는데 너도 같이 갈래? 너 학원 가기 전에 딱 한 판만 하자."

"나도 놀고 싶긴 한데 학원 숙제도 있고······."

놀고 싶은 마음은 굴뚝같았지만 밀린 숙제들을 생각하니 선뜻 같이 가겠다는 대답이 안 나왔다.

우리 얘기를 들었는지 재석이도 달려와 거들었다.

"그래, 희철아! 나도 학원 숙제 많은데 조금만 놀고 가려고. 같이 가자."

모처럼 재석이까지 같이 놀자는데 거절하기가 힘들었다.

"그래, 알았어."

차라리 잘됐다 싶었다. 재석이하고 얘기도 좀 하고 싶었는데…….

PC방에서 한창 재미있는 시간을 보내고 나오는 길에 흘려넘기듯 재석이에게 물었다.

"재석이 넌 학원을 많이 다니는데도 어떻게 그렇게 여유로울 수가 있냐?"

"글쎄, 나라고 해서 특별한 시간 관리 비법이 있는 건 아닌데? 뻔한 이야기일지도 모르지만, 그냥 수업 시간이나 공부해야 되는 시간에 최대한 집중을 하려고 노력해. 그리고 나는 어렸을 때부터 계획표를 짜고, 그것에 맞춰 생활을 하는 게 습관이 됐어. 비법이라면 아마 계획표를 잘 짜고, 그것을 실천하는 게 아닐까 싶은데?"

"생활 계획표 같은 걸 말하는 거야? 초등학교 때 숙제로 몇 번 짜봤지만, 항상 실천하지는 못했는걸."

"그래, 그러니까 더더욱 계획표를 잘 짜야 하는 거지. 나 같은 경우에는 먼저 구체적인 목표를 세우고, 그 목표를 이루기 위해 내가 할 수 있는 일들을 구체적으로 계획하는 편이야. 나 자신을 너무 과

대평가하거나 과소평가하지 않는 게 계획표를 짤 때 가장 중요한 요소라고 할 수 있겠지."

"야, 그게 말처럼 쉽냐?"

"난 중학교 1학년 여름방학 때부터 스스로 계획표를 짜기 시작했어. 처음에는 욕심을 좀 부렸다. 여름방학 동안 수학 문제집 다섯 권 풀기, 하루에 수학 공부 세 시간, 영어 공부 세 시간, 독서 두 시간, 이런 식으로 무리한 계획을 세웠거든. 근데 그게 되겠냐? 당연히 지키기 힘들지. 나 역시 계획을 세운 지 3일도 안 돼서 포기할 수밖에 없었어."

"맞아. 누구나 그럴걸?"

"그래서 그 뒤론 방법을 좀 바꿨어. 내 능력에 맞는 현실적인 계획을 세우기로 말이야. 그러면서 목표를 달성했을 때를 상상하며 힘을 내곤 했지."

재석이가 보여주는 다이어리의 생활계획표를 쓱 훑어보니 재석이가 왜 공부를 잘하는지 알 것 같았다.

재석이는 다이어리를 정말 잘 활용하고 있었다. 사실 나도 다이어리를 사본 적은 있지만 뭘 써야 할지도 모르겠고 은근히 귀찮기도 해서 3개월도 채 못 쓰고 포기해버리곤 했었다.

"나도 다이어리 쓰기에는 영 소질이 없었어. 여자애들은 정말 예쁘게 잘 꾸미잖아. 하지만 그러면 뭐하냐? 시간만 뺏기고 가방이나 무거워지지. 그래서 생각해낸 것이 바로 '나만의 스터디 다이어리'야."

"지금 그런 식으로 쓰는 거?"

"그래. 내 다이어리의 콘셉트는 아주 간단해. 적당한 수첩을 마련

날짜: 2008. 7. 28.

오늘의 목표	1. 10-나 도형의 방정식 완전히 마스터하기. 2. 영어 단어 외우기 (30개)

7:00

8:00 ↕ 기상 및 세면

9:00

10:00 학교 보충 수업

11:00   쉬는 시간에 영어 단어 외우기 ✓완료   학교에서 15개 외웠음.

12:00   10분에 2개씩 외우자!   오늘 저녁에 나머지 15개 외우기.

13:00   일찍 자서 되는데 ㅠㅠ

14:00

15:00 ↕ 쉬는 시간 - 명수랑 학교끝나고 PC방 가기로 했음. ✓완료

16:00

17:00 ↕ 영어학원 - 수업에 집중하자.

18:00   독해 문제 풀때, 지문을 조금 더 빠르게 읽도록 노력하자.

19:00 ↕ 저녁 먹기& 휴식.

20:00 수학공부 - 10-나 도형의 방정식

21:00   도형의 이동 부분의 개념을 완전히 이해하고 있지 못함.

       이 부분을 중심으로 공부하자!

22:00   직선과 원의 방정식은 공식만 다시 한번 복습.

       개념 공부 1시간 + '수학의 눈' 연습문제 다 풀기. (약 2시간)

23:00 ↕ 영어 단어 복습 + 독해 2문제 풀기.

              영어 독해 너무 어려워...

24:00 취침 - 어제 너무 늦게 잤으니 오늘은 조금 일찍 자자.

재석의 스터디 다이어리

해서 내가 쓰고 싶은 대로 주저리주저리 기록하는 게 핵심이야. 아까 얘기한 것처럼, 가장 중요한 건 목표를 기록하는 것인데, 나는 고등학교 1~2학년에는 내신 성적, 3학년 때는 수능 1등급을 목표로 삼았어. 그리고 나서 장기적 목표 이외에도 주 단위, 일 단위의 단기적인 계획을 세우는 거야. 그리고 왜 이런 목표를 세우게 되었는지, 이 목표를 세우는 지금 나의 마음은 어떤지, 목표 달성 후 나의 모습은 어떠할 것인지 등도 함께 기록하곤 해. 말 그대로 '공부 일기'가 되는 거지."

"근데 좀 귀찮지 않냐?"

"처음엔 좀 그래. 하지만 이렇게 자세히 기록해두면 이따금 들춰보며 목표도 확인하고 마음도 다잡을 수 있어서 좋더라고."

재석이의 다이어리는 그다지 정돈되어 있는 느낌은 아니었지만, 학습 상황을 스스로 점검하기에는 부족함이 없어 보였다. 형식을 맞추는 데 급급하고 예쁘게 기록하려다가 시간만 낭비하는 보통의 다이어리와는 확연히 다른 느낌이었다.

재석이의 이야기를 듣다 보니 정리되는 생각이 있었다. 누구에게나 하루는 24시간 공평하게 주어진다. 똑같이 학교에 다니고, 똑같은 시간을 쓰면서 공부를 하는데 재석이는 공부도 잘하면서 여유 있는 생활을 하고, 나는 성적도 제대로 안 나오면서도 항상 시간에 쫓기며 살아가고 있다. 그렇다면 문제는 주어진 시간을 얼마나 효율적으로 사용하느냐에 달린 게 아닐까. 그리고 목표에 맞는 계획을 세워둔다면 무엇을 해야 할지 몰라서 낭비하는 시간도 줄일 수 있을 것이다.

"아!"

나도 모르게 탄성이 터져 나왔다. 누구에게나 공평하게 주어진 자본금, 그건 바로 시간이었던 것이다. 일단 거기에 생각이 미치자 많은 것이 뚜렷해졌다. 시간을 잘 활용하는 것이야말로 성공의 비밀이 아닌가!

집에 돌아오니 책상 위에 피터 드러커의 《프로페셔널의 조건》이라는 책이 놓여 있었다. 아버지가 사다놓으신 모양이다. 아버지는 내가 어렸을 때부터 독서의 중요성을 강조하며 수시로 책 선물을 해주셨다. 책을 펼쳐 보니 "미래를 예측하는 가장 좋은 방법은 지금 미래를 결정하는 것이다"라는 문구가 눈에 띄었다. '지금 미래를 결정하라'는 말은 계획을 세우라는 뜻이다. 계획을 제대로 실행한다면 그것이 곧 미래가 되는 것이니 계획을 잘 세우는 것만으로도 미래를 결정하는 셈이 되는 것이다. 계획과 시간 관리가 이번 힌트의 정답이라는 확신이 들었다.

역시 아크가 나타났다. 이번에는 《수학의 눈》을 펴지도 않고 손으로 표지를 쓱 훑어내리더니 토라진 듯 샐쭉한 표정을 지으며 건네주었다.

"더 어려운 문제를 낼 거야."

아크 녀석, 아주 조금은 귀여운 구석도 있는 것 같다.

수학 정복의 로드맵, 학습 계획표 짜는 법

1. 학습 계획을 세워야 하는 이유

수학은 꾸준히 공부해야 실력이 오르는 과목이다. 수학 공부를 할 때 반드시 학습 계획을 세워야 하는 첫 번째 이유는 연관 단원들의 흐름과 중요 개념들을 파악하기 위해서이다. 수학은 꾸준히 공부하지 않으면 앞선 단원의 개념들을 잊어버리게 되어 한참 만에 공부하면 처음부터 또다시 공부해야 한다. 두 번째 이유는 구체적인 문제를 풀 때 어떤 개념을 어떻게 적용해야 하는지에 대한 수학적인 감각이 중요한데, 이러한 수학적인 감각은 꾸준히 공부하면서 기본 개념을 되새기고 반복적으로 문제를 푸는 과정을 통해 유지, 향상되기 때문이다.

수학을 꾸준히 공부하기 위해서는 계획을 잘 세워야 한다. 수학 이외에도 다른 많은 과목들을 공부해야 하고, 학습 외적으로도 많은 일들이 발생하기 때문에, 계획이 명료하지 못하면 자칫 일들의 순위가 엉켜서 모두 정해진 기한 내에 마무리하기 어렵게 된다.

2. 수학 공부 계획 세우기

계획은 크게 장기(1~5년), 중기(1~3개월), 단기(1일~7일) 계획으로 나누어진다. 아마도 많은 학생들이 단기 계획을 세우는 것에는 익숙하지만, 장기 또는 중기 계획을 세워본 경험은 많지 않을 것이다. 아무리 단기 계획을 잘 세우고 실천한다 하더라도, 확실한 장기 계획의 로드맵 위에 놓여 있지 못하다면, 대입 고사 준비나 수능 시험 잘 보기와 같은 최종 목표를 효과적으로 달성하기 어렵다는 것을 명심하자.

장기 계획 세우기 (1~5년)

장기 계획 세우기의 핵심은 최종 목표에 맞추어 거꾸로 계획을 세우는 것이다. S대 이공 계열 진학을 목표로 하는 중학교 3학년 학생이 앞으로의 수학 공부 장기 계획을 세운다고 가정해보자. 먼저 S대 이공 계열에 진학하기 위해 거쳐야 하는 수학 시험들을 살펴보고, 이 시험들을 대비하기 위해 해야 하는 수학 공부들을 나열한다. 그리고 최종 시험에서 시작해 현재 시점으로 거꾸로 계획을 세우는 것이다. 이렇게 역순 계획 세우기(Backward Planning)가 효과적인 이유는 최종 목표를 위해 자신이 해야 할 일들을 빠짐없이 채워넣을 수 있고 주어진 기간에 맞추어 적절하게 시간을 배분할 수 있기 때문이다.

다음은 이 학생의 장기 계획표이다. 이 계획표는 이공 계열로 진학할 중상위권에서 상위권 학생에게 알맞은 것이다. 이공 계

기간	구분	선행 학습	내신	수능	대학별 고사
고3	12				
	11			총정리	실전 대비
	10				
	9				
	8				심화 학습
	7			집중 문제 풀이	
	6		선택 과목		
	5				
	4				
	3			수능 취약 영역 공부	기초 학습
	2				
	1				
고2	12		수Ⅱ	유형 익숙해지기	
	11				
	10				
	9	선택 과목			
	8				
	7				
	6	취약 영역 복습	수Ⅰ		
	5				
	4				
	3				
	2	수Ⅱ			
	1				
고1	12	취약 영역 복습	10-나		
	11				
	10				
	9	수Ⅰ			
	8				
	7				
	6	취약 영역 복습	10-가		
	5				
	4				
	3				
	2	10-나			
	1				
중3	12	취약 영역 복습	9-나		
	11				
	10				
	9	10-가			
	8				
	7				
	6	취약 영역 복습	9-가		
	5				
	4				
	3				
	2	9-나			
	1				

열로 진학을 하느냐, 인문사회 계열로 진학을 하느냐에 따라 최종 시험이 달라지고, 공부해야 하는 내용도 조금 달라질 것이다. 또한 중학교 과정의 이해에 따라 중학교 3학년 기간의 계획도 조금 달라질 수 있다. 하지만 전체적인 틀은 크게 달라지지 않으므로 이를 참고하여 자신만의 장기 학습 계획표를 작성해보도록 하자.

중기 계획 세우기 (1~3개월)

중기 계획은 장기 계획의 내용들 중 특정 기간에 대해서 좀 더 구체적으로 자신이 해야 할 공부를 계획하는 것이다. 이 단계에서는 그 기간 동안 어떤 공부 방법을 택할 것인지, 어떤 책으로 공부를 할지, 얼마나 깊게 공부해야 하는지, 문제 풀이는 얼마나 해야 하는지 등을 결정해야 한다.

선행 학습을 할 때에는 기본 개념과 대표적인 유형의 문제들 위주로 공부해야 한다. 책을 선택할 때에도 개념 설명이 친절하게 되어 있고, 기본 예제나 유제가 잘 정리되어 있는가를 확인해봐야 한다. 선행 학습은 다시 공부할 것을 전제로 한 것이므로 너무 많은 문제를 풀어서 스스로를 지치게 하지 않는 것이 좋다. 반면 본 학습과 복습을 할 때에는 기본 개념과 공식들을 간단히 정리한 후에 문제 풀이 위주로 공부해야 한다. 책을 선택할 때에도 여러 가지 유형의 문제들이 많이 있는 문제집을 선택하는 것이 좋다.

위에서 장기 계획을 세웠던 학생의 경우를 생각해보자. 위의

기간 \ 구분	목적	공부 방법	교재	진도
12월 1주	내신 (기말고사)	자습	으뜸수학, 강한수학	5~10단원
2주	내신 (기말고사)	자습	학교 프린트	5~10단원
3주	선행 학습 (10-나)	학원	주교재: 수학의 눈 교재 부교재: 으뜸수학	7-가~10-가 취약 단원 복습
4주	선행 학습 (10-나)	학원	주교재:수학의 눈 교재 부교재: 으뜸수학	7-가~10-가 취약 단원 복습
1월 1주	선행 학습 (10-나)	학원	주교재: 수학의 눈 교재 부교재: 으뜸수학	7-가~10-가 취약 단원 복습
2주	선행 학습 (10-나)	학원	주교재: 수학의 눈 교재 부교재: 으뜸수학	1단원: 평면좌표와 직선의 방정식
3주	선행 학습 (10-나)	학원	주교재: 수학의 눈 교재 부교재: 으뜸수학	2단원: 원의 방정식
4주	선행 학습 (10-나)	학원	주교재: 수학의 눈 교재 부교재: 으뜸수학	3단원: 도형의 이동
2월 1주	선행 학습 (10-나)	학원	주교재: 수학의 눈 교재 부교재: 으뜸수학	4단원: 부등식의 영역
2주	선행 학습 (10-나)	학원	주교재: 수학의 눈 교재 부교재: 으뜸수학	5단원: 함수
3주	선행 학습 (10-나)	학원	주교재: 수학의 눈 교재 부교재: 으뜸수학	6단원: 다항함수
4주	선행 학습 (10-나)	학원	주교재: 수학의 눈 교재 부교재: 으뜸수학	7단원: 이차함수의 활용
3월 1주	내신 공부 (10-가)	자습	주교재: 교과서 부교재: 최고수학	1단원: 집합
	선행 학습 (10-나)	학원	주교재: 수학의 눈 교재 부교재: 으뜸수학	8단원: 유리함수와 무리함수
2주	내신 공부 (10-가)	자습	주교재: 교과서 부교재: 최고수학	단원: 명제
	선행 학습 (10-나)	학원	주교재:수학의 눈 교재 부교재: 으뜸수학	9단원: 삼각함수
3주	내신 공부 (10-가)	자습	주교재: 교과서 부교재: 최고수학	3단원: 실수와 복 소수
	선행 학습 (10-나)	학원	주교재:수학의 눈 교재 부교재: 으뜸수학	10단원: 삼각함수 의 그래프
4주	내신 공부 (10-가)	자습	주교재: 교과서 부교재: 최고수학	3단원: 실수와 복 소수
	선행 학습 (10-나)	학원	주교재:수학의 눈 교재 부교재: 으뜸수학	11단원: 삼각형에 의 활용

학생은 먼저 중3 기말고사에 대한 준비 계획을 세워놓고, 이후 학원 강의를 통해 고등학교 10-나 과정을 선행 학습하기로 결정했다. 그리고 고등학교에 진학한 후에는 선행 학습과 함께 10-가에 대한 내신 공부도 병행하기로 계획을 세웠다. 그리고 난 후 교재를 결정하고 진도표를 만들어 앞으로 4개월 동안 자신이 해야 할 공부량을 결정했다. 이처럼 중기 계획을 세울 때는 공부 방법, 교재, 단원 학습 분량과 같이 가능한 한 구체적으로 계획을 세워보는 것이 중요하다.

옆의 표는 이 학생이 중학교 3학년 겨울방학부터 고등학교 1학년 3월까지의 중기 계획을 세운 것이다.

단기 계획 세우기 (1~7일)

단기 계획은 하루 또는 일주일을 어떻게 보낼 것인지를 매우 구체적으로 계획하는 것이다. 단기 계획은 한 시간, 혹은 30분 단위로 치밀하게 짜는 것이 좋다. 단기 계획을 세울 때는 공부할 시간과 함께 목표를 정해 어떤 공부를 얼마나 할 것인지를 구체적으로 쓰는 것이 중요하다. 그리고 앞에서 언급했던 것처럼 가능한 매일 하루에 적어도 한두 시간씩 수학 공부를 하도록 계획을 세워보자. 다음은 위의 학생이 고등학교 1학년 여름 방학 때 짠 1일 계획표이다.

〔1일 학습 계획〕

7:00	
	기상 및 세면
8:00	
	신문 읽기 및 신문 사설을 이용한 논술 연습
9:00	
	이동 시간 중 영어단어 외우기
10:00	
11:00	영어학원
12:00	
	점심식사 및 휴식
13:00	
	고전시가 익히기 및 연습
14:00	
	화학 공부
15:00	
16:00	운동
17:00	
18:00	인수분해 공식 암기 및 연습, 문제 풀이
19:00	
	저녁식사 및 휴식
20:00	
21:00	
	수능 독해 연습 및 영어 단어 암기
22:00	
23:00	내일 계획 세우기 및 취침

효율적인 학습 계획 세우기 및 실행을 위한 팁

① 자신을 너무 과대평가하거나 과소평가하지 말라

평소에 내가 한 단원의 내용을 이해하는 데 얼마나 긴 시간이 필요했는지, 한 문제를 푸는 데 평균 어느 정도의 시간이 걸리는지 등을 잘 돌이켜보자. 현재의 내 수학 실력과 지금까지 배운 내용의 학업 성취도(이해도)를 종합적으로 고려해 계획을 짜야 한다. 공부하는 양을 조금씩 늘리고, 공부하는 내용의 난이도를 조금씩 높이면서, 점차 새로운 것에 도전하는 기분으로 조정해가는 것이 좋다.

② 계획은 너무 빡빡하지 않게 짜라
공부를 하다 보면 생각지도 못했던 많은 문제가 발생하게 되는데, 이러한 요소들을 사전에 예측해 계획에 포함시키기란 불가능하다. 따라서 어느 정도는 유연하게 계획을 짜는 것이 좋다. 가령 한 달 계획을 세운다면, 2~3일 정도는 비워두고, 단기적인 계획을 짤 때에도 하루에 한두 시간 정도의 여유 시간을 남겨놓는다면, 예상보다 시간이 오래 걸리거나 돌발 상황이 발생해도 무사히 계획을 실행할 수 있을 것이다. 물론 어느 정도 쉬는 시간과 여가 시간을 갖는 것이 공부의 효율을 높일 수 있으므로 이러한 요소도 종합적으로 고려해 계획표를 작성해야 한다.

3. 효율 백배 시간 활용법

하루 24시간은 모두에게 공평하게 주어지는 것처럼 보이지만, 실제로 사람들마다 시간의 활용도는 천차만별이다. 잘 활용하면 한없이 늘어나는 게 시간이며, 낭비하기 시작하면 한없이 줄어드는 것 또한 시간이 가진 속성인 것이다. 우리 반에서 공부를 잘하는 학생들이 시간을 어떻게 활용하고 있는지를 한번 살펴보자. 실제로 공부 잘하는 학생과 공부를 못하는 학생들을 비교했을 때, 외형적으로 확연히 드러나는 가장 큰 요소는 시간 활용 능력의 차이인 경우가 많다. 나에게 주어진 시간을 효율적으로 사용하기 위한 구체적인 방법을 알아보자.

수업 시간에는 수업에만 집중을

많은 학생들이 밤늦게까지 학원을 다니느라 수업 시간에는 졸거나 학원 숙제를 하는 경우가 많다. 그렇다면 과연 학교 수업 시간에 다른 과목 공부나 학원 숙제를 하는 것이 좋은 방법일까? 실제로 이렇게 했을 때 그 효과가 어땠는지 스스로에게 물어보자. 아마도 대부분의 학생들은 50분의 시간 동안 그렇게 많은 '다른 공부'를 하지 못했다고 말할 것이다. 이유는 간단하다. 선생님의 눈치를 봐야 할뿐더러, 강의 목소리 등의 외부 요소 때문에 집중하기 어렵기 때문이다.

이처럼 수업 시간에 다른 공부를 하는 것이야말로 학생들이 시간 낭비를 하는 대표적인 사례이다. 수업 시간에 수업을 열심히 들어야 하는 이유는 세 가지로 정리할 수 있다. 첫째, 내신 시험은 학원 선생님이 아니라 학교 수학 선생님들이 출제하기 때문에 수업 시간에 설명한 내용이 곧 시험 문제로 이어진다. 둘째, 수업 시간에 사용하는 수학 교과서는 개념 위주로 내용 설명이 가장 잘 되어 있는 수학책 중 하나이기 때문에 이를 잘 공부해두면 기본적인 유형의 문제 풀이뿐만 아니라, 수능 문제 및 심화 문제를 푸는 데에도 많은 도움이 된다. 셋째, 학교 수업은 선행 학습을 한 학생이라도 개념을 다시 한 번 정리하는 데 활용할 수 있는 효율적인 복습의 장으로 이용할 수 있다. 수업 시간에는 수업에 집중하는 것이 가장 현명한 일이라는 것을 명심하자.

학교 자습 시간에는 문제 풀이, 집에서의 자습 시간에는 개념 학습

시험 전에 주어지는 자율 학습 시간 또는 학교 수업이 끝난 후 이어지는 자습 시간은 그 비중이 매우 큰 반면에 의외로 효과적으로 활용되지 못하는 경우가 빈번하다. 독서실이나 내 방에서 혼자 공부할 때와는 달리 학교에서의 자습 시간 동안에는 주변에서 나는 잡음 때문에 몇십 분 동안 계속해서 집중하기가 여간해서는 어렵기 때문이다. 이러한 이유로 자습 시간에는 5~10분 남짓의 시간 동안 단기적으로 집중하는 과정을 반복하는 학습이 좀 더 효과적이며, 따라서 개념 학습보다는 수학 문제 풀이에 집중하는 것이 좋다.

한편 집에서 혼자 공부하는 시간에는 조용한 환경에서 오랫동안 집중적으로 공부할 수 있기 때문에 그동안 공부한 내용을 복습하여 깊이 이해하거나 새로운 내용을 학습하기에 가장 좋다. 학교와 학원 때문에 혼자 공부하는 시간을 많이 내지 못하더라도 적어도 하루에 한 시간 정도는 수학을 혼자서 자습하는 시간을 갖도록 하자.

자습을 할 때에는 공통적으로 한 시간에 5분에서 10분 정도 적당한 휴식을 취해주는 것이 공부에 집중하는 데 도움이 된다. 가급적 공부하던 내용의 흐름을 마무리 지은 뒤 휴식을 취하도록 하자.

자투리 시간도 철저하게 활용하라

대부분의 학생들은 쉬는 시간이나 점심 시간, 그리고 등하굣길처럼 잠시 비는 자투리 시간들을 그냥 보낸다. 하루 동안 이렇게 보내는 시간이 10분만 되어도 1년이면 3,650분, 3년이면 10,950분, 약 180시간이다. 이런 시간만 제대로 활용해도 공부실력이 눈에 띄게 달라질 수 있다.

특히 이런 여유 시간 동안에는 사람의 두뇌가 이완되어 다양하고 유연한 아이디어들이 떠오르곤 한다. 아무리 고민해도 안 풀리던 문제가 화장실에 가 있는 동안 머릿속에서 풀리는 경험을 해본 사람도 있을 것이다. 이런 자투리 시간을 활용하는 가장 좋은 방법은, 수학 개념들을 정리한 쪽지나 수첩 크기의 오답 노트 등을 가지고 다니며 복습하거나, 평소에 풀리지 않던 수학 문제를 이리저리 구상해보는 것이다.

네 번째
힌트

4

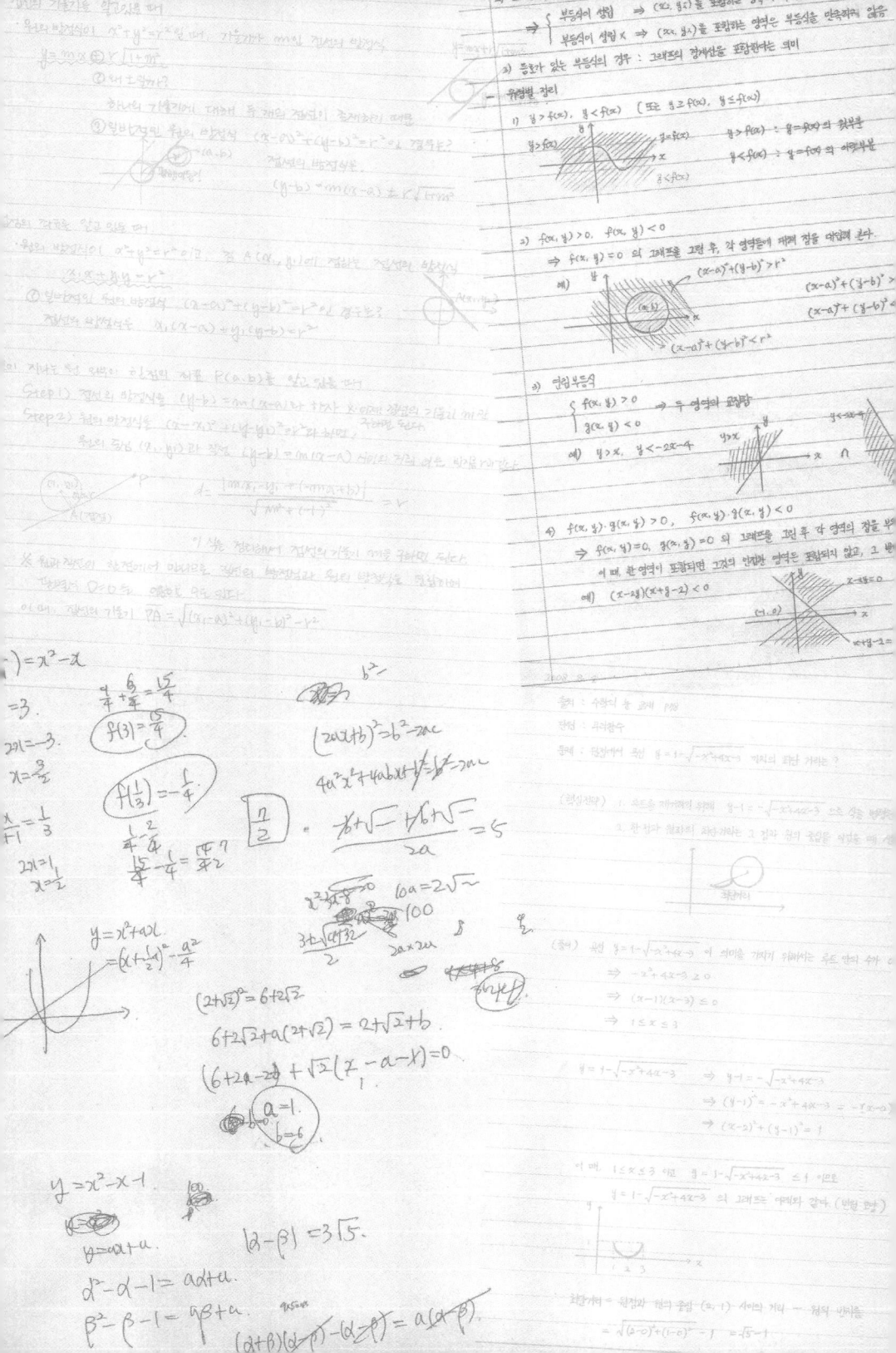

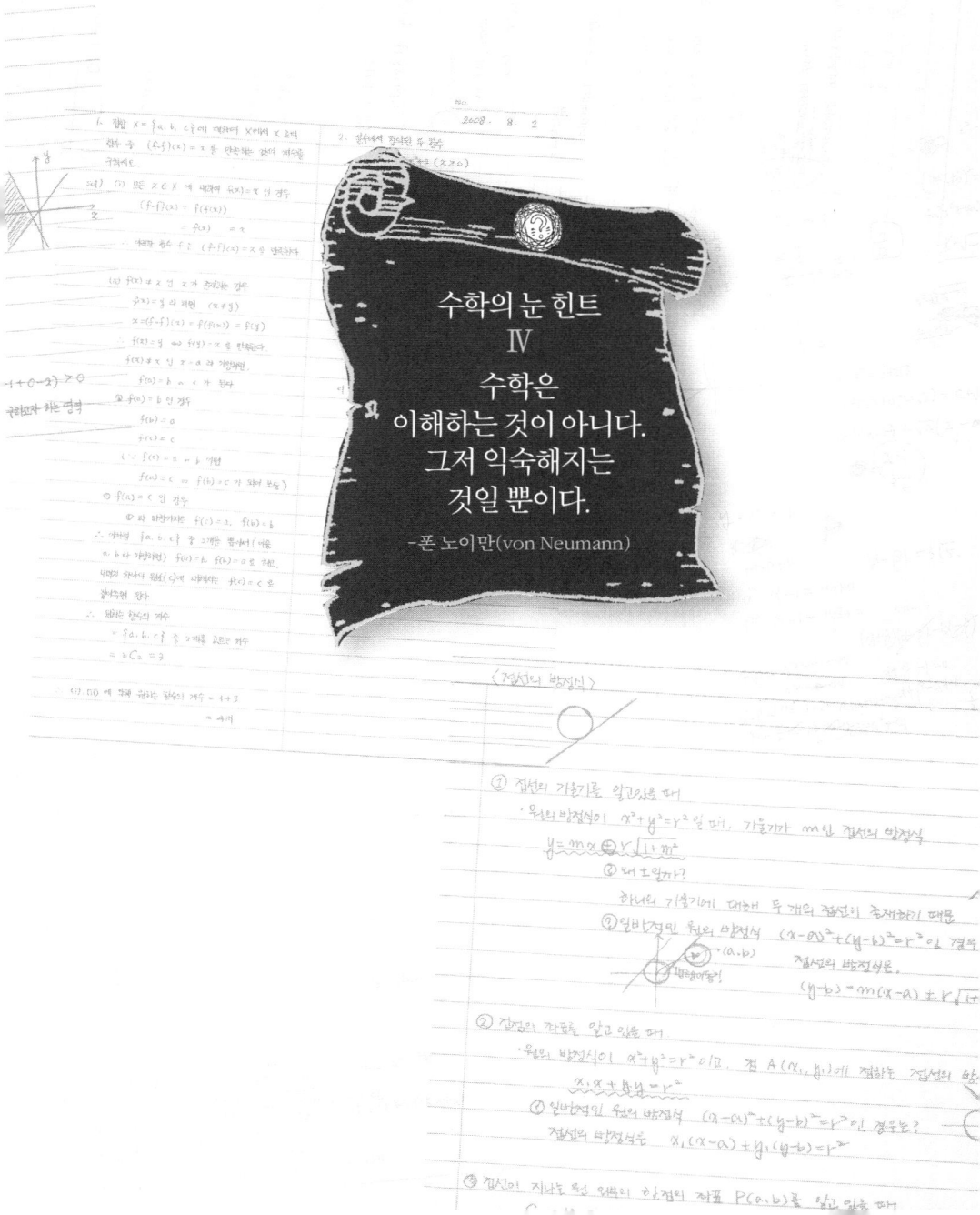

No. 2008. 8. 2

수학의 눈 힌트
IV

수학은
이해하는 것이 아니다.
그저 익숙해지는
것일 뿐이다.

-폰 노이만(von Neumann)

〈7접선의 방정식〉

① 접선의 기울기를 알고싶을 때
· 원의 방정식이 $x^2+y^2=r^2$ 일 때, 기울기가 m인 접선의 방정식
$$y=mx\pm r\sqrt{1+m^2}$$
② 왜 그럴까?
하나의 기울기에 대하여 두 개의 접선이 존재하기 때문
③ 일반적인 원의 방정식 $(x-a)^2+(y-b)^2=r^2$ 인 경우
접선의 방정식은
$$(y-b)=m(x-a)\pm r\sqrt{1+}$$

② 접점의 좌표를 알고 있을 때
· 원의 방정식이 $x^2+y^2=r^2$ 이고, 점 $A(x_1, y_1)$에 접하는 접선의 방정식
$$x_1 x + y_1 y = r^2$$
① 일반적인 원의 방정식 $(x-a)^2+(y-b)^2=r^2$ 인 경우는?
접선의 방정식은 $x_1(x-a)+y_1(y-b)=r^2$

③ 접선이 지나는 원 외부의 한점의 좌표 $P(a,b)$를 알고 있을 때

재석이의 도움으로 나에게 맞는 학습 계획을 세우고 그것에 맞춰 생활을 하다 보니 한결 공부가 수월하게 느껴졌다. 초반에는 밀린 내용과 숙제들이 워낙 많아 처음 계획했던 것들이 자꾸 뒤로 미뤄졌다. 하지만 공부할 시간을 정해두고 그것을 지키기 위해 노력한 덕분에, 예전처럼 아무 생각 없이 TV를 보는 등 시간을 허비하는 일이 줄어들게 되었다.

자투리 시간을 활용해 수업 시간에 배운 내용들을 정리하고, 학교에서 학원으로 가는 길, 다시 학원에서 집으로 오는 길에 수학 개념을 다시 한 번 정리해보거나 문제들을 고민했더니 수학 공부가 훨씬 쉬워진 것 같았다. 이렇게 해서 계획을 짠 지 열흘도 안 되어 학원 수업 진도를 따라잡고, 혼자서 공부하는 시간도 제법 늘어나게 되었다. 아직《수학의 눈》에 등장한 네 번째 힌트는 감을 잡지 못하고 있지만 차근차근 수학 공부를 하고 있기 때문인지 조급한 마음이 들지는 않았다.

오늘은 수학 보충 수업이 있는 날이다. 평소와는 달리 선생님께서는 대뜸 질문부터 던지셨다.

"수학을 잘하려면 어떻게 해야 한다고 생각해요?"

갑작스러운 질문에 온 교실이 조용해졌다. 재석이가 조심스럽게 대답했다.

"수학은 기초가 중요하기 때문에 기초를 튼튼히 하는 것이 우선이라고 생각합니다."

"좋아요. 여러 가지 답이 있는 문제이겠지만 그것도 좋은 대답이네요. 수학은 기초부터 다져야 한다는 이야기를 많이 들어보았을 겁니다. 그렇다면 수학에서 기초라는 것은 무엇을 의미하는 걸까요?"

"더하기, 빼기, 곱하기, 나누기 같이 수학을 공부할 때 어디에서든 사용되는 기본적인 내용인 것 같습니다."

재석이가 옳은 대답을 한 것 같았지만, 선생님은 확인하고 싶은 부분이 더 있다는 듯 흥미로운 표정으로 계속 질문을 이어갔다.

"그럼 질문을 바꿔볼까? 지금 이 반에서 구구단을 못 외우는 학생이 있나요?"

여기저기서 웃음소리가 터져 나왔다.

"없죠? 그렇다면 모두 기초가 튼튼한 건데……, 그렇죠? 그런데 왜 다들 수학이 어렵다고 하는 걸까요?"

이번에는 명수가 질문을 받았다.

"선생님, 하지만 기초라는 게 사칙연산이나 구구단만을 말하는 건 아니잖아요. 예를 들어 인수분해라든가 이차방정식의 판별식 같은 것들도 고등학교 수학의 기초가 될 것 같습니다."

"좋아요. 종합해서 수학의 기초는 앞으로 배워나갈 수학 내용을 이해하기 위한 예비지식이라고 말할 수 있겠군요. 이러한 관점에서 예비지식이 중요하다는 의미라면 기초가 중요한 것은 맞아요. 그런 데 사실 기초는 매우 상대적인 개념일 수밖에 없어요. 현재 배우고 있는 내용에 따라 그 부분에 대한 기초의 범위도 달라질 테니까요."

"그렇겠네요."

명수가 선생님의 말씀에 추임새를 넣었다.

"그래. 그렇다면 수학을 잘하기 위해서는 기초가 얼마나 튼튼해 야 할까요? 사실 선생님은 수학의 기초를 잘 몰라도 충분히 수학을 잘할 수 있다고 생각해요. 혹시 여러분 중 1+1이 2라는 것을 증명 할 수 있는 사람 있나요?"

다시 한 번 교실이 조용해졌다. 기초를 잘 몰라도 수학을 잘할 수 있다니 무슨 소리람! 게다가 1+1은 당연히 2잖아. 그걸 어떻게 증 명하라는 거지? 손가락으로 세어보아도 너무나 쉽게 알 수 있는 건 데……. 그러고 보니 너무 당연하게 생각한 만큼 한 번도 진지하게 고민하지 않았던 부분이었다. 재석이가 얘기한 수학의 기초, 덧셈에 서도 가장 처음에 배우는 계산인데 그것을 증명할 수 있는 사람이 단 한 사람도 없다니……. 아무도 말을 잇지 못하자 선생님께서 설 명을 계속했다.

"1+1이 2라는 사실은 **페아노 공리계**를 이용하면 증명할 수 있어 요. 고등학교 학생들이 배우기에는 어려운 내용이죠. 하지만 여러분 은 이렇게 기본적인 증명을 할 수 없지만 덧셈뿐만 아니라 곱셈이나 제곱근의 연산까지도 쉽게 할 수 있지요?"

"네!"

그제야 교실에 활기가 좀 돌았다.

"비슷한 이야기를 하나 더 해볼까요? 자연수나 정수, 유리수, 무리수, 실수는 수학에서 가장 기초적인 부분이지요. 하지만 이러한 수들에 대해 정확하게 알고 있는 사람은 그리 많지 않을 거예요."

우리는 모두 어리둥절해졌다. 복소수라면 고등학교에 와서 처음 배운 것이지만 자연수나 정수, 유리수는 초등학교 때

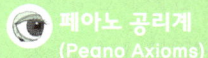

페아노 공리계
(Peano Axioms)

자연수를 규정하는 다섯 가지의 공리로 이탈리아의 수학자 페아노가 제안했다.
1) 1은 자연수이다.
2) 모든 자연수 n은 그 다음 수 n'을 갖는다.
3) 1은 어떤 자연수의 그 다음 수도 아니다. 즉, 모든 자연수 n에 대해 $1 \neq n'$이다.
4) 두 자연수의 그 다음 수들이 같다면, 원래의 두 수는 같다. 즉, $a' = b'$이면 $a = b$이다.
5) 어떤 자연수들의 집합이 1을 포함하고, 그 집합의 모든 원소에 대해 그 다음 수를 포함하면, 그 집합은 자연수 전체의 집합이다.

부터 잘 알고 있는 개념들이었다. 초등학생들도 아는 개념들을 정확히 알지 못한다니 무슨 말씀을 하고 계신 걸까.

"수천 년 동안 많은 사람들이 일상생활에서 자연수를 사용해왔지만 실제로 수학자들이 자연수의 명확한 정의를 내린 것은 19세기 후반의 일이었어요. 정확한 자연수의 정의가 어떻게 되는지, 그것을 이해하는 데 얼마나 심오한 수학 이론이 필요한지 등에 대해서는 이야기하지 않겠어요. 내가 하고 싶은 얘기는, 기초 중의 기초라고 생각하는 이러한 개념들조차 알고 보면 정말 어려울 수 있다는 거예요. 이렇듯 누구도 수학의 기초를 완벽히 알고 있다고 할 수는 없어요. 선생님도 그렇고, 많은 수학자들도 그렇고요."

우리는 다시 또 혼란에 빠져 한숨을 내쉬었다. 그럼 어떡하라는

거지?

"하지만 그렇게 맥 빠져할 건 없어요. 기초를 완벽히 알지는 못하더라도 그것을 사용하는 방법을 안다면 충분히 활용할 여지가 있으니까요. 여러분이 자연수의 정확한 정의는 모르고, 1+1이 2라는 것을 증명할 수 없어도, 자연수의 사칙연산은 쉽게 할 수 있듯이 말이에요."

그 뒤로도 수학 선생님은 보충 수업 시간마다 이런 식의 이야기를 종종 해주셨는데, 오늘 해주신 이야기는 그중에서도 가장 충격적인 것이었다.

"수학은 세상을 설명하는 하나의 언어예요. 하지만 수학에서 다루는 대상이 무엇이건 그것을 완벽히 이해하는 것은 불가능하죠. 우리가 지금 쓰고 있는 말을 완벽히 이해하지 못하듯이 말이에요. 하지만 우리는 얼마든지 말을 통해 대화를 나누고 자기의 생각을 표현하죠? 수학도 마찬가지예요. 필요에 따라 적절히 사용할 수 있으면 그것으로 되는 거예요.

여러분이 어릴 때 시간과 노력을 들여 우리말을 배운 것처럼, 수학과 친해지기 위한 노력한다면 누구든 얼마든지 수학을 잘할 수 있어요. 물론 아까도 말했지만 지금 배우고 있는 내용을 이해하기 위한 예비지식은 꼭 알아야 하고 공부해야 하는 것이에요. 우리가 국어를 배운 것과 같은 개념으로 받아들이면 되겠죠."

하루 종일 수학 선생님 말씀이 머리를 맴돌았다. 수학은 언어다. 지난번에도 선생님께선 수학은 과학과 공학, 경제학의 언어라는 말씀을 하셨다. 그런데 오늘은 조금 다른 의미로 수학은 언어라는 말씀을 하신 것 같았다. 우리는 우리말을 완벽히 이해하는 것이 아니다. 그저 어려서부터 우리말을 써온 덕분에 큰 어려움 없이 사용하고 있는 것뿐이다. 그러고 보면 《수학의 눈》의 이번 힌트 내용도 비슷한 말이었다. '수학은 이해하는 것이 아니다. 그저 익숙해지는 것일 뿐이다.' 조금은 실마리가 잡히는 느낌이었다.

역시 수학은 무조건 머리로만 이해하려 들기보다는 언어처럼 익숙하게 사용하려는 연습을 해야 할 것 같다. 자연수를 완벽히 알진 못하지만 익숙하게 사용하고 있는 것처럼 말이다. 어떻게 하면 효과적으로 수학에 익숙해질 수 있는 걸까?

어느새 학교에서든 학원에서든 그날 배운 내용은 그날 바로 복습하는 것이 습관화되었다. 이틀 후면 학원에서 모의고사를 볼 예정이다. 시험 범위는 수학 10-나 처음부터 '원의 방정식' 단원까지. 평소에 미리미리 복습을 해두었기 때문에 오늘은 '원의 방정식'에 대해서만 공부를 해도 충분할 것 같았다.

문제를 풀어보기 전에 원의 방정식이 어떤 꼴로 나오는지 다시 살펴보고, 그 식을 혼자서 유도해보기로 했다. 학원에서 배우는 교재에 구체적인 과정이 나오지는 않았지만, 선생님께서 이런 기본적인 내용은 완벽히 이해해야 한다고 강조하셨기 때문이다.

그런데 집에 와서 혼자 해보려니 생각처럼 잘 유도가 되지 않았다. '선생님은 피타고라스의 정리를 사용해서 유도하셨던 것 같은데……. 원의 중심을 우선 원점이라 하고, 반지름은 1이라고…… 해도 되나? 이게 왜 이렇게 나오지?'

자꾸 원의 넓이와 둘레에 대해서만 생각이 나고, 어떻게 원의 방정식을 유도했는지 기억이 나지 않았다. 책을 아무리 꼼꼼히 살펴보아도 수업 내용을 따로 정리하지 않았기 때문에 별다른 도움을 얻을 수 없었다. 내일 학원에 가서 물어봐도 되겠지만, 너무 궁금해서 공부가 전혀 손에 잡히지 않았다.

'내일부터는 수업 시간에 필기를 해야 되려나? 아니야, 수업 시간에 조금 더 집중하면 될 거야. 게다가 필기하느라고 선생님 설명을 놓치기라도 하면 더 곤란하잖아?'

다행히 참고서를 뒤진 끝에 원의 방정식 유도 과정을 알아냈고 내용을 간략히 복습한 후 본격적으로 문제를 풀어보았다. 특별히 어려운 문제는 없었다. 몇 문제를 틀리긴 했지만 답을 보니 금방 이해할 수 있는 수준이었다. 이제는 정말로 내가 수학을 잘하는 것 같은 기분이 들었다. 특히 오늘은 상당히 어려운 문제를 기가 막힌 아이디어로 풀어냈기 때문이다. 아크 녀석이 보면 많이 놀랄 텐데, 요즘에는 잘 나타나지 않는다.

다음 날 수학 학원에서는 어제 집에서 복습하다 기억이 안 났던 일을 떠올리며 그 어느 때보다도 수업에 집중했다. 소희와는 며칠째 한마디도 못 했는데, 오늘도 멀찍이 자리를 잡고 앉아서 수업을 들었다. 내가 소희랑 같이 있을 때 움츠러드는 것이 너무 티가 났는지 소희도 조금씩 나를 피하는 것 같았다. 그래도 중학교 때까지는 가장 친한 친구 사이였는데 계속 이러면 안 되겠다 싶어서 오늘은 내가 먼저 다가가 말을 걸었다.

"소희야, 내일 학원 시험인데, 공부는 많이 했어?"

"응, 요즘 영어 때문에 바빠서 많이는 못했어. 그냥 수업 시간에 필기해놓은 노트나 한번 훑어보려고."

"수학 시간에 필기를 한다고? 정말 의외다. 나는 수학 잘하는 애들은 필기를 안 할 거라고 생각했거든."

"수업 때 배우는 내용들을 다 기억하진 못하니까 말이야. 집에서 복습할 때 도움이 많이 돼."

"하지만 필기하다 보면 수업 내용을 놓치거나 그러진 않아?"

"그치! 그래서 모든 내용을 다 적는 게 아니라 선생님 말씀을 주의 깊게 듣고 있다가, 중요하고 꼭 알아두어야 할 것들만 간단하게 정리해서 적고 있어."

"그래? 잠깐 공책 좀 보여줄 수 있어?"

소희의 노트는 정말 깔끔하게 정리되어 있었다. 하지만 나는 꼭 노트에 따로 필기를 해야 하나 하는 의문이 들었다.

"그런데 노트 필기를 꼭 해야 할까? 중요한 내용은 그냥 책에 표시를 해둔다거나, 책에 없는 내용은 책의 여백을 활용해도 되지 않을까?"

"복습할 때만 필기해둔 노트를 활용하는 건 아니야. 필기를 하면 수업에 더 집중할 수 있고, 지금 배우고 있는 내용도 더 명확하게 이해할 수 있어. 그리고 무엇보다도 수학에는 새로운 기호나 용어가 많이 나오는데 그런 것에도 좀 더 빨리 익숙해질 수 있거든. 수업 시간에 중요한 내용을 다시 한 번 받아 적어보면 개념이나 중요한 공식들도 쉽게 외울 수 있는 것 같아. 계속 반복해서 보고, 생각하고, 적어봐야지만 공식이 잘 외워지거든."

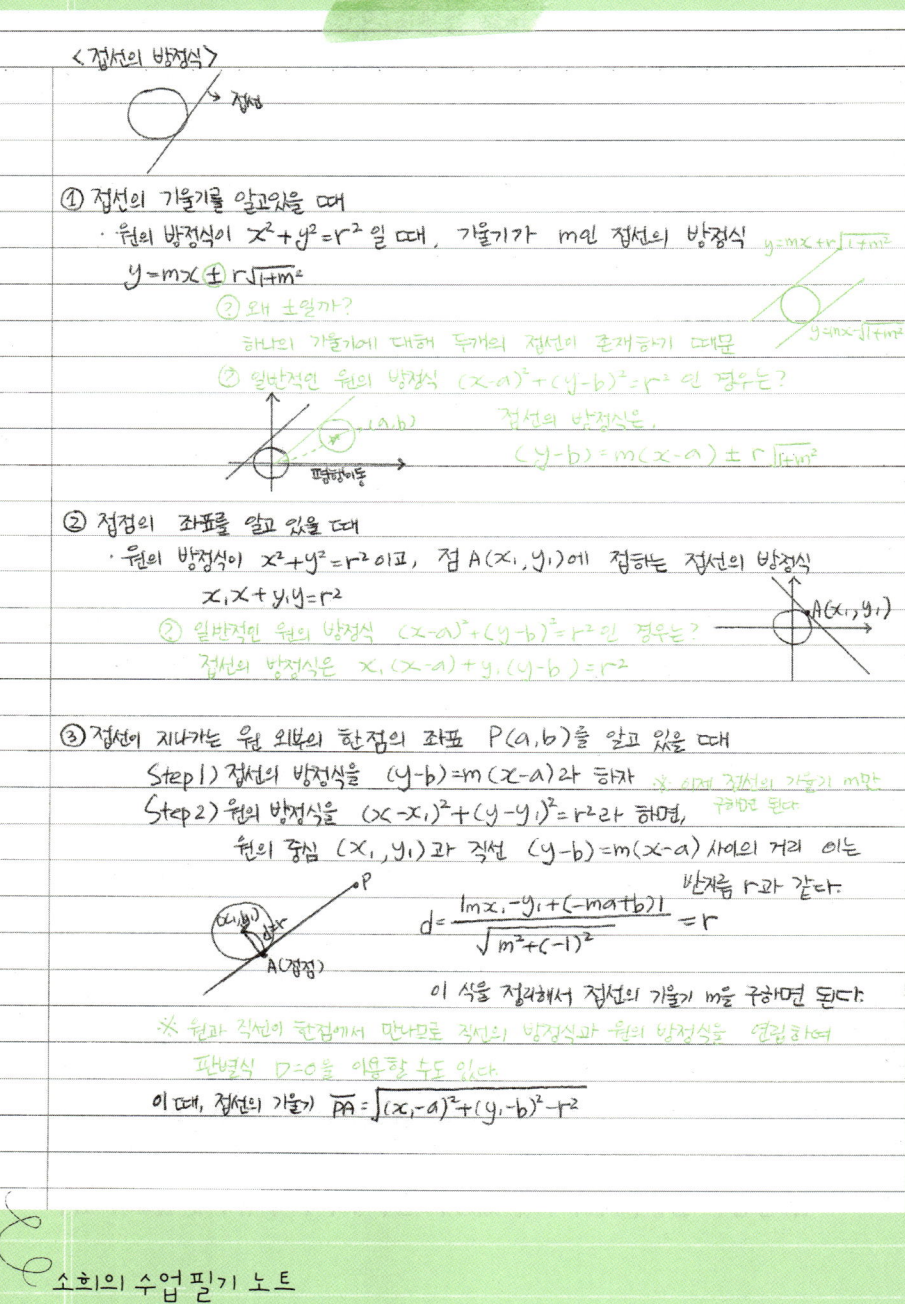

< 접선의 방정식 >

→ 접선

① 접선의 기울기를 알고있을 때
· 원의 방정식이 $x^2+y^2=r^2$ 일 때, 기울기가 m인 접선의 방정식 $y=mx+r\sqrt{1+m^2}$

$$y=mx \pm r\sqrt{1+m^2}$$

② 왜 ±일까?
하나의 기울기에 대해 두개의 접선이 존재하기 때문

$y=mx-\sqrt{1+m^2}$

② 일반적인 원의 방정식 $(x-a)^2+(y-b)^2=r^2$ 인 경우는?
· (a,b)
평행이동
접선의 방정식은,
$$(y-b)=m(x-a) \pm r\sqrt{1+m^2}$$

② 접점의 좌표를 알고 있을 때
· 원의 방정식이 $x^2+y^2=r^2$이고, 점 $A(x_1,y_1)$에 접하는 접선의 방정식
$$x_1x+y_1y=r^2$$
$A(x_1,y_1)$

② 일반적인 원의 방정식 $(x-a)^2+(y-b)^2=r^2$ 인 경우는?
접선의 방정식은 $x_1(x-a)+y_1(y-b)=r^2$

③ 접선이 지나가는 원 외부의 한점의 좌표 $P(a,b)$을 알고 있을 때
Step1) 접선의 방정식을 $(y-b)=m(x-a)$라 하자. ※ 이때 접점의 기울기 m만
Step2) 원의 방정식을 $(x-x_1)^2+(y-y_1)^2=r^2$라 하면, 구하면 된다
원의 중심 (x_1,y_1)과 직선 $(y-b)=m(x-a)$ 사이의 거리 이는
반지름 r과 같다.

(x_1,y_1) •P
r
A(접점)

$$d=\frac{|mx_1-y_1+(-ma+b)|}{\sqrt{m^2+(-1)^2}}=r$$

이 식을 정리해서 접선의 기울기 m을 구하면 된다.

※ 원과 직선이 한점에서 만나므로 직선의 방정식과 원의 방정식을 연립하여
판별식 D=0을 이용할 수도 있다.

이 때, 접선의 길이 $\overline{PA}=\sqrt{(x_1-a)^2+(y_1-b)^2-r^2}$

"하긴, 수학 공식들은 몇 번 써봐야 외워지더라."

"그러게. 우리 아빠도 수학은 머리로 하는 게 아니라 손으로 하는 거라고 그러시던걸."

배가 아팠다. 아침에 먹은 밥이 체한 걸까? 언제부터인가 수학 시험을 보는 날이면 어김없이 배가 아팠던 것 같다. 학원에서 보는 평가 시험이라 부담이 없는데도 언제부턴가 수학 시험이란 것 자체가 나에게는 스트레스가 되는가 보다. 그래도 고등학교에 들어온 이후로 가장 대비를 많이 한 수학 시험이다. 이번 시험만큼은 꼭 잘 봤으면 좋겠는데……. 그래야 2학기 때 자신감을 되찾을 수 있을 테니까.

시험 문제를 받아보니 생각했던 것보다 어려웠다. 평가 시험이라 쉽게 나올 줄 알았는데……. 그래도 긴장하지 않고 차근차근 문제를 풀어나갔다. 방학 때 열심히 해선지 그래도 1학기 때보다는 자신감이 붙어 있었다. 그런데 마지막 문제 하나가 나를 답답하게 했다. 사실 이 문제는 이틀 전에 숙제를 하면서 기가 막힌 아이디어를 생각해내서 스스로 굉장히 뿌듯해했던 바로 그 문제였다. 그런데 푸는 법이 도무지 기억이 나지 않았다. 계속 고민을 하고, 또 고민을 했는데도 결국 처음 시작했던 자리로 되돌아올 수밖에 없었다.

이럴 줄 알았으면 지금까지 풀어봤던 문제들을 다시 한 번 정리하는 건데……. 솔직히 말하자면 그럴 엄두가 나지 않았다. 또 많은 문제들을 이미 잘 풀어봤기 때문에 전부 다시 복습한다는 것은 시간 낭비라는 생각도 들었다. 하지만 이렇게 분명히 풀어봤던 문제 앞에서 헤매고 있자니 여간 억울한 게 아니었다.

시험이 끝나고 그 자리에서 바로 채점이 이루어졌다. 옆자리 학생과 시험지를 바꿔들고 선생님이 답을 불러주면 채점하는 방식이었다. 전체 30문제 중에서 나는 여섯 문제를 틀렸다. 마지막 문제 외에도 계산 실수 세 개에, 평소 문제를 풀 때 했던 실수를 그대로 반복한 문제가 두 개나 있었다. 하지만 내 머릿속에는 마지막 문제에 대한 생각만 가득 차 있어서 다른 문제를 왜 틀렸는지 생각할 겨를이 없었다. 채점이 끝나자 바로 시험 문제 풀이가 이어졌다. 예상대로 마지막 문제는 내가 풀었던 것과 다른 방식으로 풀어주셨다. 나는 빨리 집에 돌아가서 내가 어떻게 문제를 풀었는지를 찾아보고 싶었다.

집에 돌아오자마자 연습장으로 쓰던 공책을 뒤졌다.

'어디쯤에다 풀었더라? 도대체 뭐라고 써놓은 거지?'

안타깝게도 그 문제 풀이는 찾을 수 없었다. 내가 생각해낸 기가 막힌 풀이법이 결국 이렇게 사라진다고 생각하니 안타깝기 그지없었다.

고요한 일요일 새벽이 밝았다. 어제는 시험 때문인지 유난히 피곤해 일찍 잠자리에 들었더니 여섯 시밖에 안 되었는데도 눈이 저절로 떠졌다. 중학교에 입학한 이후로 벌써 4년째 일요일 아침은 나에겐 지워진 시간이었지만 얼마 전부터는 제대로 마음먹고 일요일에도 일찍 일어나기 위해 노력하던 참이었다. 《수학의 눈》의 조언에 따라 시간 관리를 하다 보니, 일요일 점심 즈음 일어나 오후까지 빈둥거리며 귀한 하루를 흘려보내는 것이 한심하게 느껴졌기 때문이다.

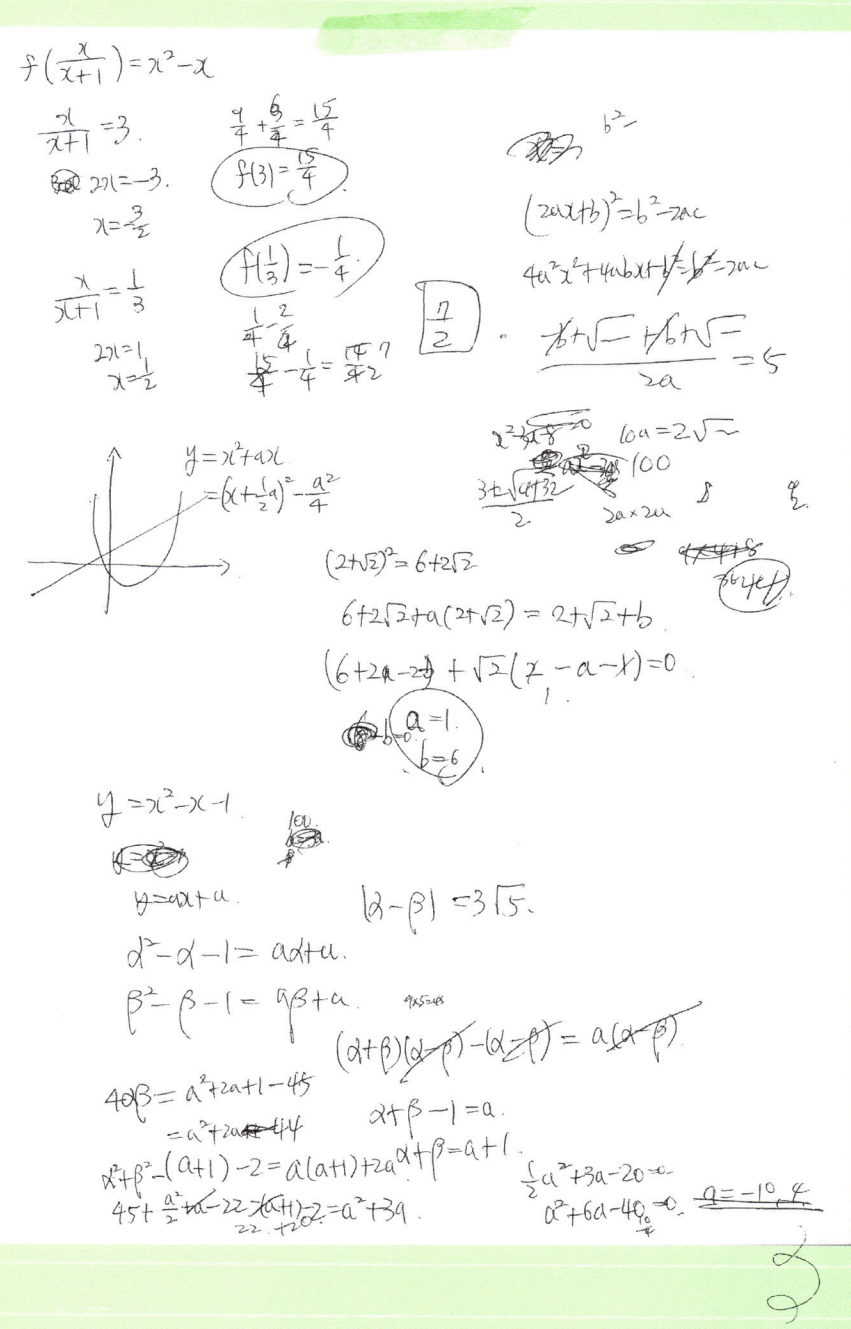

$$f\left(\frac{x}{x+1}\right) = x^2 - x$$

$$\frac{x}{x+1} = 3.$$

$$2x = -3.$$

$$x = \frac{3}{2}$$

$$\frac{9}{4} + \frac{6}{4} = \frac{15}{4}$$

$$f(3) = \frac{15}{4}$$

$$b^2$$

$$(2ax+b)^2 = b^2 - 2ac$$

$$4a^2x^2 + 4abx + b^2 = b^2 - 2ac$$

$$\frac{7}{2}$$

$$\frac{x}{x+1} = \frac{1}{3}$$

$$2x = 1$$

$$x = \frac{1}{2}$$

$$f\left(\frac{1}{3}\right) = -\frac{1}{4}$$

$$\frac{1}{4} \quad \frac{2}{4}$$

$$\frac{15}{4} - \frac{1}{4} = \frac{7}{2}$$

$$\frac{-b+\sqrt{\ } \ -b+\sqrt{\ }}{2a} = 5$$

$$y = x^2 + ax$$
$$= \left(x + \frac{a}{2}\right)^2 - \frac{a^2}{4}$$

$$6a = 2\sqrt{\ }$$
$$100$$

$$\frac{3 \pm \sqrt{49 \cdot 32}}{2}$$

$$2a \times 2a$$

$$(2+\sqrt{2})^2 = 6 + 2\sqrt{2}$$

$$6 + 2\sqrt{2} + a(2+\sqrt{2}) = 2 + \sqrt{2} + b$$

$$(6 + 2a - 2) + \sqrt{2}(2 - a - 1) = 0$$

$$a = 1$$
$$b = 6$$

$$y = x^2 - x - 1$$

$$y = ax + a$$

$$|\alpha - \beta| = 3\sqrt{5}.$$

$$\alpha^2 - \alpha - 1 = a\alpha + a.$$

$$\beta^2 - \beta - 1 = a\beta + a.$$

$$(\alpha + \beta)(\alpha - \beta) - (\alpha - \beta) = a(\alpha - \beta)$$

$$4\alpha\beta = a^2 + 2a + 1 - 45$$
$$= a^2 + 2a - 44$$

$$\alpha + \beta - 1 = a.$$

$$\alpha^2 + \beta^2 - (a+1) - 2 = a(a+1) + 2a$$

$$45 + \frac{a^2}{2} + a - 22 - (a+1) - 2 = a^2 + 3a$$

$$22 + 2a = a^2 + 3a.$$

$$\alpha + \beta = a + 1.$$

$$\frac{1}{2}a^2 + 3a - 20 = 0$$
$$a^2 + 6a - 40 = 0.$$

$$a = -10, 4$$

부모님은 결혼 기념일을 맞아 어제부터 주말 여행을 떠나셨고 누나도 동아리 MT로 집을 비운 터라 홀로 온종일 집에 있기도 답답할 것 같았다. 아무튼 간만에 찾아온 일요일 새벽인데, 나도 공부만 해야 하는 일상에서 벗어나보는 게 필요할 것 같다. 아침을 먹기 전에 뒷산에 올라 상쾌한 공기를 들이마시며 기분 전환이라도 해보자는 생각에 운동화 끈을 질끈 잡아매고 집을 나섰다.

　며칠째 계속되던 장마가 끝나고 다시 늦여름의 무더위가 기승을 부리던 중이었는데, 이른 아침이라 그런지 시원한 느낌이었다. 산기슭에 접어드니 이른 시간인데도 사람들이 제법 많았다. 내가 한창 늦잠 자고 있던 시간에 부지런히 사는 사람들이 이렇게 많았구나 싶으니 부끄럽다는 생각이 들었다.

　문득 어렸을 때 아버지랑 다니던 약수터가 생각났다. 소희네 가족이랑 같이 갈 때면 산중턱에 있는 계곡까지 올라가서 가재도 잡곤 했는데, 몇 년 전부터 산 저편에서 개발이다 어쩐다 하더니 그 큰 계곡이 말라 없어져버렸다.

　'얼마 전까지만 해도 장마였는데 이렇게까지 물이 없다니……. 약수터는 그대로 남아 있을까?'

　주변을 돌아보았으나 그 많은 등산객들 중에 약수통을 가지고 있는 사람은 한 명도 보이지 않았다. 불안한 마음에 발걸음이 빨라졌다. 다행히도 졸졸 흐르고 있는 샘터가 오랜만에 찾아온 나를 반겨주었다. 약수터 주위에 옹기종기 모여 있는 사람들 중에 반가운 얼굴이 눈에 들어왔다. 소희네 아빠였다.

　"아저씨, 안녕하세요?"

"어, 희철이! 일요일인데 일찍 일어났네!"

"네, 어젯밤에 일찍 잤거든요."

"엄마 아빠는 언제 오시니?"

"오늘 밤에요."

"누나도 MT 갔다던데, 집에 혼자 있지? 아침은 우리 집에 가서 같이 먹자. 소희도 일어났을 거야."

"아니에요. 집에 엄마가 해놓고 간 음식이 많아서요, 다 먹어야 해요."

음식도 음식이지만 소희 때문에 불편할 것 같아 아저씨의 호의를 극구 사양했다. 며칠 전에 소희와 수학 필기에 대한 얘기를 나누긴 했지만 아직 예전만큼 편한 느낌은 확실히 아니었다.

소희네 아빠랑 같이 산을 내려오면서 이런저런 이야기를 나누게 되었다. 이상하게 소희네 아빠만 만나면 고민거리를 털어놓게 된다. 내 고민이라고 해야 거의가 수학 문제인 데다 소희 아빠가 수학과 출신이라서 그런가 보다.

"아저씨, 얼마 전에 학원에서 수학 시험을 봤는데요, 풀어봤던 문제인데도 시험 볼 때는 생각이 안 나더라고요. 공부는 정말 열심히 했는데……."

"누구나 그럴 수 있어. 나도 대학 때 수학 시험을 볼 때면 항상 아는 내용인데도 생각이 안 나서 틀리곤 했거든."

"진짜요? 저만 그런 줄 알았는데, 위로가 좀 되는데요!"

"하하하. 그래? 사람이 모든 걸 다 기억할 순 없잖니. 시험 때는 특히 긴장 때문에 알고 있는 내용도 생각이 잘 안 나는 경우가 많아. 그러니까 시험 때 잘 기억할 수 있게 평소에 공부를 잘 해두는 습관을 길러야지."

"그런 방법이 따로 있는 건가요?"

소희네 아빠 역시 초반에는 고생을 많이 했다고 했다.

"대학교에서는 중고등학교 때와는 비교도 안 될 정도로 많은 내용을 배운단다. 나는 2학년이 되고 나서야 본격적으로 수학 공부를 시작했는데, 공부할 내용이 너무 많은 거야. 그래서 시험을 볼 때도 한 번 봤던 내용을 다시 복습한다거나 평소에 풀어봤던 문제를 다시 풀어볼 여유는 없었어. 그러다 보니 당연히 시험을 볼 때 기억이 잘 나지 않아 망치는 일이 많았지."

"그래서 어떻게 하셨어요? 저도 지금 꼭 그런 상황이거든요."

"나 역시 이 문제를 어떻게 해야 되는지 고민을 많이 했지만 전혀 감이 오지 않았어. 그러던 어느 날 교수님 앞에서 문제 풀이를 할 일이 있었는데, 전에 풀어본 문제였는데도 꽉 막혀서 쩔쩔매게 된 거야. 창피해서 얼굴이 벌게진 나에게 교수님께서 물으시더군, '자네 수학 공부를 어떻게 하나?', '네? 그냥 열심히 책을 보며 내용을 이해하려고 노력합니다.' 교수님께서는 고개를 끄덕이시더구나. '그냥 열심히 한다고? 그것만으로는 안 되지. 수학은 머리로 이해할 수 있는 게 아냐. 반드시 공책에 적어가면서 공부해야 머릿속에 오래 남는다고.' 하시는 거야."

"노트 필기를 말씀하시는 건가요?"

"그래, 맞아. 공부하면서 개념 정리도 스스로 해보고, 증명 과정도 직접 적어가면서 공부해야 한다는 말씀이셨지. 중고등학교 때는 어려운 증명이 많이 나오진 않지만, 이건 문제를 푸는 데도 적용이 되는 거란다. 문제를 풀 때 노트에 풀이 과정을 적으면 뭐가 좋은지 알겠니?"

"글쎄요. 풀이 과정을 노트에 일일이 다 적으면 시간이 너무 많이 들지 않을까요?"

"언뜻 생각하면 그렇게 느껴질 수도 있겠지. 간단히 계산만 몇 번 끼적거려도 풀 수 있는 문제도 많으니까 말이야. 하지만 노트에 문제를 정리해서 푸는 습관이 들면, 공식과 개념이 머릿속에 훨씬 잘 정리되고 어려운 문제들도 더 잘 풀린단다."

풀이 과정을 노트에 적으면 자신의 한계를 극복할 수 있다는 얘기였다. 아저씨의 이야기를 정리해보면 이렇다. 머리로만 생각하면서 문제를 풀거나 계산만 적으며 풀이 과정을 생략하는 방식은 학습 내용이 복잡해지면 벽에 부딪치고 만다. 그 과정까지 이르는 내용이 정리되지 않으면 우리의 머리는 새로운 내용을 받아들일 수 없기 때문이다. 하지만 노트에 풀이 과정을 정리해나간다면 그 다음 과정으로 쉽게 나아갈 수 있다. 게다가 지금까지 어떤 과정을 밟아왔는지가 한눈에 보이고, 중간 결과를 통해 앞으로 어떻게 나아가야 하는지에 대한 힌트도 얻을 수 있다. 이 때문에 수학 공부를 할 때는 시각적인 표현 요소가 매우 중요하다는 것이다.

내가 고개를 갸우뚱하자 아저씨는 이해를 돕기 위한 예를 들어주셨다.

"'1,234×5,678'이라는 계산을 한번 생각해보자. 네 자리 수끼리의 곱셈을 암산으로 풀 수 있는 학생은 많지 않을 거야. 푼다고 하더라도 실수할 확률이 높겠지. 하지만 종이와 펜이 있으면 이 계산을 어렵지 않게 할 수 있지?"

"네. (1,234×8), (1,234×70), (1,234×600), (1,234×5,000)으로 쪼개서 각각 계산을 한 뒤에 줄을 맞춰 더하는 계산법을 배웠으니까요."

"방금 그 문제를 풀기 위해 '간단한 곱하기 연산으로 나누어 더한다'는 논리를 노트에 표현해야 했던 것처럼, 모든 수학 문제를 잘 풀기 위해서는 계산뿐만 아니라 풀이에 도움을 줄 수 있는 논리적 흐름을 체계적으로 알아볼 수 있게 정리해야 하는 거란다."

간단한 인수분해의 경우도 써보지 않고는 푸는 데 어려움을 겪을 수 있다는 사실이 떠올랐다. 아저씨는 요즘 배우고 있는 원 등 기하 문제에서는 특히 이러한 시각화의 과정이 중요하다고 강조했다.

"그렇군요. 문제를 풀 때 노트를 작성하면 도움이 된다는 건 알겠어요. 그럼 시험 때 평소 공부했던 내용이 잘 기억나지 않는 문제에 대해서는 어떻게 해야 하나요?"

"맞다! 지금 그 얘기를 하고 있었지. 예전 생각이 나서 잠시 깜빡했다. 노트 정리를 하면 많은 장점이 있단다. 이 장점들이 바로 수학 공부를 잘하고 시험을 잘 보는 비결인 거지."

나는 귀를 쫑긋 세웠다. 가장 큰 고민이 해결되려는 찰나였다.

"우선, 노트에 수학 공식이나 용어들을 적어보면 그것들에 익숙해질 수 있단다. 많은 사람들이 수학을 어려워하는 가장 큰 이유 중 하나가 바로 수학 용어들에 익숙하지 않기 때문이거든. 수학 문제를 푸는데 용어를 모른다면 그 용어가 무엇인지 생각하다 당황하게 되고, 문제를 어떻게 풀어야 할지는 생각도 못하게 되는 것이지. 하지만 용어에 익숙하다면 그런 문제는 어렵지 않게 극복할 수 있지. 또 수학을 잘 알고 있다는 생각이 들어서 자신감을 가질 수도 있고 말이야.

그뿐만이 아니야. 노트 필기는 기억력을 향상시키는 데도 도움이 된단다. 눈으로만 보고 외우는 것보다는 손으로 적으면서 하는 것이 기억하는 데 훨씬 도움이 되지. 여러 가지 자극을 한꺼번에 주면 두뇌 회전이 더 잘 되기 때문이야. 수학은 머리로 하는 것이 아니라 손으로 하는 거란다."

"아, 그 말은 소희한테도 들어본 적이 있어요!"

"하하하, 그랬구나! 자, 들어봐라. 필기의 중요성은 또 있어. 노트에 공부한 내용이 잘 정리되어 있다면 시험 기간에 복습하기가 좋지 않겠니? 시험 볼 때를 생각해봐. 지금까지 공부한 내용이 너무 많아서 어떻게 그 많은 걸 복습해야 하나 막막할 때가 있잖아? 그럴 때 잘 정리된 노트가 있고, 평소에 문제를 풀면서 체크해두었던 내용을 따로 볼 수 있다면 얼마나 큰 도움이 되겠어? 이게 바로 이 아저씨가 대학교 때 수학을 잘했던 비결이란다."

수업 전에 재석이를 만나볼 생각으로 일찍 집을 나섰다. 소희네 아빠의 얘기를 듣고 보니 지금까지 아무 연습장에나 대충 문제를 풀던 내 공부 습관이 잘못되었다고 느껴졌기 때문이다. 역시 재석이는 일찍 나와서 수업 준비를 하고 있었다.

"재석아, 너 수학 노트 정리 어떻게 하는지 물어봐도 돼? 이제부터 나도 좀 해볼까 하고……."

"그러지, 뭐."

재석이는 선선히 자신의 노트 정리 비결을 알려주었다.

재석이는 수학 노트를 네 종류나 사용하고 있었다. 네 개를 항상 다 가지고 다니는 건 아니고, 용도에 따라 노트의 성격도 조금씩 달랐다. 노트는 각각 풀이 노트, 오답 노트, 개념 정리 노트, 수업 필기 노트였다. 놀라웠다. 네 종류의 수학 노트를 각각 다른 용도로 사용한다니! 재석이의 수학 공부 비법이 바로 여기에 있을 것 같은 직감이 들었다.

"우와, 놀랐는걸! 하나씩 설명해줄 수 있어?"

"그래. 대신 수업 끝나면 떡볶이 사라. 하핫! 우선 여기 있는 두꺼운 스프링 노트는 수학 관련 공부를 할 때 항상 가지고 다니는 문제풀이 전용 노트야. 교과서나 프린트, 문제집 등 내가 푸는 모든 문제를 여기에 직접 정리하면서 풀고 있어. 한번 볼래?"

재석이의 풀이 노트를 보는 순간 며칠 전 학원에서 본 시험이 떠올랐다.

"아, 이렇게 하면 언제라도 네 풀이를 확인하며 복습할 수 있겠구나. 나도 독특한 방식으로 풀었던 어려운 문제가 있었는데, 얼마 지나지 않아 풀이 방식을 잊어버렸어. 다시 보고 싶어도 영 찾을 수 없어 답답한 적이 있거든. 그런데 이것도 문제 수가 너무 많이 쌓이면 내가 찾고 싶은 풀이를 찾기 어렵게 되지 않을까?"

"그래서 풀이 노트에는 항상 문제집 제목과 문제 번호 같은 걸 적어서 알아보기 쉽게 정리해야 해. 이 원칙은 다른 노트를 정리할 때도 마찬가지야. 모든 자료는 그것을 쉽게 찾아볼 수 있어야 활용 가

1. 집합 $X = \{a, b, c\}$ 에 대하여 X에서 X 로의
   함수 중 $(f \circ f)(x) = x$ 를 만족하는 것의 개수를
   구하시오.

sol) (i) 모든 $x \in X$ 에 대하여 $f(x) = x$ 인 경우

   $(f \circ f)(x) = f(f(x))$

   $\qquad\qquad = f(x) = x$

   ∴ 이러한 함수 f 는 $(f \circ f)(x) = x$ 를 만족한다.

   (ii) $f(x) \neq x$ 인 x 가 존재하는 경우

   $f(x) = y$ 라 하면 $\quad (x \neq y)$

   $x = (f \circ f)(x) = f(f(x)) = f(y)$

   ∴ $f(x) = y \Leftrightarrow f(y) = x$ 를 만족한다.

   $f(x) \neq x$ 인 $x = a$ 라 가정하면,

   $f(a) = b$ or c 가 된다.

   ① $f(a) = b$ 인 경우

   $f(b) = a$

   $f(c) = c$

   $(\because f(c) = a$ or b 이면

   $\quad f(a) = c$ or $f(b) = c$ 가 되어 모순)

   ② $f(a) = c$ 인 경우

   ① 과 마찬가지로 $f(c) = a$, $f(b) = b$

   ∴ 이처럼 $\{a, b, c\}$ 중 2개를 뽑아서 (이를

   a, b 라 가정하면) $f(a) = b$, $f(b) = a$ 로 하고,

   나머지 하나의 원소(c)에 대해서는 $f(c) = c$ 로

   잡아주면 된다.

   ∴ 원하는 함수의 개수

   $= \{a, b, c\}$ 중 2개를 고르는 개수

   $= {}_3C_2 = 3$

   ∴ (i), (ii) 에 의해 원하는 함수의 개수 = 1 + 3

   $\qquad\qquad\qquad\qquad\qquad = 4$개

---

2. 실수에서 정의된 두 함수

$$f(x) = \begin{cases} x^2 + 2 & (x \geq 0) \\ x + 2 & (x < 0) \end{cases}$$

$g(x) = x - 3$

에 대하여 $((f^{-1} \circ g)^{-1} \circ f)(-1)$ 의 값을 구하시오.

sol) $((f^{-1} \circ g)^{-1} \circ f)(-1)$

   $= (f^{-1} \circ g)^{-1} f(-1)$

   $= (f^{-1} \circ g)^{-1}(1) \qquad (\because f(-1) = 1)$

   $= (g^{-1} \circ f)(1)$

   $= g^{-1}(f(1))$

   $= g^{-1}(3) \qquad\qquad (\because f(1) = 3)$

   이 때, $g(x) = x - 3$

   $\Rightarrow x = g(g^{-1}(x)) = g^{-1}(x) - 3$

   $\Rightarrow g^{-1}(x) = x + 3$

   ∴ (준식) $= g^{-1}(3)$

   $\qquad\quad = 3 + 3$

   $\qquad\quad = 6$

치가 있는 법이잖아. 같은 맥락에서, 채점한 뒤에도 풀이 밑에 기억할 만한 단서들을 함께 적어 놓고 있어. 이런 유형의 문제는 어떻게 접근하는 게 좋은가, 내가 무엇을 실수해서 틀렸나 같은 것들 말이야. 그러면 나중에 복습할 때 시간을 훨씬 단축할 수 있거든."

"그렇구나. 풀이 노트를 이렇게 세로로 반 접어서 사용하는 것도 이유가 있는 거야?"

"이건 우리 형한테 배운 건데, 신기하게 노트를 반 접어서 사용하다 보면 훨씬 차근차근 정리가 잘 되는 것 같아. 괜히 공간이 넓으면 여기저기 손 가는 대로 풀이 과정을 늘어놓기 쉬운데, 한정된 지면에 내용을 쓰다 보니 문제 풀이를 답안지처럼 한 줄씩 정리해서 쓰는 습관이 생기더라고. 이런 습관은 풀이가 길고 복잡한 서술형 문제를 푸는 데도 도움이 되더라. 사실 나는 이렇게 풀이 노트를 반 접어 활용하는 것이 수학 공부를 효율적으로 하는 가장 중요한 팁이라고 생각해."

"그런데 이렇게 풀이 노트를 사용하면 정말 수학 실력이 늘기는 하는 거야?"

"그럼. 사실 나도 중학교 1학년 때까지는 수학을 별로 못했어. 이대로는 안 되겠다 싶어 형한테 지도를 받아 풀이 노트를 쓰기 시작했는데, 문제집 한 권의 풀이 과정을 한 문제도 빼놓지 않고 풀이 노트에 적어봤지."

"힘들지 않았어? 결과는 어땠는데?"

"처음에는 진짜 힘들었어. 이거 시간 낭비 아냐? 하는 생각이 절로 들더라. 그래도 기왕 시작한 거 끝까지 해보자 하는 생각으로 열심히 했는데, 그 다음번 시험에서 나 혼자만 수학을 만점 받은 거 있지? 그때부터 풀이 노트에 모든 문제를 정리해서 푸는 원칙을 철저하게 지키고 있어."

역시 재석이다 싶었다. 수석 입학에 전교 1등, 아무나 하는 거 아니었다.

"멋진데? 나도 한번 해봐야겠어. 네 말 들으니 그렇게 하면 정말 수학 실력이 확 늘 것도 같네. 역시 우리 유반장님, 괜히 공부 잘하는 게 아니었어. 다른 노하우도 좀 알려주라, 응?"

"얘는, 갑자기 띄워주고 그래. 어지럽게……. 마침 오늘은 수학 노트를 다 들고 와서 하나씩 보여줄 수 있겠다. 이건 오답 노트야. 이름처럼 틀린 문제를 정리하는 공책인데, 이렇게 오답 노트를 만들어 가지고 다니면서 시간이 날 때마다 들여다보면 효율적으로 복습할 수 있는 것 같아."

재석이 같은 우등생은 처음부터 모든 문제를 다 맞히는 줄 알았는데, 오답 노트를 보니 나도 아는 쉬운 문제도 제법 여러 개 눈에 띄었다. 역시 처음부터 그냥 수학을 잘할 수는 없는 거구나. 틀린 문제도 답만 살펴보고 넘어가던 내 공부 습관이 부끄럽게 느껴졌다.

"재석아, 풀이 노트에는 모든 수학 문제 풀이를 다 정리한다고 그랬잖아. 그러면 오답 노트에도 틀린 문제를 모두 정리하는 게 좋아?"

"아니야. 사소한 실수로 틀리거나 확실히 원리를 깨달은 풀이는 그냥 문제 풀이 노트에 표시해놓는 정도로 넘어가. 어차피 문제 풀이 노트도 가끔씩 훑어보며 복습하거든. 모든 오답 문제를 전부 오답 노트에 다시 정리하려면 배보다 배꼽이 더 커지는 것 같아. 나는 시간이 지난 후에 헷갈릴 수 있거나 다시 실수할 가능성이 있는 문제들만 정리하고 있어. 단원의 기본 개념도 이해 못한 상태에서 틀린 문제를 모두 오답 노트에 정리하는 친구들도 있던데, 그것 역시 매우 비효율적인 공부 방법이라고 생각해. 오답 노트에 정리된 문제가 너무 많으면 주의 깊게 봐야 할 문제가 무엇인지도 모르게 될 테니 말이야."

오답 노트의 문제와 풀이, 그리고 핵심 아이디어들은 각각 다른 색으로 정리되어 있었다. 노트는 그냥 까만 펜 하나로만 쓰는 건 줄 알았는데, 이렇게 하니 한눈에 원하는 정보를 구분할 수 있어서 제법 쓸모가 있어 보였다.

"풀이 말고도 따로 적어놓은 것이 많구나."

"응. 풀이 노트와 비슷한 부분인데, 오답 노트에는 조금 더 열심히 정리하는 편이야. 문제 풀이의 핵심 전략이나 내가 했던 실수를 또다시 반복하지 않기 위해 기억해야 할 내용들을 간략하게 남겨놓고 있어. 이렇게 하면 중요한 내용을 더욱 오래 기억할 수도 있고, 나중에 참고할 때도 편하거든. 이런 공간을 남겨놓으려면 공책을 가능한 한 넉넉하게 사용해야 해."

재석이는 다른 노트를 꺼내며 이야기를 이어갔다.

"이건 개념 정리 노트야. 어느 정도 공부를 한 뒤에 중요한 개념들을 내가 확실히 이해하고 있는지를 확인하고 정리하는 용도야. 오답 노트나 풀이 노트와는 달리 많은 내용을 적는 노트는 아니라서 얇은 공책을 사용하고 있어."

"풀이 노트나 오답 노트 사용하는 친구들은 본 적이 있는데, 개념

2008. 8. 2.

출처 : 수학의 눈 교재 P/8

단원 : 무리함수

문제 : 원점에서 곡선 $y = 1 - \sqrt{-x^2 + 4x - 3}$ 까지의 최단 거리는 ?

(핵심전략) 1. 루트를 제거하기 위해 $y - 1 = -\sqrt{-x^2 + 4x - 3}$ 으로 식을 변형한 뒤 양변을 제곱해준다.

2. 한 점과 원과의 최단거리는 그 점과 원의 중심을 이었을 때 생기는 선분이다.

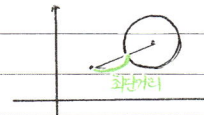
최단거리

(풀이) 곡선 $y = 1 - \sqrt{-x^2 + 4x - 3}$ 이 의미를 가지기 위해서는 루트 안의 수가 0 보다 크거나 같아야 한다.

$$\Rightarrow -x^2 + 4x - 3 \geq 0$$

$$\Rightarrow (x-1)(x-3) \leq 0$$

$$\Rightarrow 1 \leq x \leq 3$$

$$y = 1 - \sqrt{-x^2 + 4x - 3} \quad \Rightarrow \quad y - 1 = -\sqrt{-x^2 + 4x - 3}$$

$$\Rightarrow (y-1)^2 = -x^2 + 4x - 3 = -(x-2)^2 + 1$$

$$\Rightarrow (x-2)^2 + (y-1)^2 = 1$$

이 때, $1 \leq x \leq 3$ 이고 $y = 1 - \sqrt{-x^2 + 4x - 3} \leq 1$ 이므로

$y = 1 - \sqrt{-x^2 + 4x - 3}$ 의 그래프는 아래와 같다. (반원 모양)

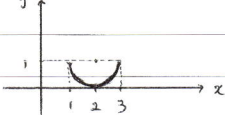

$\therefore$ 최단거리 = 원점과 원의 중심 $(2, 1)$ 사이의 거리 — 원의 반지름

$$= \sqrt{(2-0)^2 + (1-0)^2} - 1 \quad = \sqrt{5} - 1$$

재석의 오답 노트

정리 노트 이야기는 처음 듣네. 이렇게 하면 효과는 있어?"

"그럼, 당연하지. 수학은 개념 이해를 바탕으로 문제를 푸는 과목이야. 어느 한 개념을 완벽히 이해하고 있다면 그 개념과 관련된 수학 문제는 저절로 해결된다고 봐. 많은 학생들이 수학 공부와 문제 풀이를 동일하게 생각하고 있지만, 나는 결국 문제 풀이를 많이 하는 것이 개념을 확실히 이해하기 위한 과정이라고 생각해."

나 역시 수학은 그저 문제 풀이의 반복이라고 생각하고 있었는데…….

"문제를 푸는 것은 어디까지나 수학 공부를 하는 하나의 방법일 뿐이야. 개념 정리가 충분히 되지 않은 상황에서 무리하게 문제만 풀려고 한다면, 기본적인 개념을 몰라서 헤맬 수밖에 없어. 하지만 개념 정리가 확실히 되어 있다면, 유형별로 문제를 한 번씩만 풀어봐도 충분하지."

그러고 보면 수학 공부의 본질도 다른 과목들과 크게 다른 것 같지는 않았다. 나도 암기 과목을 공부할 때 기본 개념들을 확실히 이해하고 외우기 위해 일부러 노트에 정리를 해보곤 했는데 수학을 잘하기 위해서도 그런 과정이 필요하단 얘기였다.

"그럼 개념 정리 노트에는 어떠한 내용들을 정리하는 거야? 아무래도 일반 과목들과는 조금 차이가 있을 것 같은데…….."

"우선 기본적으로 중요한 개념들과 공식을 알아보기 쉽게, 그리고 큰 흐름을 알 수 있게 정리해두는 게 중요해. 그리고 각 개념들이 의미하는 바가 무엇인지를 나타내는 핵심적인 아이디어도 간략히 정리해두는 것이 좋지. 그리고 그 단원에서 자주 출제되는 문제 유

4. 부등식의 영역

— 좌표 평면에서 x, y에 대한 어떤 부등식을 만족하는 점 (x, y) 전체의 집합

— 문제 풀이 전략

　1) 부등식 $y > f(x)$ 또는 $f(x, y) > 0$ 에 대해 $y = f(x)$, $f(x, y) = 0$ 의 그래프를 그린다.

　2) 그래프에 의해 나누어지는 영역들에 대해, 그래프 위에 있지 않은 점 (x_1, y_1) 들을 주어진 부등식에 대입한다.

$$\Rightarrow \begin{cases} \text{부등식이 성립} & \Rightarrow (x_1, y_1)\text{을 포함하는 영역이 구하고자 하는 영역} \\ \text{부등식이 성립} \times & \Rightarrow (x_1, y_1)\text{을 포함하는 영역은 부등식을 만족하지 않음} \end{cases}$$

　3) 등호가 있는 부등식의 경우 : 그래프의 경계선을 포함한다는 의미

— 유형별 정리

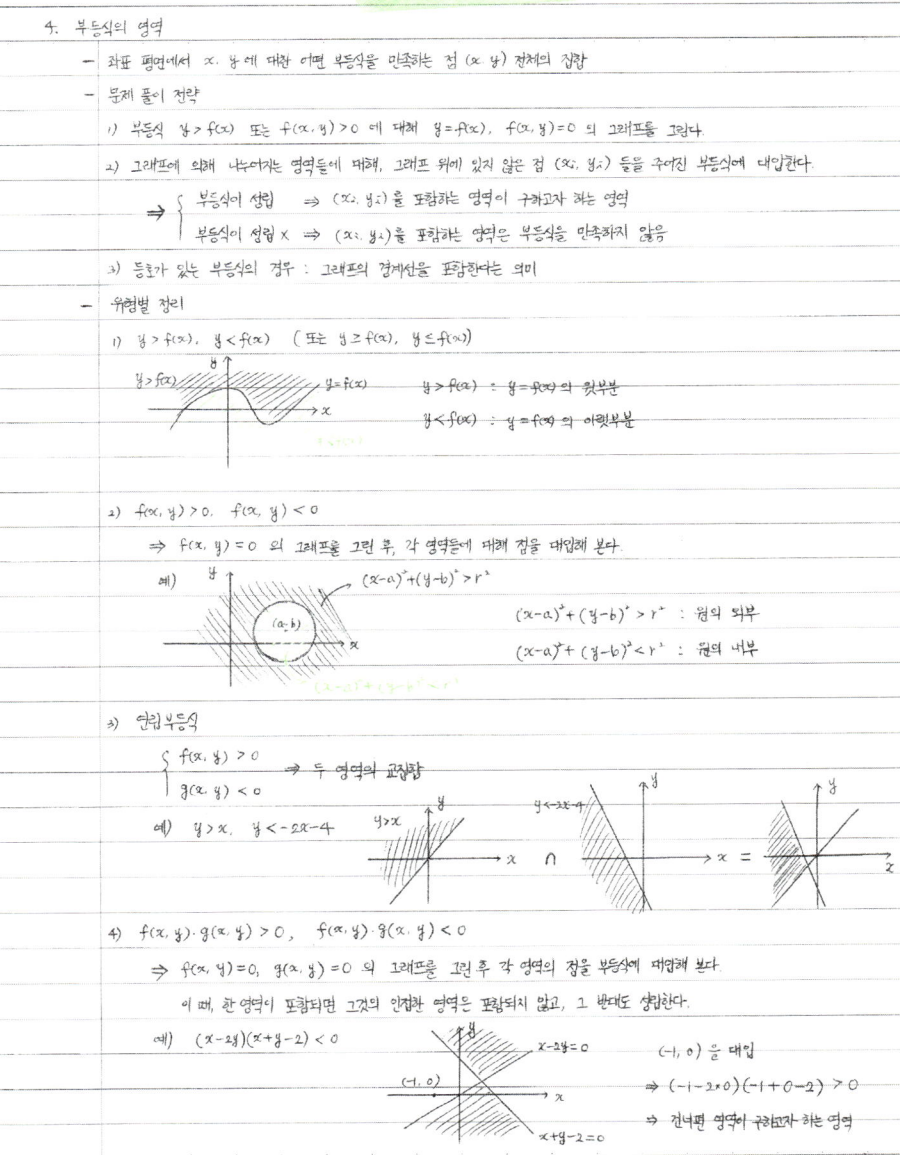

　1) $y > f(x)$, $y < f(x)$ 　(또는 $y \geq f(x)$, $y \leq f(x)$)

　　$y > f(x)$: $y = f(x)$ 의 윗부분
　　$y < f(x)$: $y = f(x)$ 의 아랫부분

　2) $f(x, y) > 0$, $f(x, y) < 0$

　　$\Rightarrow$ $f(x, y) = 0$ 의 그래프를 그린 후, 각 영역들에 대해 점을 대입해 본다.

　　예) $(x-a)^2 + (y-b)^2 > r^2$

　　$(x-a)^2 + (y-b)^2 > r^2$: 원의 외부
　　$(x-a)^2 + (y-b)^2 < r^2$: 원의 내부

　3) 연립 부등식

$$\begin{cases} f(x, y) > 0 \\ g(x, y) < 0 \end{cases} \Rightarrow \text{두 영역의 교집합}$$

　　예) $y > x$, $y < -2x - 4$

　　　$y > x$ 　　　$y < -2x - 4$ 　　　$\cap$

　4) $f(x, y) \cdot g(x, y) > 0$, $f(x, y) \cdot g(x, y) < 0$

　　$\Rightarrow$ $f(x, y) = 0$, $g(x, y) = 0$ 의 그래프를 그린 후 각 영역의 점을 부등식에 대입해 본다.

　　이 때, 한 영역이 포함되면 그것의 인접한 영역은 포함되지 않고, 그 반대도 성립한다.

　　예) $(x - 2y)(x + y - 2) < 0$

　　　$x - 2y = 0$
　　　$(-1, 0)$
　　　$x + y - 2 = 0$

　　　$(-1, 0)$ 을 대입
　　　$\Rightarrow (-1 - 2 \times 0)(-1 + 0 - 2) > 0$
　　　$\Rightarrow$ 건너편 영역이 구하고자 하는 영역

재석의 개념 정리 노트

형에 대한 간략한 풀이 전략들을 적고, 단원 목표와 간단한 예제들도 함께 정리해두고 있어."

"와, 네 말을 들으니 굉장히 좋은 방법인것 같긴 한데, 이렇게 개념정리 노트를 만들면 너무 시간이 오래 걸리지 않을까?"

"하핫, 여러 번 들었던 말인데 전혀 그렇지 않아. 알다시피 수학에서 핵심적으로 정리하고 암기해야 하는 내용들은 암기과목의 그것보다 훨씬 적잖아. 분량도 따지고 보면 얼마 되지 않을 뿐더러 다소 시간이 걸리더라도 이렇게 핵심 내용들을 빠짐없이 정리해놓으면 이후에 문제들을 푸는 시간도 무척 빨라지더라."

재석이가 네 번째 노트를 펼치려는 순간 선생님이 들어오셨다.

"야, 진짜 고맙다! 필기 노트 사용법은 며칠 전에 배운 게 있어서 괜찮을 것 같아. 오늘 한번 해보려고……."

"그래? 도움이 되었다니 다행이네. 이따 수업 끝나고 떡볶이 쏘는 거 잊지 마라."

수학 노트를 만들어 며칠째 풀이 과정도 자세히 쓰고 내용 정리도 따로 해보았다. 처음에는 별도의 노트에 정리해야 한다는 것이 조금 귀찮았지만, 막상 익숙해지니까 큰 불편은 느껴지지 않았다. 오히려 수학을 공부하는 데 확실히 도움이 되는 것 같았다.

자신감이 붙자 《수학의 눈》 네 번째 힌트에 대한 확신이 들었다. '수학은 익숙해지는 것'이다. 수학 선생님한테 들은 이야기와 소희네 아빠랑 나누었던 이야기들이 떠올랐다. 수학은 언어이기 때문에 익숙해져야 하며, 노트 필기가 바로 그 답이었던 것이다.

노트에 학습한 내용을 정리하고 복습하는 과정을 통해 용어와 공식들에 익숙해지고, 잘 외울 수 있으며, 나아가 수학을 잘 이해할 수 있게 되기 때문이다. 무엇보다 머리로 생각만 하지 않고 손을 움직이며 한 문제라도 더 실질적으로 정리하는 습관이 길러진 것도 큰 수확이었다.

　　이번에는 아크도 한동안 슬럼프에 빠지는 것 같더니 점점 상승세를 그리고 있는 내 수학 실력에 좀 놀라는 눈치였다.《수학의 눈》이 가르쳐주는 비법을 보고, 노트 필기의 비법을 정리하려 생각하니 기대감으로 가슴이 두근거린다.

'수학의 눈' 비법 **4**

노트 정리와 활용의
특급 노하우

1. 수학은 머리가 아니라 손으로 공부하는 과목이다

침팬지가 사람보다 기억을 잘한다는 사실을 믿을 수 있겠는가?
일본 교토 대학 연구팀은 컴퓨터 화면에 나타났다가 사라진 1에
서 9까지의 숫자들을 기억했다가 순서대로 숫자의 배경이 된 화
면을 누르는 테스트에서 침팬지가 순식간에 숫자가 사라져도 정
확하게 순서를 기억해낸 반면, 대학생들은 이보다 훨씬 낮은 기
억력을 보인다는 사실을 밝혀냈다.

이것은 최근 심리학계에 부각되고 있는 '체화된 인지(embodied
cognition)' 이론의 한 가지 사례이다. 지능이 뇌에만 갇혀 있는
것이 아니라 몸 전체의 움직임이나 환경 자극에 연결되어 있기
때문에, 손 동작과 시각 자극의 연결을 필요로 하는 낮은 단계의
지능에서 침팬지가 인간보다 더 우수한 기억력을 보일 수 있다
는 것이다.

이처럼 사람도 동물처럼 머리와 몸을 함께 쓰면 지능이 더 높
아질 수 있다. 미국 시카고 대학 심리학과 수잔 골딩-미도(Susan

Goldin-Meadow) 교수는 어린이들이 손을 자유롭게 움직이며 시험을 볼 때 수학 문제를 더 잘 푼다는 연구 결과를 발표했다. 〈실험심리학저널〉 지에 발표된 논문에 따르면 문제를 풀 때 손을 자유롭게 움직인 학생들은 그러지 못한 학생들보다 정답률이 1.5배에 이르렀다.

이러한 사실은 수학을 공부할 때 왜 머리로만 생각하지 말고, 부지런히 손을 움직여 필기를 하고 풀이 과정을 정리하는 노력을 해야 하는지를 뒷받침해준다. 수학이라는 학문은 '손으로 쓴 수식'의 형태로 학습되기 때문에, 우리가 반복적인 글씨 쓰기 연습을 통해 언어에 익숙해졌던 것처럼, 수학 필기를 통해 수학에 익숙해질 수 있는 것이다. 공식이나 풀이 과정을 열심히 적다 보면 어느덧 그 내용을 손으로 기억할 수 있게 되고, 자신의 필체로 정리한 내용을 다시 눈으로 확인하면서 본질적 내용과 논리적 흐름에 적응하고 있는 자기 자신을 발견할 것이다.

2. 잘 정리한 노트 한 권, 열 참고서 안 부럽다

수업 시간용 필기 노트로 선생님 설명을 철저히 복습해라

누구나 기억력에는 한계가 있다. 학교나 학원에서 새로운 내용을 배울 때 선생님이 정리해주시는 내용들을 필기해두지 않으면 혼자서 복습할 때 어려움을 느끼게 된다. 학생들의 이해를 돕기 위해 선생님이 알려주시는 교과서에 없는 부분에 대한 계산이나 유도 과정 등을 필기 노트에 적어놓으면 복습에 큰 도움이 된다. 또한, 선생님이 수업 시간에 강조한 부분은 학교 시험에 출제될 가능성이 높기 때문에 체크해두고, 눈여겨 복습할 필요가 있다.

개념 정리 노트에 개념과 공식을 확실하게 정리하라

수학 공식은 한 번 외운 걸로는 문제 풀이에 응용할 수 없다. 어떤 맥락에서 그 공식이 나오게 되었는지를 알아야 그와 관련된 문제를 풀 수 있다. 이런 맥락을 파악하고, 공식을 깊이 이해하기 위해서는 개념을 스스로 정리해보는 것이 좋다. 자신만의 개념 정리 노트를 만들어 수업 시간에 배운 내용과 책으로 공부한 내용들을 하나로 묶어 정리해둔다면 매우 유용하다.

풀이 노트로 언제든 자신이 풀었던 문제의 풀이 과정을 확인하라

어떤 방법으로 내가 문제를 풀었는지 되돌아보는 것은 수학을 공부할 때 매우 중요한 복습 과정이며, 이를 위해서는 수학 전용 풀이 노트에 일관되게 정리해야만 한다. 또한 이렇게 일관되게 정리하여 노트 한 권을 다 쓰게 되면 뿌듯함을 느끼는 것은 물론이고, 수학에 대한 자신감도 생길 것이다. 풀이 노트를 작성할 때에는 눈여겨보아야 할 문제 풀이나 풀지 못했던 문제 등을 함께 정리해둔다면 다음에 복습할 때 많은 도움이 된다.

오답 노트를 통해 약한 부분을 체계적으로 복습하라

중고등학교 과정에서 다루는 수학 문제들은 대부분 한정된 유형에서 선택되어 출제된다. 따라서 한번 다루었던 유형의 문제는 확실히 알고 넘어간다는 마음가짐으로 공부해야 한다. 모든 문제를 풀이 과정을 작성하며 풀어보았다면, 다음에 풀 때에도 큰 어려움 없이 풀이법을 기억해낼 수 있을 것이다. 또한 한 번 틀렸던 문제나 풀지 못했던 문제를 철저히 분석하고 오답 노트에 별도로 작성하여 틈틈이 복습해둔다면, 다음에는 결코 그 문제와 비슷한 유형의 문제는 틀리지 않게 된다.

이처럼 수학을 공부할 때는 반드시 과목 전용 노트를 준비해야 한다. 한두 개 정도의 노트에 수학 공부와 관련된 모든 것을 정리할 수도 있지만, 가능하면 위에서 설명한 대로 네 가지 용도에 따라 나누어 정리하는 것이 좋다.

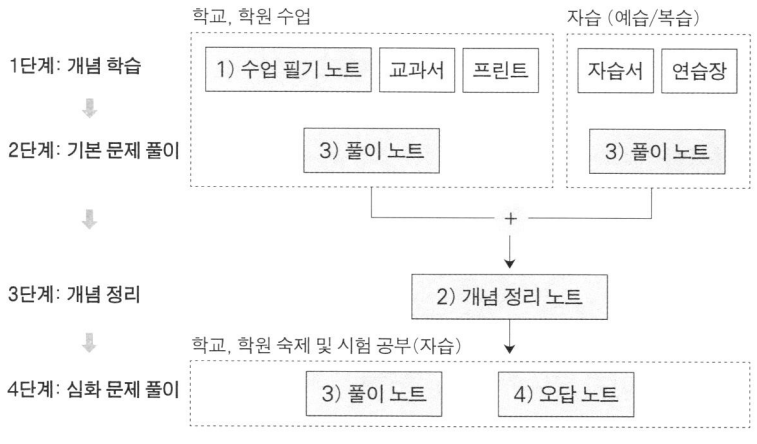

[수학 공부의 단계별 과정과 노트의 활용]

이렇게 노트별로 다른 내용을 정리하면 좋은 이유는, 수학을 공부하는 학습 단계와 맞물려 학습 효과를 극대화할 수 있게 되기 때문이다.

3. 수학 노트 정리를 위한 팁

1) 수업 필기 노트

선생님 설명을 정리하여 핵심 내용과 학교 시험에 출제될 수 있는 부분을 복습하는 용도로 사용할 수 있는 노트이다. 수업 시간에는 주로 선생님이 칠판에 필기하는 내용과 따로 말씀하시는 중요 내용들을 적어두고, 혼자 복습하다 어렵거나 중요하다고 느끼는 부분에는 눈에 띄는 체크를 하거나 연관된 참고 내용을 간략히 덧붙여 적는 정도로만 활용하자.

〔칠판 필기의 예〕

○ 근의 공식 유도

이차방정식의 근은 어떻게 구하는가?

ex.1) $x^2 = 4$ ⇒ $x = \pm 2$

$x^2 = 9$ ⇒ $x = \pm 3$ (제곱근)

ex.2) $x^2 + 2x - 2 = 0$

$x^2 + 2x + 1 = 3$ } ※ 좌변을 완전제곱식으로 만든다!

$(x+1)^2 = 3$

$x + 1 = \pm\sqrt{3}$

$\therefore x = -1 \pm \sqrt{3}$

→ 이러한 과정을 일반화해보자

$ax^2 + bx + c = 0$ $(a \neq 0)$

$a\left(x^2 + \dfrac{b}{a}x + \left(\dfrac{b}{2a}\right)^2\right) - \dfrac{b^2}{4a} + c = 0$

$\left(x + \dfrac{b}{2a}\right)^2 = \dfrac{b^2 - 4ac}{4a^2}$

정리하면, $x = \dfrac{-b \pm \sqrt{b^2 - 4ac}}{2a}$ → 근의공식

↳ 이차방정식의 두 근은 다음과 같게 된다.

$D = b^2 - 4ac$: 판별식

a, b, c 가 실수일 때,

→ $D > 0$ ⇒ 두 실근.

→ $D = 0$ ⇒ 중근.

→ $D < 0$ ⇒ 두 허근.

2) 개념 정리 노트

수업 시간에 정리하는 필기 노트는 선생님 말씀 받아쓰기나 내용 옮겨 적기 위주의 정제되지 않은 노트인 반면, 개념 정리 노트는 공부한 내용들을 '나의 관점에서 정리'하는 노트이다. 단원을 한 번 공부한 후에 개념 정리를 다시 해본다면, 주요 내용을 빠뜨리지 않고 학습하는 데도 도움이 되고, 시험 기간 등에도 효과적으로 활용할 수 있다.

개념 노트를 작성할 때에는 가능하면 공간을 여유 있게 사용하자. 글자를 너무 빽빽하게 쓰면 눈이 쉽게 피로해질 수 있으며, 여백이 있을 경우 나중에 내용을 추가해야 할 경우에도 요긴하게 사용할 수 있다. 또한 개념 정리 노트를 만들 때에는 다음과 같은 항목을 위주로 구성하면 좋다.

① 개념 및 핵심적인 아이디어 정리
② 주요 공식과 정리의 증명
③ 유형별 문제 정리
④ 추가적인 설명
⑤ 중요한 조건들에 대한 확인

08.3.7.   이차방정식

* 이차방정식 : 방정식의 모든 항을 좌변으로 이항하여 정리했을 때,

$$ax^2 + bx + c = 0 \quad (a \neq 0) \quad \text{꼴의 방정식.}$$

└ 단, x는 미지수 a, b, c는 상수

* 이차방정식의 풀이

(1) 인수분해 : 이차식이 두 개의 인수식으로 인수분해되면 각각의 일차방정식에 대한
해를 구한다.

$$\Rightarrow \quad ax^2 + bx + c = a(x-\alpha)(x-\beta) = 0 \quad \text{이면, 해는 } x = \alpha \text{ 또는 } \beta .$$

(2) 근의 공식

이차방정식 $ax^2 + bx + c = 0 \quad (a \neq 0)$ 의 두 근은 $x = \dfrac{-b \pm \sqrt{b^2 - 4ac}}{2a}$

③ 이차방정식은 항상 두 개의 근을 가질까 ??

   └ 복소수 범위 내에서 항상 두개의 근을 갖는다 !!

     ex) $x^2 + 1 = 0$ 은 $x = \pm i$ 로 두개의 복소수근을 갖는다.

* 판별식

실수계수의 이차방정식 $ax^2 + bx + c = 0 \quad (a \neq 0)$ 에 대하여,

$$D = b^2 - 4ac \quad - \text{판별식 !!}$$

→ $D > 0$ 이면   이차방정식은 두 개의 실근을 갖는다.

→ $D < 0$ 이면   이차방정식은 두 개의 서로 다른 허근을 갖는다.

→ $D = 0$ 이면   이차방정식은 두 개의 중근을 갖는다.

              ③ 중근이란? → 이차방정식이

              $a(x-\alpha)^2 = 0$ 꼴로 정리되어 근이 $x = \alpha$ 만이 될때 !!

* 근과 계수와의 관계

이차방정식 $ax^2 + bx + c = 0 \quad (a \neq 0)$ 에 대하여 두 근을 α, β 라 하면,

$$\begin{cases} \alpha + \beta = -\dfrac{b}{a} \\ \alpha\beta = \dfrac{c}{a} \end{cases} \Rightarrow \quad \because \ ax^2 + bx + c = a(x-\alpha)(x-\beta) = ax^2 - a(\alpha+\beta)x + a\alpha\beta$$

                            전개?

$$b = -a(\alpha+\beta) \quad , \quad c = a\alpha\beta$$

〔개념 정리 노트의 예〕

3) 풀이 노트

수학을 공부하는 시간의 대부분은 문제 풀이 시간이다. 문제를 풀 때에는 아무 연습장에나 푸는 것보다는 별도의 수학 문제 풀이 전용 노트를 만들어 여기에 모든 과정을 적어두는 것이 좋다. 문제 풀이 노트를 통해 답안을 정리하고 활용하는 습관만 길러도 수학 성적이 괄목할 만큼 향상될 것이다. 풀이 노트를 작성할 때에는 다음과 같은 점을 항상 기억해두자.

① 수학 공부를 할 때 항상 문제 풀이 노트를 가지고 다니며, 가능한 모든 문제를 정리하며 푼다.

② '내가 이 문제의 서술형 답안지를 만든다'는 마음으로 풀이 전 과정을 한 줄씩 체계적으로 정리한다.

③ 문제 풀이 노트는 반드시 페이지마다 세로로 반을 접어 사용한다.

④ 문제별로 어떤 책에 있는 문제인지, 어느 단원과 관련된 문제인지를 알 수 있도록 '문제집과 페이지, 문제 번호' 등의 정보를 반드시 적는다.

⑤ 페이지 상단 위쪽에 문제를 푼 날짜를 적는다.

⑥ 풀이 밑에는 문제 풀이의 핵심 전략이나 이 문제의 특이 사항 등을 따로 정리한다.

⑦ 틀린 문제이거나 해답을 참고한 경우에도 따로 표시를 해두고, 나중에 또 그와 비슷한 문제를 틀리거나 모를 경우에는 오답 노트에 옮겨 정리한다.

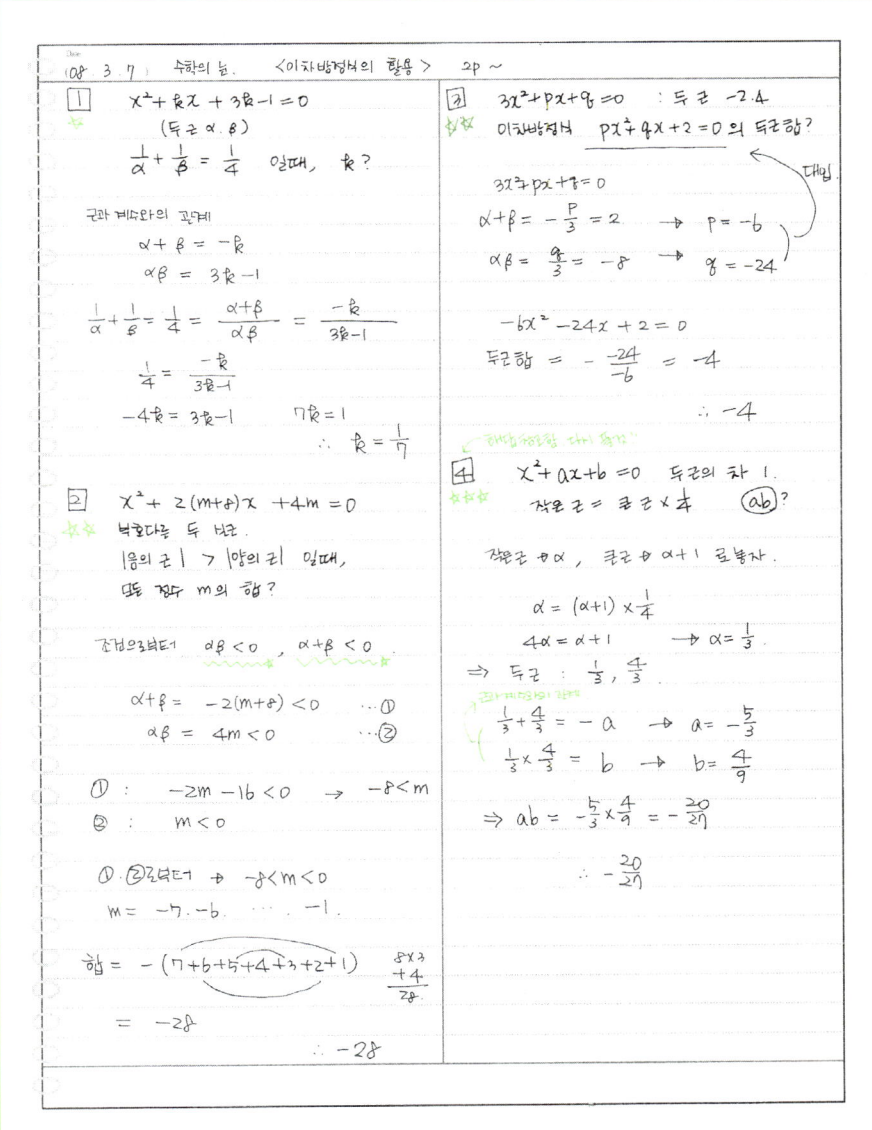

('08. 3. 7) 수학의 눈. <이차방정식의 활용>   2p ~

① $x^2 + kx + 3k - 1 = 0$
     (두근 α. β)

$\dfrac{1}{\alpha} + \dfrac{1}{\beta} = \dfrac{1}{4}$ 일때, k?

근과 계수와의 관계

$\alpha + \beta = -k$
$\alpha\beta = 3k - 1$

$\dfrac{1}{\alpha} + \dfrac{1}{\beta} = \dfrac{1}{4} = \dfrac{\alpha + \beta}{\alpha\beta} = \dfrac{-k}{3k-1}$

$\dfrac{1}{4} = \dfrac{-k}{3k-1}$

$-4k = 3k - 1$ $7k = 1$ $\therefore k = \dfrac{1}{7}$

② $x^2 + 2(m+8)x + 4m = 0$
부호가 다른 두 근.
|음의 근| > |양의 근| 일때,
모든 정수 m의 합?

조건으로부터 $\alpha\beta < 0$, $\alpha + \beta < 0$

$\alpha + \beta = -2(m+8) < 0$ ···①
$\alpha\beta = 4m < 0$ ···②

① : $-2m - 16 < 0$ → $-8 < m$
② : $m < 0$

①.②로부터 → $-8 < m < 0$
$m = -7, -6, \cdots, -1.$

합 $= -(7 + 6 + 5 + 4 + 3 + 2 + 1)$
    $\begin{array}{r} 8\times3 \\ +4 \\ \hline 28 \end{array}$
  $= -28$

            $\therefore -28$

③ $3x^2 + px + q = 0$: 두근 -2.4
이차방정식 $px^2 + qx + 2 = 0$ 의 두근합?   대입

$3x^2 + px + q = 0$

$\alpha + \beta = -\dfrac{p}{3} = 2$ → $p = -6$

$\alpha\beta = \dfrac{q}{3} = -8$ → $q = -24$

$-6x^2 - 24x + 2 = 0$

두근합 $= -\dfrac{-24}{-6} = -4$

           $\therefore -4$

④ $x^2 + ax + b = 0$ 두근의 차 1.
작은근 = 큰근 × $\dfrac{1}{4}$ (ab)?

작은근 α , 큰근 $\alpha + 1$ 로 놓자.

$\alpha = (\alpha + 1) \times \dfrac{1}{4}$

$4\alpha = \alpha + 1$ → $\alpha = \dfrac{1}{3}$

$\Rightarrow$ 두근 : $\dfrac{1}{3}$, $\dfrac{4}{3}$

$\begin{cases} \dfrac{1}{3} + \dfrac{4}{3} = -a & \to a = -\dfrac{5}{3} \\ \dfrac{1}{3} \times \dfrac{4}{3} = b & \to b = \dfrac{4}{9} \end{cases}$

$\Rightarrow ab = -\dfrac{5}{3} \times \dfrac{4}{9} = -\dfrac{20}{27}$

          $\therefore -\dfrac{20}{27}$

4) 오답 노트

자주 틀리는 문제나 잘 이해되지 않는 문제의 경우 오답 노트를 따로 만들어서 정리하자. 중고등학교 수학은 출제되는 문제의 유형이 한정되어 있으므로 한 번 풀어본 문제들을 확실히 익혀 다시 틀리지 않는다면 쉽게 수학을 정복할 수 있다. 오답 노트를 작성할 때에는 다음과 같은 점에 유념하자.

① 모든 틀린 문제를 오답 노트에 적는 것은 비효율적인 학습 방법이다. 개념 정리가 끝난 후에도 모르거나 헷갈려 틀린 문제만 오답 노트에 옮겨 적는다.

② 오답 노트에 정리한 문제와 깔끔하게 정리된 풀이를 시간이 날 때마다 들여다보며 익히도록 한다.

③ 풀이 노트와 마찬가지로 문제를 푼 날짜와 출처, 관련 단원 등을 반드시 적어둔다.

④ 문제 및 풀이에 대한 본인의 분석을 함께 정리해야 한다. 문제 풀이의 핵심적인 아이디어나 전략 등을 문제 밑에 기술해둔다.

⑤ 이 문제를 왜 틀렸는지 이유도 간략히 분석해서 나중에 되새겨본다.

⑥ 오답을 유형별로 분류해 내가 어떤 부분에서 문제를 자주 틀리는지에 대한 약점을 분석한다.

⑦ 난이도나 복습 횟수, 최종 마무리 등을 간단히 표시해두면 더욱 빠르고 효과적으로 복습할 수 있다.

('08 · 3 · 3) 수학의 눈 15p 피타고라스의 정리

문제

No. 3

왼쪽 그림과 같은 직각삼각형 ABC가 있을때, 그 삼각형에 내접하는 원의 넓이를 구하시오.

핵심 전략

1. 피타고라스 정리 내용
2. 내접원의 성질 이해

풀이

피타고라스 정리

$$x^2 + 6^2 = (x+2)^2$$
$$x^2 + 36 = x^2 + 4x + 4$$
$$4x = 32 \qquad \therefore x = 8$$

$$\triangle① + \triangle② + \triangle③ = 전체 \triangle$$

틀린 이유 : 원의 반지름을 r로 놓고 풀지 못함!!

$$\frac{1}{2} \times 10 \times r + \frac{1}{2} \times 8 \times r + \frac{1}{2} \times 6 \times r = \frac{1}{2} \times 8 \times 6$$

약분하지 못함

$$\frac{1}{2}(10r + 8r + 6r) = \frac{1}{2} \times 8 \times 6$$
$$24r = 48 \rightarrow r = 2$$
$$\Rightarrow 원의 넓이 = \pi \times r^2 = \pi \times 4 \qquad \therefore 4\pi$$

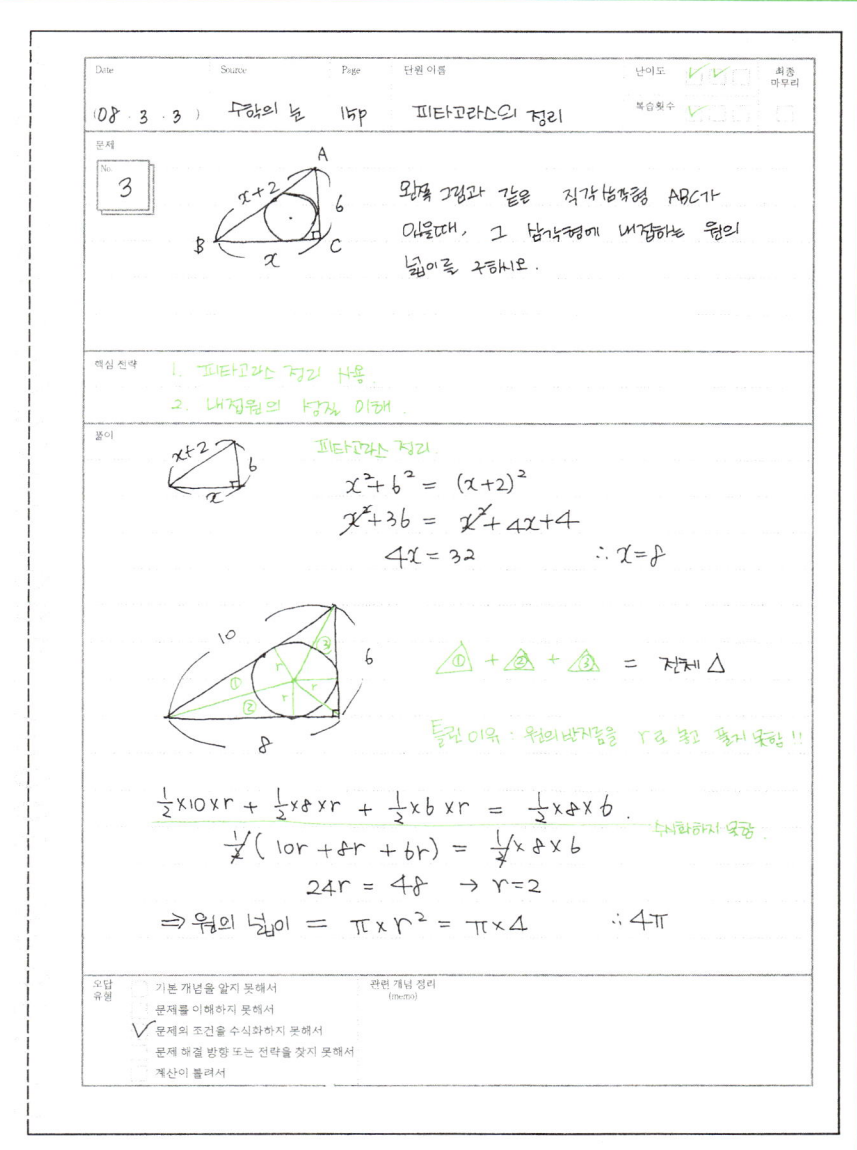

오답 유형
- 기본 개념을 알지 못해서
- 문제를 이해하지 못해서
- ✓ 문제의 조건을 수식화하지 못해서
- 문제 해결 방향 또는 전략을 찾지 못해서
- 계산이 틀려서

관련 개념 정리 (memo)

〔오답 노트의 예〕

다섯 번째

5

힌트

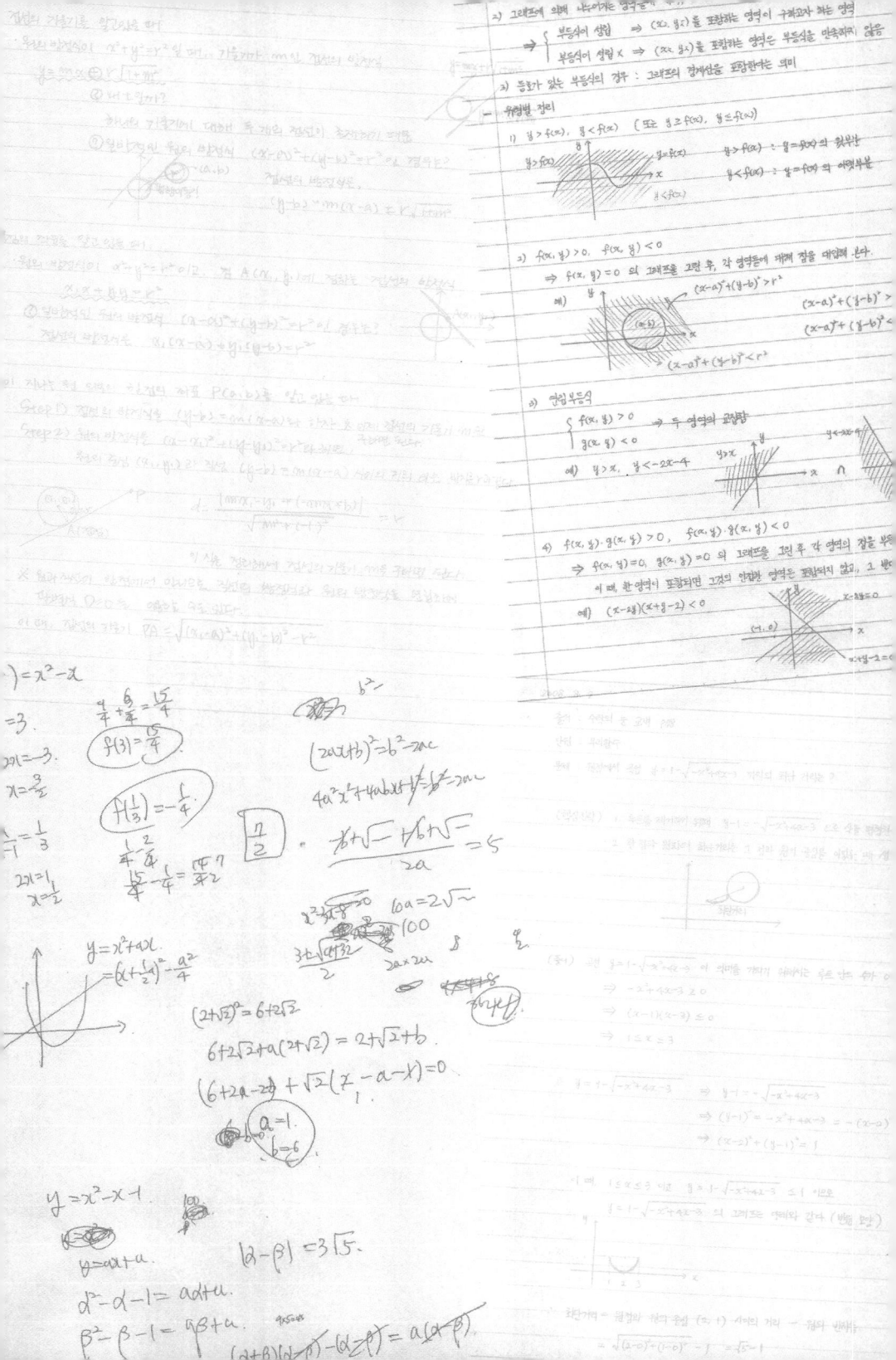

원의 접선기초 알아보자.
원의 방정식이 $x^2+y^2=r^2$일 때, 기울기가 m인 접선의 방정식
$y=mx \pm \sqrt{...}$

② 나도 궁금?

원 위의 기울기에 대하여 두 가지 접선이 존재하는 이유

② 원 밖의 점에서 원의 방정식 $(x-a)^2+(y-b)^2=r^2$일 경우도
접선의 방정식은 ...
$(y-b)=m(x-a) \pm k\sqrt{1+m^2}$

원의 방정식이 $x^2+y^2=r^2$이고, 점 $A(x_1,y_1)$에 접하는 접선의 방정식
$x_1 x + y_1 y = r^2$
② 원의 방정식 $(x-a)^2+(y-b)^2=r^2$인 경우도
접선의 방정식은 $x_1(x-a)+y_1(y-b)=r^2$

지나는 점의 원을 ... 원밖의 점 $P(a,b)$ ...
Step1) 접선의 기울기를 $(y-b)=m(x-a)$ ...
Step2) 원의 방정식을 $(x-a)^2+(y-b)^2=r^2$에 대입

$\dfrac{|ma_1-y_1+(-ma+b)|}{\sqrt{m^2+(-1)^2}}=r$

$\overline{PA}=\sqrt{(x_1-a)^2+(y_1-b)^2-r^2}$

우변에 의해 나누어지는 영역은 (x,y)를 포함하는 영역이 구하고자 하는 영역
→ 부등식이 성립 ⇒ (x,y)를 포함하는 영역은 구하고자...
  부등식이 성립 X ⇒ (x,y)를 포함하는 영역은 부등식을 만족하지 않음

2) 등호가 없는 부등식의 경우 : 그래프의 경계선을 포함하는 의미

유형별 정리

1) $y>f(x)$, $y<f(x)$ (또는 $y \geq f(x)$, $y \leq f(x)$)
$y>f(x)$: $y=f(x)$의 위쪽
$y<f(x)$: $y=f(x)$의 아래쪽

3) $f(x,y)>0$, $f(x,y)<0$
⇒ $f(x,y)=0$의 그래프를 그린 후, 각 영역들에 대해 점을 대입한다.
예) $(x-a)^2+(y-b)^2>r^2$
$(x-a)^2+(y-b)^2<r^2$

3) 연립부등식
$\begin{cases} y(x,y)>0 \\ y(x,y)<0 \end{cases}$ → 두 영역의 교집합
예) $y>x$, $y<-2x-4$

4) $f(x,y)\cdot g(x,y)>0$, $f(x,y)\cdot g(x,y)<0$
⇒ $f(x,y)=0$, $g(x,y)=0$의 그래프를 그린 후 각 영역의 점을 ...
이때, 한 영역이 포함되면 그것의 인접한 영역은 포함되지 않음, 그 ...
예) $(x-2)(x+y-2)<0$

$=x^2-a$
$=3$.
$\dfrac{4}{3}+\dfrac{6}{3}=\dfrac{15}{4}$
$2x=-3$
$x=\dfrac{3}{2}$ $f(3)=\dfrac{15}{4}$
$f\left(\dfrac{1}{3}\right)=-\dfrac{1}{4}$
$x=\dfrac{1}{3}$ $\dfrac{15}{4}-\dfrac{4}{4}=\dfrac{\sqrt{7}}{2}$
$2x=1$
$x=\dfrac{1}{2}$

$\boxed{\dfrac{7}{2}}$

$y=x^2+ax$
$=\left(x+\dfrac{a}{2}\right)^2-\dfrac{a^2}{4}$

$(2+\sqrt{2})^2=6+2\sqrt{2}$
$6+2\sqrt{2}+a(2+\sqrt{2})=2+\sqrt{2}+b$
$(6+2a-2)+\sqrt{2}(2-a-1)=0$
$a=1$, $b=6$

$(2a+b)^2=b^2-2ac$
$4a^2+4ab+... =b^2-2ac$
$\dfrac{-b\pm\sqrt{...}}{2a}=5$
$6a=2\sqrt{...}$
100

$y=x^2-x-1$
$y=ax+a$
$a^2-a-1=a\alpha+a$
$\beta^2-\beta-1=a\beta+a$
$|\alpha-\beta|=3\sqrt{5}$
$(\alpha+\beta)(\alpha-\beta)-(\alpha-\beta)=a(\alpha-\beta)$

그래프에서 점 $y=1-\sqrt{-x^2+ax-3}$ 위에서 ...

두 곡선 ... $y-1=-\sqrt{-x^2+ax-3}$ ...
두 점과 원점의 최대거리 ...

(풀이) 곡선 $y=1-\sqrt{-x^2+ax-3}$이 정의될 조건은 루트 안이 ...
⇒ $-x^2+ax-3 \geq 0$
⇒ $(x-1)(x-3) \leq 0$
⇒ $1 \leq x \leq 3$

$y=1-\sqrt{-x^2+ax-3}$ ⇒ $y-1=-\sqrt{-x^2+ax-3}=-(x-2)$
⇒ $(x-2)^2+(y-1)^2=1$

이때 $1 \leq x \leq 3$에서 $y=1+\sqrt{-x^2+ax-3} \geq 1$이므로
$y=1-\sqrt{-x^2+ax-3}$의 그래프는 아래와 같다. (반원 모양)

최단거리 = 원점과 원의 중심 $(2,1)$ 사이의 거리 - 반지름
$=\sqrt{(2-0)^2+(1-0)^2}-1=\sqrt{5}-1$

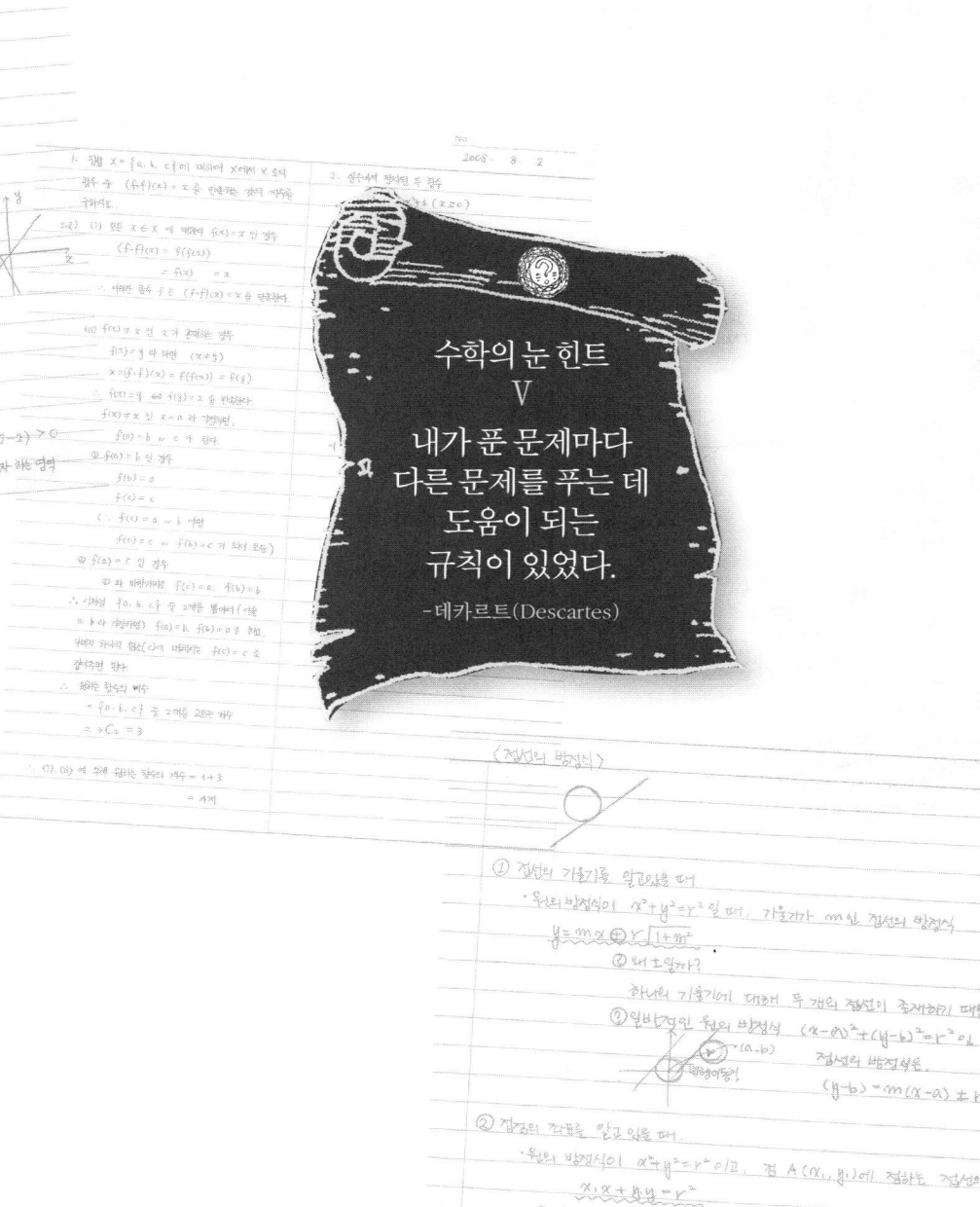

수학의 눈 힌트
V

내가 푼 문제마다
다른 문제를 푸는 데
도움이 되는
규칙이 있었다.

-데카르트(Descartes)

어느덧 개학이 다가왔다. 보충수업 때문에 방학 때도 등교를 했고, 수학 10-나를 5주 만에 끝내준다는 학원 때문에 방학 때 오히려 더 바빴던 것 같다. 새학기가 시작된다는 설렘에 오랜만에 일찍 일어나서 학교에 갔다. 아침 자습 시간이 끝나고 담임 선생님이 전학생을 한 명 데리고 들어왔다. 어렸을 때부터 프랑스에서 살았다는 이 친구는 한국말이 조금 서툴렀다.

"엄…… 안녕? 난 명왕성이라고 해. 초등학교 때부터 프랑스에서 살다가 와서 한국에 대해 모르는 게 많아. 잘 부탁해."

명왕성은 이름부터 특이해서 전학 온 첫날부터 화제의 중심이 되었다. '이름이 명왕성이 뭐냐'는 놀림부터 시작해서 '태양계에서 명왕성이 퇴출된 것처럼 프랑스에서 퇴출당해서 한국에 온 거 아니냐'는 밑도 끝도 없는 소문까지 나돌았다. 명왕성은 프랑스의 수도 파리에 있는 앙리 IV세 고등학교를 다니다 왔다는데, 그에게 듣는 프랑스 교육 이야기는 신기하기만 했다.

"엄…… 여기 한국은 고등학생들이 굉장히 공부를 많이 한다고 들었어. 엄…… 내가 있던 프랑스는 그렇게 공부를 많이 하진 않아. 바칼로레아라는 대학 입학 시험이 있는데, 그것만 통과하면 누구나 원하는 대학에 들어갈 수 있거든. 바칼로레아 통과하는 것도 그렇게 어렵진 않고 말이야. 그래서 프랑스의 고등학생들은 자기가 하고 싶은 것들을 비교적 자유롭게 할 수 있는 것 같아."

외국 고등학교에서는 우리나라처럼 공부를 많이 하지 않아도 된다는 이야기는 많이 들어서 알고 있었지만, 이렇게 경험자로부터 직접 들으니 느낌이 달랐다. 우리처럼 고등학교 때 공부를 많이 해서 좋은 점은 과연 뭘까? 오히려 어렸을 때 공부를 너무 많이 해서 일찍 지치는 것은 아닐까? 모든 학생들이 다 똑같이 열심히 공부해야 한다는 것도 너무 비효율적인 체제 같다는 생각이 들었다.

집에 돌아와서《수학의 눈》을 펼치니 어느덧 새로운 힌트가 제시되어 있었다. '다른 문제를 푸는 데 도움이 되는 규칙'이라……. 그래, 나도 수학 문제를 풀 때면 전에 풀어봤던 문제와 비슷하다는 생각을 할 때가 많았다.

'그래, 수학 문제들은 많은 경우 비슷한 패턴을 가지고 있다. 그렇다면 이번 힌트는 바로 그런 패턴들을 잘 파악하면 수학 문제를 잘 풀 수 있다는 것이 아닐까?'

책상에 수학 문제집들을 쭉 늘어놓고, 문제들의 유형과 패턴을 분류해보려고 했다. 그러한 유형과 패턴을 모두 파악하고 있다면 고등학교 과정의 수학을 정복할 수 있을 것이라는 생각에서였다. 바로 이것이구나 하는 생각과 함께 왜 지금까지 이런 생각을 미처 하지 못했을까 하는 생각도 들었다. 희망이 보이는 것 같았다.

하지만 문제의 유형을 분석하는 것은 둘째치고라도, 패턴을 파악하는 것도 쉬운 일이 아니었다. 사실은 그 패턴이라는 추상적인 개념의 정체부터가 불분명했다. 우선은 내가 문제 풀이에 완벽히 익숙해지지 않았고, 해답지를 본다고 해도 쉽게 이해할 수 있는 일이 아니었다. 펼쳐진 수학책들의 문제들은 나를 비웃기라도 하는 것처럼 많고, 다양한 모습을 보이고 있었다.

긴 한숨을 내쉬려는 순간 아크의 목소리가 들려왔다.

"새 학기가 시작되었는데도 변한 게 없구나, 너는. 낄낄……. 혹시라도 새로운 마음으로 공부를 열심히 하고 있으면 어쩌나 하고 걱정했는데, 역시 너는 내 기대를 저버리지 않아. 낄낄……."

"무슨 소리야! 지금 내가 놀라운 수학 공부 방법을 발견해서 그걸 실행하고 있는 중이라고! 알지도 못하면서! 저리 가기나 해!"

"놀라운 공부 방법은 무슨! 너도 이미 알고 있잖아. 그 일은 네가 할 수 있는 일이 아니야. 낄낄……. 다른 방법을 찾아보라고. 네가 너무 헤매고만 있는 것 같아서 도와주려고 했더니만……. 낄낄낄……."

"도와주긴 뭘 도와줘? 방해나 하지 마. 내가 알아서 할 테니까."

"흥, 건방진 녀석! 제깟 놈이 알아서 하긴 뭘 알아서 한다는 거야? 도와주러 왔는데, 그 마음이 싹 사라지게 만드는군."

아크는 씽하니 사라져버렸다. 정말 도와주러 왔던 걸까? 괜히 투정을 부려 쫓아버린 건가 싶어 아쉽기도 하고 살짝 미안한 생각도 들었다. 이번 힌트도 방향을 잘못 잡은 건가? 몇 시간 더 수학 문제집을 뒤적이다 잠이 들었다.

명왕성은 재미있는 녀석이었다. 어눌한 한국말 외에도 자기 꿈은 애니메이션 감독이 되는 것이라며 늘 스케치북과 연필을 들고 다니며 쉬는 시간마다 재미있는 만화를 그리곤 해서 화제가 되었다. 또 프랑스에 오래 살아서 그런지 내면적으로도 우리와는 무언가 다른 문화적 코드를 가지고 있는 듯했다. 유럽에 가본 적이 없는 우리에게는 환상의 도시인 파리를 배경으로 한 재미있는 이야깃거리들도 귀를 쫑긋하게 만드는 소재였다. 명왕성의 생생한 만담을 듣고 있으면 마치 답답한 학교에서 벗어나 프랑스를 여행하고 있는 듯 만족감을 느낄 수 있었다.

내가 가장 인상 깊게 들었던 이야기는 파리에 있는 현대 미술관인 퐁피두 센터(Centre de Pompidou)의 흥미로운 현대 미술 작품들에 대한 것이었다. 그중에서도 특히 '깨끗한 물'이라는 주제로 산속의 계곡을 그린 뒤 그 그림에 수도꼭지를 달아놓은 작품이 있다는 이야기가 기억에 남았다.

명왕성은 우리가 당연하게 받아들이는 각종 교칙들, 예를 들면 교복 착용이나 야간 자율 학습 등에 대해 신랄하게 비판했다.

"나는 애니메이션 공부가 더 재미있는데, 엄…… 왜 한국에서는 학생이라는 죄로, 교실이라는 엄…… 감옥에 갇혀, 교복이라는 엄…… 죄수복을 입고, 공부라는 벌을 밤늦게까지 받아야 하는 거냐고!" 따위의 참신한 불평을 늘어놓곤 하는 것이었다. 한편 신기하게도 학과 공부에는 전혀 관심이 없어 보이는 명왕성도 눈에 띄게 잘하는 과목이 두 개 있었는데, 하나는 오랜 외국 생활로 다져진 영어였고 다른 하나는 놀랍게도 수학이었다. 어울리지 않게 수학이라니, 참! 아무튼 이렇게 전학생은 나와 명수를 중심으로 한 몇몇 친구들과 빠르게 친해졌다. 얼마 되지 않아서 우리를 저녁식사에 초대할 정도였으니까.

"이야, 왕성이네 집에 가면 프랑스 요리를 풀코스로 주는 거 아냐? 이거 친구 덕에 제대로 포식하겠는데!"

명수는 며칠 전부터 잔뜩 군침을 흘리고 있었지만, 사실 나는 프랑스에서 오래 살던 친구 집에 방문하는 것 자체에 더 관심이 갔다.

명왕성네 집은 입구부터 범상치 않았다. 미술관을 연상하게 할 정도로 수많은 그림 액자들이 걸려 있었다.

"와, 프랑스에서는 다들 이렇게 그림 같은 걸 많이 걸어놓나 봐?"

"엄…… 꼭 그렇다기보다는, 엄…… 사실 우리 아버지께서 이런 일을 하신다. 엄…… 그런 게 많은 거야, 그래서."

알고 보니 명왕성네 아버지는 꽤 유명한 영화 감독이셨다. 프랑스의 대표적인 애니메이션 축제인 '안시 애니메이션 페스티벌'에서 수상 경력이 있을 만큼 세계적으로 인정받는 분이신데, 우리나라 한 영화사와 기술 제휴를 맺어 당분간 한국에 들어와 일하게 되신 것이라고 했다. 거실에 들어가니 여기저기 트로피와 상장 같은 것들이 보였다. 애니메이션을 공부하고 싶다던 명왕성도 아버지 영향을 받은 거라는 걸 단박에 알 수 있었다.

한 번도 먹어본 적 없는 프랑스식 저녁식사가 준비되는 동안 우리는 명왕성의 방에서 시간을 보냈다. 책상 위에는 제법 커다란 모니터가 두 개나 있었는데, 전문적으로 보이는 복잡한 프로그램들이 띄워져 있었다. 명왕성이 아버지와 함께 쓰는 거라고 했다.

"집에서 이런 거 하고 노는구나! 근데 이거 뭐 하는 거야?"

"엄…… 이건 3D 캐릭터를 디자인하고 시뮬레이션하는 프로그램이야. 이렇게 눈에 보일 수 있게 물체를 표현하는 것을 모델링(modeling), 표현한 물체를 조작하는 것을 애니메이션(animation)이라고 하고, 빛의 효과를 주는 것을 렌더링(rendering)이라고 해. 이 프로그램으로는 이런 것들을 모두 구현할 수 있어."

"대단하다. 너도 이런 걸 모두 할 수 있는 거야?"

"렌더링은 너무 어려워서 아직은 아는 게 거의 없어. 간단한 애니메이션 정도까지는 만들어본 게 있는데, 한번 볼래?"

명왕성은 그래픽 프로그램을 이용해 만든 자동차가 움직이는 영상을 보여주었다. 아주 정교하지는 않았지만, 그래도 내 또래 친구가 만든 작품이라고 생각하니 신기했다. 궁금해서 이것저것 질문 공세를 펼치는 우리에게 명왕성은 친절하게 설명을 해주었다.

"입체 영상을 얻기 위한 하나의 일반적인 모델은 복잡한 미분방정식 형태로 되어 있어. 컴퓨터 그래픽을 사용하는 영화나 애니메이션을 제작할 때는 이러한 수학적 모델을 세밀하고 정확하게 풀어내서 극도로 사실적인 3D 영상을 얻는 거지."

"뭐? 3D 애니메이션의 기본이 수학이라는 얘기야?"

"맞아. 프로그램에서 제공하는 기능을 활용하면 간단한 수준의

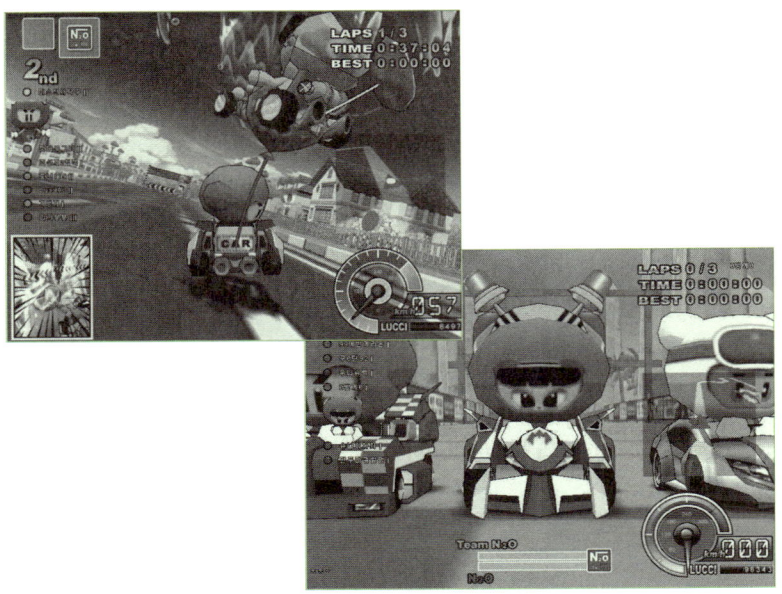

〔3D 그래픽 애니메이션 응용의 예 – 넥슨의 카트라이더 Kart Rider〕

영상은 만들 수 있어. 하지만 복잡하고, 엄…… 새로운 콘셉트의 모델링이나 새로운 물리 엔진을 제작하는 일은 엄…… 수학의 향연이라고 아버지가 그러셨어.”

“헐! 수학의 향연?”

“너무 거창한가? 하지만 요즘 나오는 3D 게임들도 마찬가지야. 영화나 애니메이션에서 미리 정해진 각본대로 물체들이 움직이는 것과는 달리, 이러한 프로그램에서는 실시간으로 방정식들을 풀어야 하기 때문에 새로운 테크닉이 필요해. 특히 그래픽스 하드웨어의 구조와 기능에 적합하게 변환하고 단순화시켜 계산하는 것이 핵심

이야. 이런 이유 때문에 3D 게임의 그래픽이 3D 영화의 그래픽보다 사실성이 떨어지는 거지. 하지만 새로운 연구와 기술 개발로 그 격차가 점점 줄어들고 있어. 요즘 나오는 게임들 보면 정말 영화 같지 않니?"

고개를 끄덕거리던 명수의 표정이 살짝 일그러졌다.

"거참, 무지 어렵네! 그런데 이런 건 우리가 학교에서 배우는 수학이랑은 관련이 없는 거 아니야? 여기에 사용되는 수학은 어디서 공부하는 거지?"

"그렇지 않아. 요즘 학교에서 배우고 있는 도형의 방정식이 바로 그 기본이 되는 내용이야. 중학교 때까지는 도형을 평면도형이나 입체도형 그 자체로만 배웠던 것을, 이제는 방정식을 활용해 공간상에 표현하는 것으로 연결시키잖아. 기하학과 해석학의 만남이라고 해

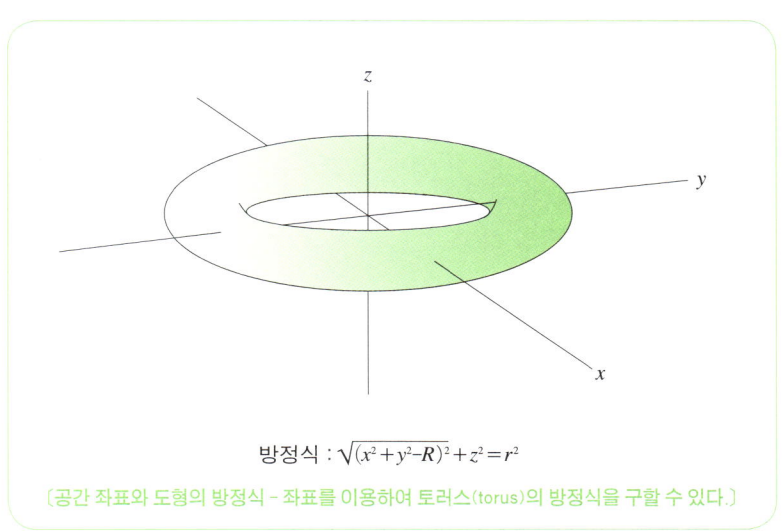

방정식 : $\sqrt{(x^2+y^2-R)^2}+z^2=r^2$

(공간 좌표와 도형의 방정식 – 좌표를 이용하여 토러스(torus)의 방정식을 구할 수 있다.)

야 하나, 그래서 이 분야를 해석 기하학이라고 불러."

"공간에 물체를 표현하기 위한 방법은 대충 알겠는데, 그걸 이동시키거나 모양을 바꾸는 건 더 어려운 수학을 배워야 하는 거 아냐?"

"컴퓨터 그래픽에서 중요하게 사용되는 또 하나의 분야가 선형 대수학이야. 선형 대수학은 일차 변환을 통해 좌표상에 표현한 물체의 모양이나 위치를 변화시킬 수 있는 기법을 활용할 수 있어. 선형 대수학의 기본은 숫자들을 행과 열의 사각형 꼴로 배치해서 계산하는 행렬(matrix)인데, 우리가 배웠던 연립방정식이 행렬의 기본이 되는 거지. 수학 I 책을 봤더니 한국에서는 고등학교 2학년쯤 이런 행렬의 기초를 배우는 것 같던데?"

감탄이 절로 나왔다. 전학생, 보기와는 다른데? 정말 대단해.

"너는 어떻게 이런 걸 다 알고 있는 거야?"

"프랑스에 있을 때, 2년 전인가 진로 상담 프로그램에 참여한 적이 있었어. 그때 내가 관심 있는 이쪽 분야를 잘하기 위해서는 어떤 것들을 공부해야 하는지 알아봤는데, 그게 바로 수학이더라고. 그래서 아버지에게 도움을 받아가며 따로 공부 좀 해봤어. 수학의 모든 분야를 다 이렇게 공부한 건 아니고……. 그때 같이 상담했던 친구

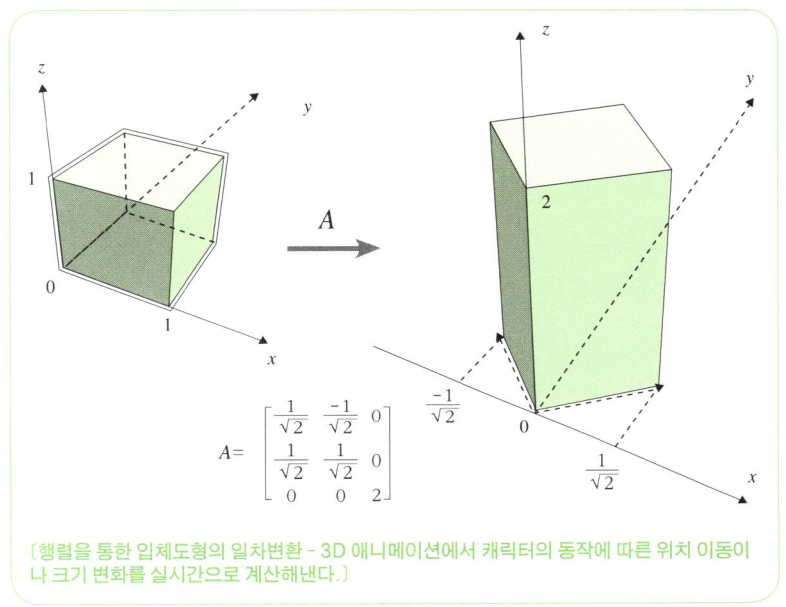

$$A= \begin{bmatrix} \dfrac{1}{\sqrt{2}} & \dfrac{-1}{\sqrt{2}} & 0 \\ \dfrac{1}{\sqrt{2}} & \dfrac{1}{\sqrt{2}} & 0 \\ 0 & 0 & 2 \end{bmatrix}$$

〔행렬을 통한 입체도형의 일차변환 - 3D 애니메이션에서 캐릭터의 동작에 따른 위치 이동이나 크기 변화를 실시간으로 계산해낸다.〕

들이랑 이야기해보니 수학을 잘해야 하는 분야들이 꽤 많던걸?”

“맞아. 우리나라에서도 수학은 아주 중요해.”

명왕성은 자기가 좋아하는 3D 애니메이션 이야기를 한참 동안이나 신나게 늘어놓았다. 평소와는 달리 말도 더듬지 않았다. 이제 겨우 고등학교 1학년인데, 벌써부터 꿈을 위해 준비하고 있는 명왕성의 작품을 보니 부러운 마음이 절로 들었다.

명왕성이 했던 이야기들은 다음 날 아침까지 머릿속을 떠나지 않고 있었다. 곰곰이 되새겨보니 도형이나 방정식 같은 개별 단원들에 대한 흐름을 제법 그럴싸한 이야기처럼 꿰고 있었다.

이날 이때껏 내가 지금까지 해온 수학 공부는 그냥 진도에 맞춰별 고민 없이 배우는 식이었다. ‘이 단원들을 왜 여기서 배워야 하지?', '전에 배웠던 단원들과는 어떤 관계가 있지?', '이걸 배우면 나중에 어떤 것을 배울 때 연결되는 걸까?' 하는 질문들을 해본 적도, 그런 질문에 대해 스스로 성의 있는 답을 찾아본 적도 없었던 것이다. 그렇다고 해서 내게 특별히 문제가 있는 것도 아닌 것 같았다. 다른 친구들이 그런 걸 따져가며 수학 공부를 하는 걸 지금까지 한 번도 본 적이 없었고, 그런 부분을 강조하며 공부하라는 선생님도 없었으니까. 그래서 명왕성이 더 대단하게 느껴졌던 것 같기도 했다.

학교에 도착하니 재석이가 일찍 와서 공부를 하고 있었다. 일찍부터 무언가에 심취해 있는 재석이에게 다가가 말을 걸었다.

"재석아, 무슨 공부를 그렇게 열심히 하는 거야?"

"희철이 왔구나? 학원에서 수Ⅱ를 배우는데 이해가 안 되는 부분이 있어서……. 어젯밤에도 늦게까지 고민했는데 해결이 안 되네. 지금도 그 고민을 하는 중이야."

벌써 수Ⅱ를 공부하고 있다니……. 물론 선행 학습을 하는 애들은 많지만, 고등학교 1학년 때부터 수Ⅱ를 배우고 있다는 것은 조금 빠르다는 생각이 들었다.

"재석이 넌 벌써 수Ⅰ 다 끝내고 수Ⅱ 하는 거야?"

"물론 아니지. 고등학교 들어오기 직전에 수Ⅰ까지 전체적으로 한 번 훑어본 건 맞지만, 완전히 이해했다고는 볼 수 없어. 그래서 지금 공부하는 게 조금 어렵긴 한데, 열심히 노력하면 따라갈 수 있는 수준이야."

"앞부분을 모르고 있는데, 그렇게 진도를 나가는 게 의미가 있을까? 특히 수학은 기초가 중요한 과목이잖아."

이해할 수 없었다. 재석이처럼 공부 잘하는 애가 이렇게 부실하게 수학 공부를 하고 있었다니. 하지만 재석이에게도 나름대로 생각은 있었다.

"나는 앞 단원들을 더 정확하고 깊게 이해하기 위해서 뒤에 있는 단원들을 공부하는 거야. 수학에서 배우는 단원들은 서로 연관되어 있잖아. 그 연관 관계를 이해하고 있어야만 수학을 잘할 수 있는 것 같아."

재석이는 잠시 생각에 잠겼다가 말을 이었다.

"수학은 두 번 정도 공부해야 하는 것 같아. 먼저 교과서에 있는 순서대로 공부를 하는 거야. 나중에 다시 복습을 할 거니까 처음부터 모든 내용을 완벽하게 이해하지는 않아도 돼. 어느 정도 내용의 흐름을 알게 되면 다음 단원을 공부하는 거야. 즉, 전체적으로 무엇을 배우는지 그 흐름과 내용을 이해하고, 단원 간의 연관 관계를 파악하는 단계라고 할 수 있지. 그 다음에는 연관된 단원들을 묶어서 다시 한 번 공부를 하는 거야. 이 단계에서는 처음 공부할 때 이해하지 못하고 넘어간 부분들을 정확히 알고 넘어가야 해. 처음엔 이해할 수 없었던 어려운 개념들도 한 번 공부를 하고 나면 훨씬 수월하게 이해할 수 있거든. 이렇게 다시 한 번 공부를 하면서 총정리를 해야 수학을 완벽히 정복할 수 있어."

재석이는 자신의 공부 방법을 구체적으로 알려주었다. 각 학년 별로 세로로 단원을 적어놓은 뒤에 처음엔 단원 순서대로 세로로 한 번 공부를 한다. 재석이는 지금 수Ⅱ까지 빠르게 한 번 공부하면서 고등학교 수학의 전체적인 윤곽을 파악하고 있는 것이었다. 그 다음에는 연관 단원들을 파악해 연관 단원의 묶음에 따라 가로로 공부한다. 재석이의 수학 공부 방법을 구체적으로 이야기하자면, 세로로 한 번 훑어보는 과정은 주로 선행 학습을 통해 하게 되고, 내신 대비 공부를 하며 다시 가로로 한 번 공부한다. 선행 학습과 내신 대비의 시간 투자 비율은 보통 4 대 6 정도의 비율을 유지한다. 내신 대비 때는 지금 배우는 단원에 대해서만 공부를 하는 것이 아니라, 연관 관계에 따라 그 단원 앞에 있어야 하는 내용과 선행 학습을 통해 공부했던 앞으로 배울 내용들을 연관 지어서 공부한다. 그렇게 되면, 지금 배우는 내용을 더욱 명확하게 이해하는 데 도움이 된다는 것이다.

집에 돌아와서 중학교 때 보던 참고서들을 늘어놓고 단원들의 목록을 살펴보았다. 중학교 때는 파악하지 못했던 단원들 간의 흐름이 한눈에 들어왔다. 가령 중학교 1학년 때 일차방정식과 함수의 정의를 배우고, 중학교 2학년 때는 연립일차방정식과 일차함수를 배운다. 중학교 3학년 때는 이차방정식과 이차함수를 배우고, 고등학교에 와서는 고차함수에 대해 배우는 것이다. 중학교 때 이런 흐름들을 이해하고 있었다면 수학을 공부하기가 한결 수월하고 재미있었을 것이란 생각이 들었다.

어쨌거나 이제라도 이 사실을 알게 되어 다행이었다.

"그래, 데카르트가 말한 '다른 문제를 푸는 데 도움이 되는 규칙'이란 바로 이러한 단원 간의 연관 관계를 이해해야 한다는 의미였어!"

고등학교 때 배우는 내용 전체를 빠르게 공부하며 살펴봐야겠다는 생각이 들었다. '높이 나는 새가 멀리 본다'는 말이 있다. 더 높은 곳에서 보면 전체 윤곽과 큰 그림을 파악할 수 있다. 그런 상황에서 아래로 내려가 구체적인 상황을 파악한다면 공부가 한결 수월하면서도 거시적인 안목 아래 깊이를 더할 것이다.

　"전반적인 흐름과 연관 관계를 파악하라."

　이번 힌트의 정답은 바로 이것이었다. 아크의 코가 또 납작해지겠는걸!

연관 단원 맵을
활용하라

1. 단원 간의 연관 관계는 수학 세계의 지도

낯선 곳으로 여행을 떠나려고 할 때, 가장 먼저 챙겨야 하는 것은 무엇일까? 낯선 곳에서 길을 잃고 헤매지 않으려면 여행할 곳이 자세히 나와 있는 지도가 꼭 필요할 것이다. 내가 가고 싶은 곳이 어디인지, 그곳으로 가려면 어떤 길로 가야 하는지 등은 지도를 보면 알 수 있다.

수학을 공부하는 것은 수학의 세계를 여행하는 것과 같다. 수학이라는 낯선 세계를 여행하는 데 길을 잃어버리지 않으려면 반드시 지도를 가지고 가야 한다. 여기서 수학의 세계를 안내하는 지도는 바로 단원 간의 연관 관계를 파악하는 것이다. 단원 간의 연관 관계를 파악함으로써 지도를 들여다보듯이 내가 공부하고 있는 내용이 어디에서 출발했는지, 앞으로 어디로 향해 가는지 등을 알 수 있다.

실제 세계의 도시들이 길과 도로로 연결되어 있듯이 수학의 세계에서도 각 단원들은 개념의 흐름을 통해 유기적으로 연결되어 있다. 이런 단원들 간의 유기적인 연관 관계를 파악하고 있다면 수학의 세계를 여행하는 데 길을 잃을 위험은 없을 것이다. 지금 공부하고 있는 내용들과 예전에 배웠던 개념들을 서로 연결시킴으로써 수학의 개념과 공식들을 더 깊이 있게 이해할 수 있기 때문이다. 예를 들어 10-나의 '삼각함수' 단원에서는 사인법칙, 코사인법칙 등 여러 가지 공식들을 배우게 되는데, 이런 공식들을 개별적인 내용으로 생각한다면 어떻게 외워야 할지, 어떤 문제에 어떻게 활용할 수 있는지 그저 막막하기만 할 것이다. 하지만 사인법칙과 코사인법칙 등을 중학교 때 배웠던 '삼각형의 합동 조건'과 연관시켜 생각한다면 이러한 공식들이 어디서 나왔는지 알 수 있게 된다.

수학의 세계라는 낯선 곳에서 길을 잃어 헤매지 않고, 원하는 목적지까지 편하게 가는 좋은 여행이 되려면 반드시 단원 간의 연관 관계 파악이라는 지도를 준비해두어야 한다.

2. 단원 간의 연관 관계 파악하기

종횡무진 학습법

수학 교과 과정의 단원 순서는 수학적인 개념이 이어지는 흐름과는 별로 상관이 없다. 현재 교과서의 단원 순서는 각 학년별로 알아야 할 내용들을 방정식, 함수, 평면 기하 등의 분야별로 나누어서 정렬해놓은 것이다. 따라서 교과서 순서에 맞추어 수학을

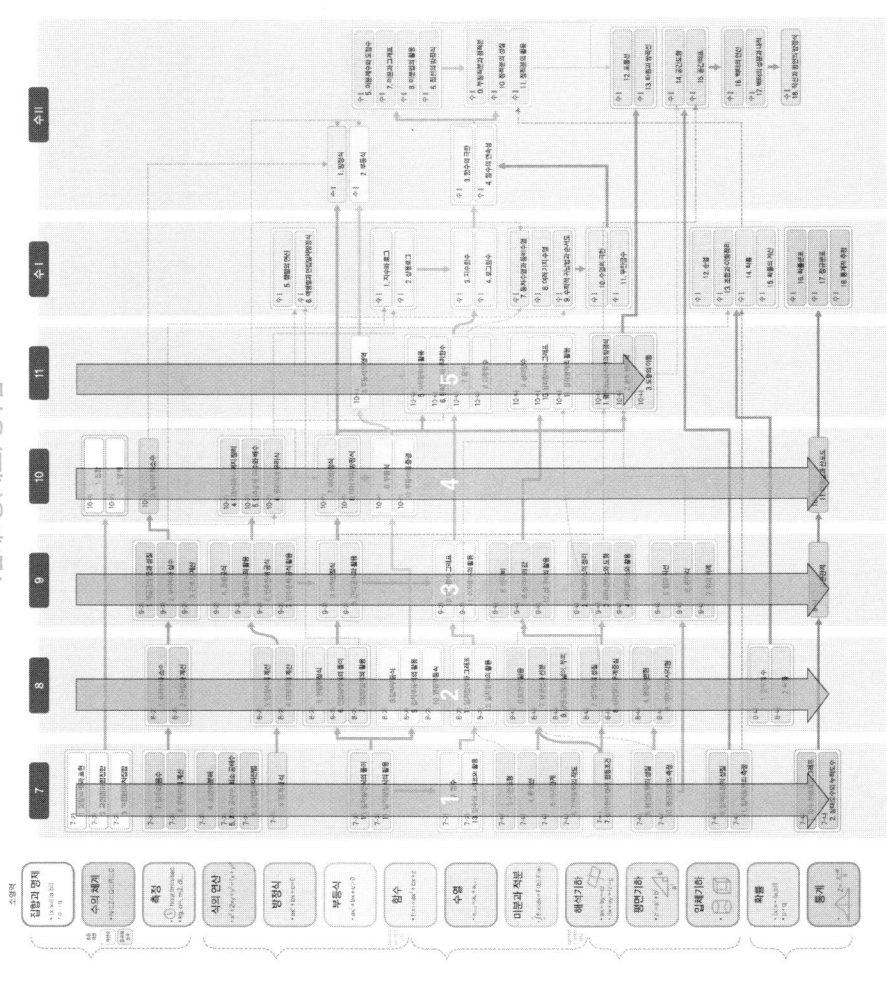

1단계 : 종(세로) 공부법

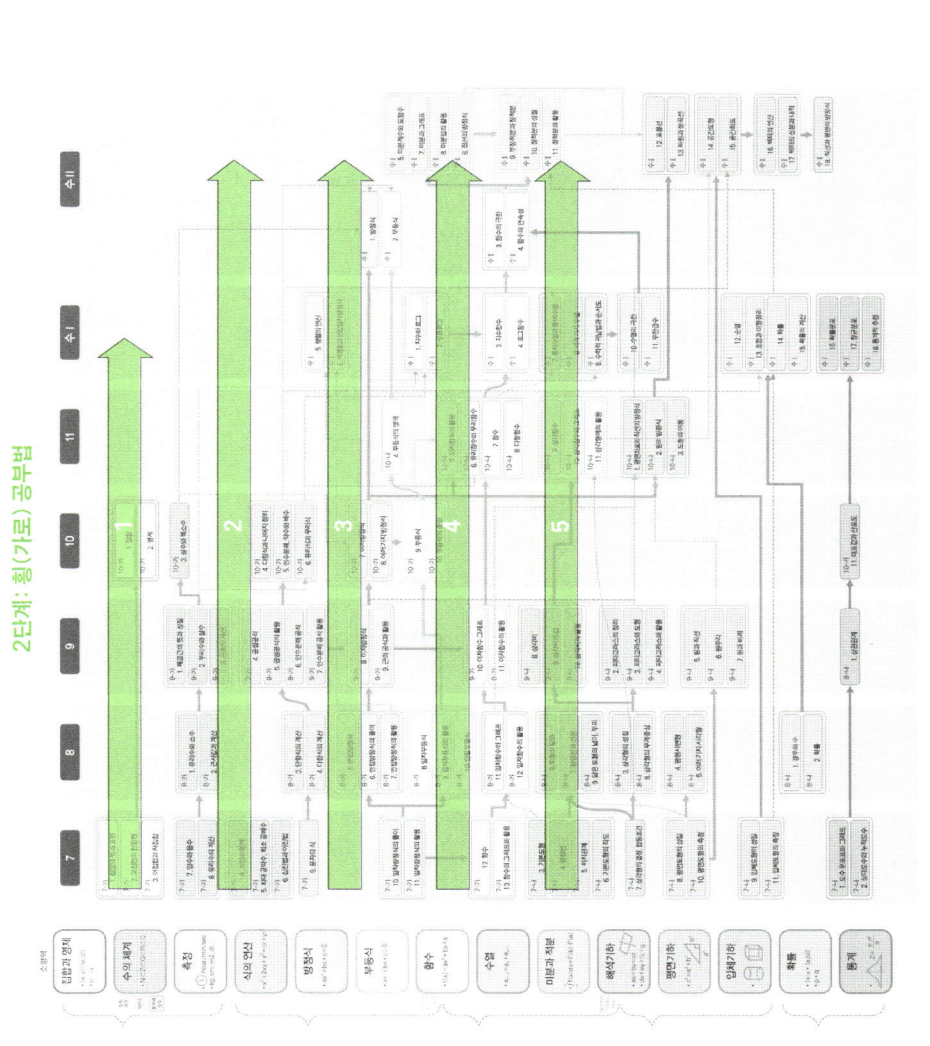

2단계 : 횡(가로) 공부법

▷ 자세한 내용은 책의 부록 〈초·중·고등과정 연관 단원 맵〉을 참조하세요.

공부한다면 분야별로 전개되는 내용의 흐름이나 단원 간의 유기적인 연관 관계를 놓치기 쉽다. 중고등학교에서 배우는 수학에도 사실은 하나의 큰 줄거리가 있는데, 학년별로 교과서의 단원 순서대로 수학을 공부하다 보면 그런 줄거리를 파악할 수 없게 되고, 많은 학생들이 예전에 배운 내용이 잘 기억나지 않아 고생을 하게 되는 것이다.

수학의 큰 줄거리를 파악하기 위해서는 종횡무진 학습을 해야 한다. 종횡무진 학습이란 교과서의 단원 순서에 따라 세로로 한 번 공부를 하고, 연관되는 단원의 흐름에 따라 가로로 다시 한 번 공부하는 방법이다.

종횡무진 학습의 궁극적인 목표는 가로로 공부를 하며 하나의 큰 스토리를 이해하는 것이다. 큰 흐름을 이해하고 있다면 시간이 흘러 세부적인 사항을 조금 잊어버렸다 할지라도 필요한 부분만 찾아본다면 금방 다시 기억해낼 수 있게 된다.

그렇다면 세로로 먼저 공부해야 하는 이유는 무엇일까? 각 단원들이 긴밀하게 연결되어 있고, 전 학년에서 배운 개념들이 그 다음 학년에서 쓰이기 때문에 처음부터 하나의 주제로 묶어서 공부할 수는 없다. 예를 들어 제곱근과 인수분해를 배우지 않으면 이차방정식의 내용을 제대로 이해할 수 없을 것이다. 따라서 세로로 공부를 하면서 기본적인 개념들을 이해하고, 또 어디서 무엇을 배우는지 등을 파악하여 가로로 공부하기 위한 준비를 해두는 것이 좋다.

본격적으로 가로로 수학을 공부할 때에는 하나의 큰 이야기를 스스로 만들어나가는 것도 좋은 방법이다. 예를 들어, '도형의 방정식'에 대한 주제를 가지고 이야기를 만들어보면 다음과 같다.

일차함수와 이차함수를 좌표평면 위에 나타내면 직선과 곡선이 된다. 직선이나 곡선 이외에도 원과 같은 간단한 평면 도형들을 좌표평면 위에 그리고, 그에 해당하는 도형의 방정식을 구할 수 있다. 이렇게 하면 기하학적인 문제들을 대수나 해석학 등을 이용해 해결할 수 있게 된다. 수 II에서는 타원, 포물선, 쌍곡선 등의 도형들도 도형의 방정식을 통해 공부한다. 또한 공간상에 있는 구, 평면, 직선 등의 입체도형들도 공간좌표와 벡터를 사용해 도형의 방정식으로 나타내게 된다.

이렇게 만들어진 이야기를 바탕에 두고, 구체적인 공식과 개념을 이해한다면 이 개념이 왜 필요한지, 이 공식이 왜 중요한 것인지 등을 알 수 있게 된다.

선행 학습

선행 학습은 종횡무진 학습에서 종(세로)에 해당하는 부분을 공부하는 데 가장 좋은 방법이다. 선행 학습은 앞으로 배울 내용을 미리 당겨서 공부하는 것으로, 다음에 한 번 더 공부할 것이 전제되어 있다. 선행 학습으로 모든 내용을 100% 이해하려고 하는 사람도 없고, 현실적으로도 한 번에 100% 이해하기란 불가능하

다. 선행 학습으로는 단원의 내용을 80% 정도 이해했다고 생각
된다면, 다음 단원으로 넘어가야 한다. 전반적인 내용을 파악하
게 되면, 처음엔 이해하기 어려웠던 내용들이 자연스럽게 이해
되기 때문이다. 따라서 선행 학습으로 교과 과정의 순서에 맞추
어 세로로 한 번 공부하며 기본 개념을 이해하고, 본 학습에 와서
연관 단원들을 묶어서 공부하면서 완벽히 이해하는 것이 가장
좋은 공부 방법이다.

연관 단원 맵 그리기

가로 학습을 하며 단원 간의 연관 관계를 깊이 이해하기 위해서
는 연관 단원 맵을 그려보는 것이 좋다. 연관 단원 맵이란 말 그
대로 연관되어 있는 단원들끼리 화살표로 연결해 한눈에 단원들
간의 연관 관계를 파악할 수 있게 만든 수학 공부의 로드맵이다.
가로 학습을 하면서 한 단원, 한 단원씩 맵에 표시하고 화살표로
연결하면서 공부를 하게 되면, 나중에는 각 주제별로 커다란 맵
이 완성될 것이다.

　이렇게 연관 단원 맵을 그리고 나면 단원 간의 연관 관계에 대
해 깊이 이해할 수 있고, 완성된 맵을 통해 수학의 흐름을 한눈에
파악할 수 있게 된다.

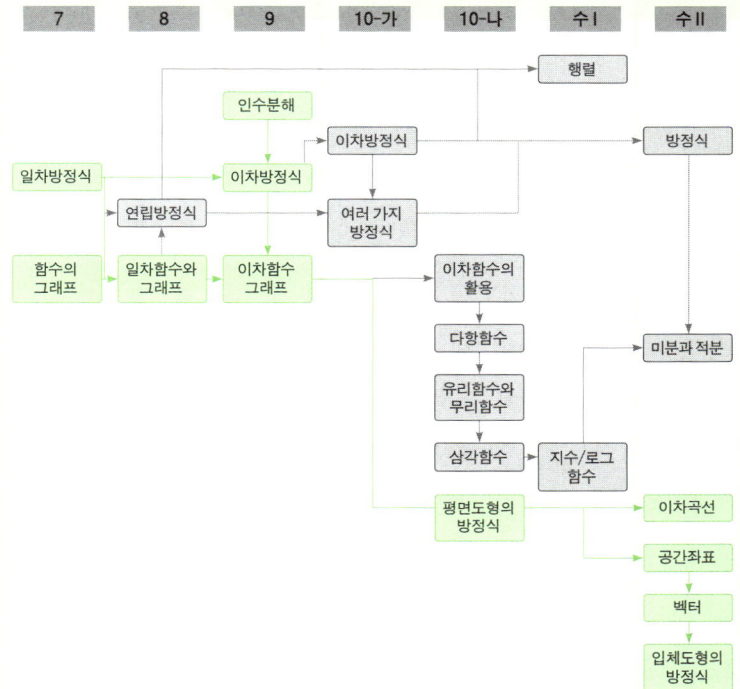

| 7 | 8 | 9 | 10-가 | 10-나 | 수 I | 수 II |

행렬

인수분해

이차방정식 ─ 방정식

일차방정식 ─ 이차방정식

연립방정식 ─ 여러 가지 방정식

함수의 그래프 ─ 일차함수와 그래프 ─ 이차함수 그래프 ─ 이차함수의 활용

다항함수

유리함수와 무리함수

삼각함수 ─ 지수/로그 함수

평면도형의 방정식 ─ 이차곡선

미분과 적분

공간좌표

벡터

입체도형의 방정식

〔방정식과 함수 단원의 연관 관계 맵 – 도형의 방정식과 연관된 단원들〕

3. 단원 간 연관 관계를 수학 공부에 활용하라

복습 단원 파악하기

수학을 공부하다 보면 이해하기 어려운 개념이나 공식을 많이 접하게 된다. 새로운 내용을 이해하지 못하는 가장 큰 이유는, 그 내용이 이해할 수 없을 정도로 어렵기 때문이 아니라, 그 내용을 이

해하기 위해 알고 있어야 할 개념들을 잊어버린 경우가 대부분이다. 수학은 기초가 중요하다는 말은 이런 맥락에서 이해할 수 있다.

하지만 기초가 부족하다는 것을 알게 되었다고 하더라도 어디서부터 다시 공부를 해야 할지 모르겠고, 그 많은 내용을 다 복습하자니 너무 막막한 것이 사실이다. 그래서 필요한 것이 단원 간의 연관 관계를 파악하는 것이다. 단원 간의 연관 관계를 파악해 두었다면, 지금 공부하는 내용이 어디로부터 왔는지를 알 수 있고, 이를 통해 어떤 과목을 복습해두면 좋을지도 파악할 수 있다. 예를 들어 9학년 과정의 이차함수를 공부하는 데 어려움이 느껴진다고 해보자. 함수 단원이므로 7학년부터 배웠던 함수를 다시

🖼️ 고등학교 수학을 위해 꼭 알아야 할 중학교 수학 내용

고등학교 수학에 직접적으로 관계가 있고, 고등학교 과정에서 반복적으로 활용되는 중학교 수학 내용은 다음과 같다. 고등학교 수학을 공부하기 전에 반드시 이 내용들을 잘 이해하고 있는지 확인해보기 바란다.

① 집합 : 집합의 개념, 벤 다이어그램, 합집합, 차집합, 여집합
② 수의 체계 : 양수와 음수의 개념, 유리수의 사칙연산, 제곱근의 개념과 근호의 계산
③ 문자와 식 : 단항식, 다항식의 개념, 곱셈 공식, 인수분해
④ 방정식 : 일차, 이차방정식의 풀이법, 연립방정식의 풀이법, 이차방정식의 판별식
⑤ 함수 : 일차함수와 이차함수의 그래프, 절편, 기울기, 사분면에 대한 정의
⑥ 삼각형 : 닮음과 합동 조건, 피타고라스의 정리, 삼각비
⑦ 원 : 원과 직선 사이의 관계, 원주각
⑧ 넓이와 부피 : 기본적인 도형들의 넓이와 부피 구하는 공식

복습한다고 해도 충분하지 않다. 연관 관계를 잘 파악해보면, 이차함수는 일차함수의 그래프(8학년)와 이차방정식(9학년)이 직접적으로 관련이 있으므로 이 두 단원을 복습해야 한다.

이렇게 단원 간의 연관 관계를 파악하고 있다면 이 단원을 이해하기 위해 필요한 개념이 무엇인지, 어떤 단원을 복습해야 하는지를 파악할 수 있는 것이다.

수학 개념의 확장을 한눈에 파악하기

수학은 하나의 개념을 확장하고 일반화하는 과정의 연속이다. 예를 들어 우리는 초등학교 때 자연수, 분수, 소수에 대해 배운다. 중학교에 올라오면 음수의 개념을 배우고, 정수와 유리수로 수의 범위를 확장한다. 중학교 3학년이 되면 제곱근을 배우고, 자연스럽게 무리수를 익힘으로써 실수의 체계를 완성한다. 그리고 고등학교 1학년이 되면 허수를 배움으로써 하나의 완벽한 수 체계인 복소수에 도달하게 된다. 이렇게 확장되는 수학의 개념들을 연관 단원을 파악함으로써 한눈에 알아볼 수 있다.

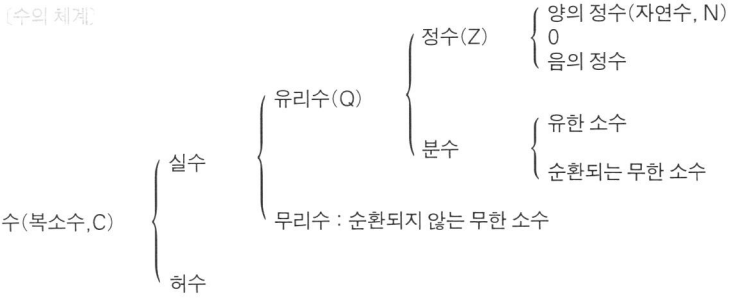

[수의 체계]

수(복소수,C)
실수
  유리수(Q)
    정수(Z)
      양의 정수(자연수, N)
      0
      음의 정수
    분수
      유한 소수
      순환되는 무한 소수
  무리수 : 순환되지 않는 무한 소수
허수

핵심 개념과 공식들을 파악하기

중고등학교 때 배우는 수학 공식들을 모두 외울 수 있을까? 물론 단기적으로 공식들을 외우고 있을 수는 있겠지만, 조금만 시간이 지나면 대부분 잊어버리게 된다. 따라서 수학을 제대로 공부하는 가장 확실한 방법은 널리 활용되고 자주 쓰이는 핵심 공식들만 외우고, 다른 공식들은 핵심 공식으로부터 유도하여 사용하는 것이다.

예를 들어 이차함수, 원의 방정식, 이차곡선 등을 공부할 때 꼭 나오는 공식이 접선의 공식이다. 다양한 상황에 대하여 접선을 구하는 공식들이 있는데 원, 타원, 포물선, 쌍곡선의 방정식에 따라 접선의 방정식의 형태가 달라지고, 또 다양한 상황이 가능한 만큼 공식들이 무지막지하게 많아질 수밖에 없다. 하지만 미분을 공부하게 되면 접선의 기울기를 구하는 간편한 방법을 배우게 되고, 이를 활용한다면 다양한 상황의 접선의 방정식을 외우고 있지 않더라도 쉽게 접선의 방정식을 구할 수 있다. 즉 미분 공식만 외우고 이를 활용하여 접선의 방정식을 구하는 방법만 익혀둔다면, 그 많은 접선의 방정식을 외우지 않아도 되는 것이다.

여섯 번째

6

힌트

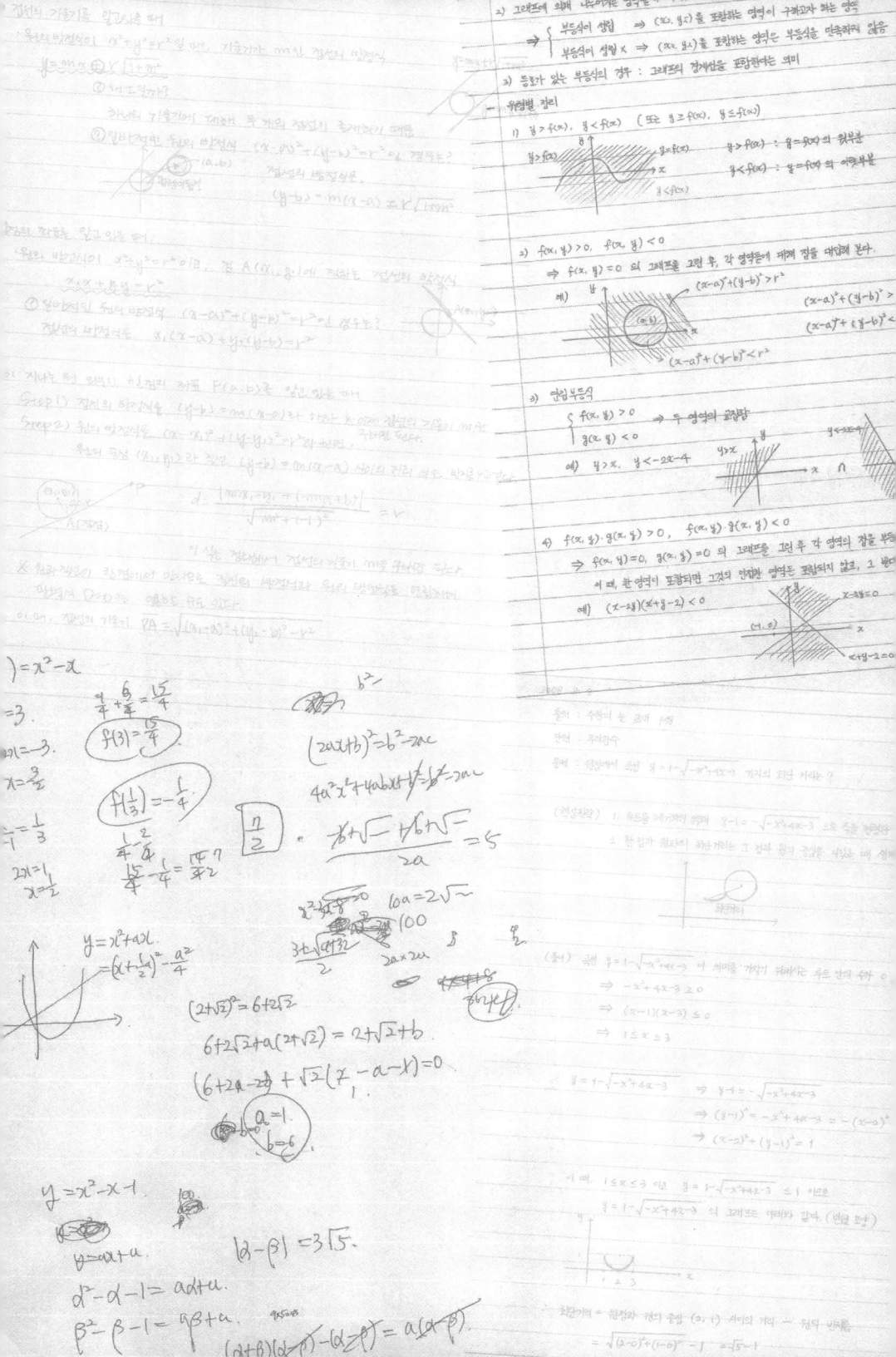

직선의 기울기를 알고있을 때

원의 방정식이 $x^2+y^2=r^2$일 때, 기울기가 m인 접선의 방정식

$y=mx \pm r\sqrt{1+m^2}$

원 위의 점을 알고 있을 때

원의 방정식이 $x^2+y^2=r^2$이고, 점 $A(x_1,y_1)$에 접하는 접선의 방정식

$x_1(x-a)+y_1(y-b)=r^2$

$(x-a)^2+(y-b)^2=r^2$

접점의 방정식 $x_1(x-a)+y_1(y-b)=r^2$

2) 그래프에 의해 나누어지는 영역 중

$\Rightarrow$ { 부등식이 성립 $\Rightarrow$ (x_1,y_1)을 포함하는 영역이 구하고자 하는 영역 }
{ 부등식이 성립 $\times$ $\Rightarrow$ (x_1,y_1)을 포함하는 영역은 부등식을 만족하지 않음 }

3) 등호가 없는 부등식의 경우 : 그래프의 경계선을 포함하는 의미

유형별 정리

1) $y>f(x)$, $y<f(x)$ (또는 $y\geq f(x)$, $y\leq f(x)$)

$y>f(x)$: $y=f(x)$의 윗부분
$y<f(x)$: $y=f(x)$의 아랫부분

2) $f(x,y)>0$, $f(x,y)<0$
$\Rightarrow$ $f(x,y)=0$ 의 그래프를 그린 후, 각 영역들에 대해 점을 대입해 본다.

$(x-a)^2+(y-b)^2>r^2$
$(x-a)^2+(y-b)^2<r^2$

3) 연립부등식

{ $f(x,y)>0$
{ $g(x,y)<0$ $\Rightarrow$ 두 영역의 공통부분

예) $y>x$, $y<-2x-4$

4) $f(x,y)\cdot g(x,y)>0$, $f(x,y)\cdot g(x,y)<0$
$\Rightarrow$ $f(x,y)=0$, $g(x,y)=0$ 의 그래프를 그린 후 각 영역의 점을 부등식에 대입해 영역을 확인

예) $(x-y)(x+y-2)<0$

$f(3)=\dfrac{15}{4}$

$x=\dfrac{3}{2}$

$f(\dfrac{1}{3})=-\dfrac{1}{4}$

$\dfrac{\pi}{2}$

$(2ax+b)^2=b^2-2ac$
$4a^2x^2+4abx+b^2=b^2-2ac$

$\dfrac{8\sqrt{}-16\sqrt{}}{2a}=5$

$16a=2\sqrt{}$
100

$y=x^2+ax$
$=(x+\dfrac{a}{2})^2-\dfrac{a^2}{4}$

$(2+\sqrt{2})^2=6+2\sqrt{2}$

$6+2\sqrt{2}+a(2+\sqrt{2})=2+\sqrt{2}+b$

$(6+2a-2)+\sqrt{2}(2-a-1)=0$

$a=1$
$b=6$

$y=x^2-x-1$

$y=\alpha+a$ $|\alpha-\beta|=3\sqrt{5}$

$\alpha^2-\alpha-1=a\alpha+a$
$\beta^2-\beta-1=a\beta+a$

$(\alpha+\beta)(\alpha-\beta)-(\alpha-\beta)=a(\alpha-\beta)$

$y-1=-\sqrt{-x^2+4x-3}$ 으로 두고 전개하면

한 점이 원 위에 있다는건 그 점과 원의 중심을 이었을 때 성립

(문) 곡선 $y=1-\sqrt{-x^2+4x-3}$ 이 의미하는 것이 나타내는 두 변수 식의
$\Rightarrow$ $-x^2+4x-3\geq 0$
$\Rightarrow$ $(x-1)(x-3)\leq 0$
$\Rightarrow$ $1\leq x\leq 3$

$y=1-\sqrt{-x^2+4x-3}$ $\Rightarrow$ $y-1=-\sqrt{-x^2+4x-3}$
$\Rightarrow$ $(y-1)^2=-x^2+4x-3=-(x-2)^2+1$
$\Rightarrow$ $(x-2)^2+(y-1)^2=1$

이 때, $1\leq x\leq 3$ 이고 $y=1-\sqrt{-x^2+4x-3}\leq 1$ 이므로
$y=1-\sqrt{-x^2+4x-3}$ 의 그래프는 아래와 같다.

최댓값은 원점과 원의 중심 $(2,1)$ 사이의 거리 $-$ 원의 반지름
$=\sqrt{(2-0)^2+(1-0)^2}-1=\sqrt{5}-1$

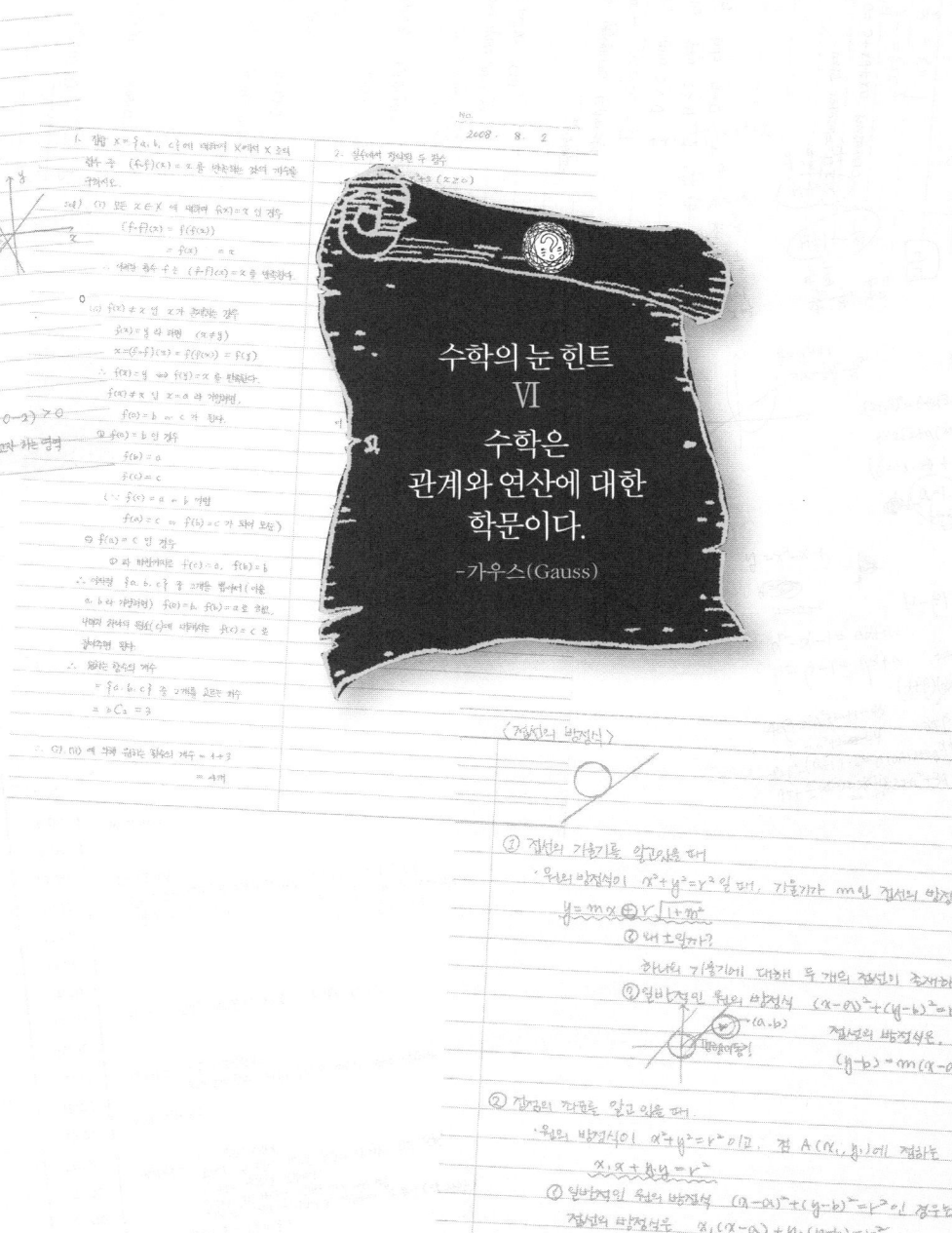

수학의 눈 힌트
VI
수학은
관계와 연산에 대한
학문이다.
-가우스(Gauss)

No.
2008. 8. 2

1. 집합 $X = \{a, b, c\}$에 대하여 X에서 X로의
함수 중 $(f \cdot f)(x) = x$를 만족하는 것의 개수를
구하시오.

예) (1) 모든 $x \in X$ 에 대하여 유지$=x$ 인 경우
$f \cdot f(x) = f(f(x))$
$= f(x) \quad = x$
∴ 상수 함수 $f =$ 는 $(f \cdot f)(x) = x$ 를 만족한다.

(2) $f(b) \neq x$ 인 x가 존재하는 경우
유지(x) 일 때 위에 ... $(x \neq y)$
$x = (f \cdot f)(x) = f(f(x)) = f(y)$
∴ $f(b) =$ 일 ... $f(b) = x$ 를 만족한다.
$f(x) \neq x$ 일 $x = b$ 라 가정하면.
$f(b) = b$ ∴ x 가 된다.
모순 $f(b) = b$ 인 경우
$f(b) = a$
$f(c) = c$
($\because f(c) = d = b$ 이면)
$f(b) = c = y$ $f(b) = c$ 가 되어 모순)

③ $f(b) = c$ 인 경우
a 과 대칭적으로 $f(c) = a$, $f(b) = b$
∴ 실제로 $\{a, b, c\}$ 중 고르는 뽑아서 (이용
... 와 가정하면) $f(b) = b$, $f(b) = a$로 정함.
나머지 하나의 원소(c)에 대해서는 $f(c) = c$ 로
정의하면 된다.

∴ 원하는 함수의 개수
$= \{a, b, c\}$ 중 2개를 고르는 개수
$= {}_3C_2 = 3$

∴ (2), (3) 에 의해 원하는 함수의 개수 $= 1 + 3$
$= 4$개

2. 실수여 정의된 두 함수
$= \sqrt{2} (x \geq 0)$

$+ (x - 2) \geq 0$
...차 라는 명령

〈 접선의 방정식 〉

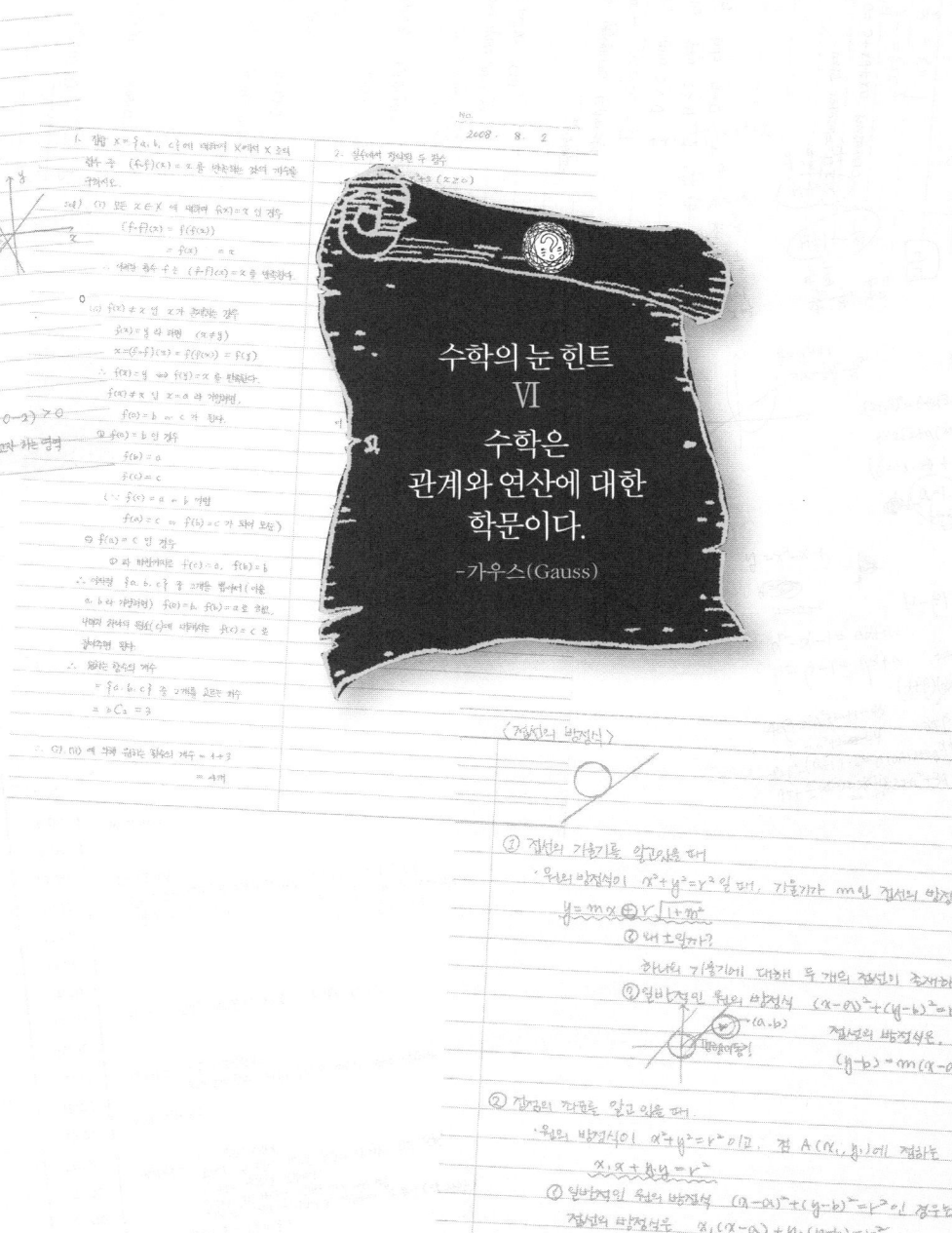

① 접선의 기울기를 알고 있을 때
'원의 방정식이 $x^2 + y^2 = r^2$ 일 때, 기울기가 m인 접선의 방정식
$y = mx \oplus \sqrt{1 + m^2}$
② 왜 $\pm$ 일까?
하나의 기울기에 대하여 두 개의 접선이 존재하기 때문
② 일반적인 원의 방정식 $(x - a)^2 + (y - b)^2 = r^2$ 의 경우의
접선의 방정식은,
$(y - b) = m(x - a) \pm r \sqrt{...}$

② 접점의 좌표를 알고 있을 때.
'원의 방정식이 $x^2 + y^2 = r^2$ 이고, 점 $A(x_1, y_1)$에 접하는 접선의
$x_1 x + y_1 y = r^2$
① 일반적인 원의 방정식 $(x - a)^2 + (y - b)^2 = r^2$ 의 경우는?
접선의 방정식은 $x_1(x - a) + y_1(y - b) = r^2$

③ 접선이 지나는 원 외부의 한점의 좌표 $P(a, b)$를 알고 있을 때

2학기 중간고사가 끝났다. 이제 더 이상 수학이 두렵지는 않았다. 개념을 이해하고 있는 정도도 예전과 비교해보면 몰라보게 좋아졌고 이번 중간고사 수학 성적도 많이 올랐다. 물론 아크와의 거래를 이기기에 충분한 점수는 아직 아니지만, 조금만 더 노력하면 기말고사에서는 충분히 좋은 성적을 거둘 수 있을 것 같았다.

내 생각을 읽기라도 한 듯이 아크가 나타났다.

"낄낄낄. 성적 조금 오른 것 갖고 우쭐해하긴! 정신 차려! 나랑 약속한 90점까지는 아직 멀었거든?"

"멀었다니, 무슨 소리야? 이번 중간고사에서 80점이 넘었다고! 이제 조금만 더 올리면 된단 말이야. 두고 봐, 멋지게 90점을 넘어줄 테니까. 그때 가서 딴소리하기 없기다!"

"그건 걱정 말라고. 하지만 80점에서 90점으로 올리는 게 그렇게 쉽지만은 않다는 걸 알아두었으면 좋겠군. 나는 오늘 그 사실을 가르쳐주고 싶어서 온 거야."

아크 말이 맞다. 하위권이나 중위권에서 중상위권 정도로 성적을 올리는 것은 크게 어려운 일이 아니다. 조금 더 노력하고 시험공부에 신경을 쓴다면 비교적 쉽게 성적을 올릴 수 있는 것이 사실이다. 하지만 중상위권에서 상위권으로 넘어가는 것은 이야기가 다르다. 이때는 무언가 근본적으로 다른 공부 방법이 필요하기 때문이다. 그렇지 않다면 과거의 성적에서 크게 달라질 게 없다.

나 역시 80점대에 올라서면서 뭔가 새로운 게 필요하다는 욕구가 점점 강해지고 있었다. 지금까지와는 다른 새로운 공부 방법이 필요했다. 이제 슬슬《수학의 눈》도 본격적인 공부 방법에 대해 알려주고 있고, 남은 기간 동안 열심히 하는 수밖에 없을 것 같다.

그런데 이번 힌트는 무엇을 알려주려고 하는 것일까? 지난번에 연관 관계를 파악하라는 것과 이번에 '관계와 연산'이라고 할 때 여기서 말하는 '관계'는 서로 어떤 관계가 있는 것일까? 관계와 연산에 대한 학문이라……, 맞는 말이긴 하지만, 그 말이 뜻하는 바가 무엇인지 정확하게 알 수가 없다.

중간고사 성적표를 나눠주던 날, 선생님께서는 우리 학교에 수학 서클을 만들겠다고 하셨다. 올해부터 모든 학교에 국어, 영어, 수학 등 중요 과목에 대한 학생 서클을 만들라는 공문이 교육부에서 내려왔다는 것이다. 수학 서클은 수학에 관심이 많은 학생들이 모여 일주일에 두 번, 방과 후에 한두 시간씩 수학 문제에 대해 토론하는 모임으로 생각하고 있다고 하셨다. 또 필요할 때마다 수학 선생님께서 지원을 해주실 예정이라고 했다. 새로운 수학 공부 방법을 찾고 있던 나는 반가운 마음에 명수를 설득해서 같이 수학 서클에 가입하기로 했다.

서클룸은 청소용품 보관용으로 쓰던 공간을 개조해서 만든 조그만 방이었다. 새로 청소를 해서 그런지 교실보다 쾌적한 느낌이었다. 문 옆으로 방에 비해 조금 큰 듯한 칠판이 놓여 있었는데, 새로 구비했는지 얼룩 하나 없이 깨끗했다. 가장 강렬한 느낌을 주는 것은 책장에 빼곡하게 꽂혀 있는 수많은 수학 책들이었다. 그 책들을 보고 있자니 무슨 대단한 수학 경시 대회라도 준비하는 듯 으쓱해지는 기분이었다.

첫날 모임에 온 학생은 나를 포함해 모두 열 명이었다. 소희, 재석이, 명왕성 등 낯익은 얼굴이 여러 명 있었다. 선생님은 다양하고 재미있는 수학 문제들을 푸는 시간을 가져보라고 말씀해주시고, 서클 운영은 우리에게 전적으로 위임하겠다고 하셨다.

선생님이 나가신 뒤, 우리는 한 시간 정도 서클 운영을 어떻게 할 것인지에 대해 토론했다. 고등학교 과정에서 조금 심화된 내용들을 공부하자는 의견도 있었고, 흥미로운 수학 문제들을 모아놓은 책을 정해 함께 그 문제를 풀어보자는 의견도 있었다. 대체적으로 교과 과정과 상관없는, 흥미로운 수학 문제를 풀어보자는 쪽으로 의견이 모아졌다. 그리고 누구라도 언제 어디서건 재미있는 문제를 발견하면 서클룸에 있는 칠판 한쪽에 그 문제를 적어놓기로 했다. 딱딱하게 교실에서 공부하는 것보다는 이렇게 친구들과 함께 수학 문제를 토론할 수 있게 되어서 얼마나 다행인지 몰랐다.

요즘 아크는 뭔가 다른 일을 꾸미고 다니는 게 아닌가 싶을 만큼 잠잠했다. 내 방을 찾아오는 일도 뜸해졌고, 가끔 와도 그냥 내가 뭐 하고 있는지 살피는 게 전부였다. 이번 문제도 내가 없을 때 와서 슬쩍 내놓고는 아무런 말이 없었다. 이제 약속한 기말고사까지는 두 달이 채 안 남았다. 앞으로 몇 개의 힌트가 더 남은 걸까? 아크는 방해 공작을 하지 않고 공정하게 거래를 끝마치게 해줄 것인가. 수학 공부에 어느 정도 자신감도 생겼고, 새로운 수학 공부 방법을 알아보기 위해 수학 서클 활동도 시작했지만, 아직은 불안한 것이 사실이다. 아크가 말했던 것처럼, 80점에서 90점으로 성적을 올리는 일이 만만치 않을 것 같다. 하루 빨리 《수학의 눈》의 힌트를 모두 파악하여, 제대로 된 수학 공부 비법을 체득해야 한다는 생각에 마음이 조급해진다.

　수학 10-나 과정은 벌써 두 번이나 공부를 했다. 문제는 앞으로 어떻게 공부해야 할지 감이 잡히질 않는다는 것이었다. 혹시 서클룸에 있는 책 중에 수학 공부 방법에 대한 책이 있는지 궁금해 점심 시간에 명수랑 함께 서클룸을 찾았다.

　서클룸에 비치된 책은 무척 다양했다. 수학의 역사에 대한 책도 있고, 페르마의 마지막 정리, 푸앵카레의 가설 등을 푼 사람의 이야기도 있었다. 하지만 어떻게 수학 공부를 해야 하는지, 그 방법에 대해 전반적으로 정리된 책은 찾기가 힘들었다. 아쉬운 마음을 접고 돌아서 나오려는 순간, 칠판에 문제가 하나 적혀 있는 게 눈에 띄었다. 서클 활동을 시작한 지 하루밖에 안 지났는데, 빠르기도 했다. 글씨

체로 보아 재석이가 적어놓고 간 것이 분명했다.

재석이도 못 푸는 문제가 어떤 것일지 궁금했다. 수 II에 나오는 공식들을 잔뜩 응용해야 하는 그런 어려운 문제는 아닐까? 문제를 천천히 읽어보았지만 의외로 쉬워 보였다.

「갓 태어난 암수 한 쌍의 토끼가 있다. 이 토끼는 태어나서 2개월이 지나면 성장해서 매월 암수 한 쌍의 새끼를 낳는다. 이 새끼 토끼도 2개월이 지나면 마찬가지로 매월 암수 한 쌍의 새끼를 낳는다. 1년이 지난 후에 토끼는 모두 몇 쌍 있겠는가?」

나는 곧 이 문제에 흥미를 느꼈고, 수학 공부 방법에 대한 책을 찾으러 온 것도 잊고, 그 문제를 곰곰이 생각하기 시작했다. 어렵지 않은 문제 같은데, 쉽게 해결되지 않았다.

첫째 달, 둘째 달에는 한 쌍의 토끼만 있다. 셋째 달에는 처음에 있던 한 쌍의 토끼가 한 쌍의 토끼를 낳으니까 두 쌍이 있다. 넷째 달에는 처음에 있던 한 쌍의 토끼가 한 쌍의 토끼를 낳으니까 세 쌍이 있다. 이렇게 계산을 하면 간단할 것 같은데, 나중에는 너무 복잡해져서 일일이 따지기가 쉽지 않았다.

재석이가 칠판에 적어놓은 문제로 며칠 동안 고민했다. 공부를 하다가도, 길을 걷다가도, TV를 보다가도 문득 재석이의 문제가 생각이 났다. 그럴 때마다 그 문제를 어떻게 풀어야 하는지 고민하고 또 고민해보았지만 결국 해결할 수 없었다.

두 번째 서클 시간이었다. 재석이가 칠판에 적어놓은 문제를 누군가 풀어줄 것을 기대하고 서둘러 서클룸으로 갔다. 먼저 도착한 재석이가 다른 반 친구들과 함께 그 문제에 대해 토론하고 있었다. 하지만 쉽게 해결되지 않는 모양이었다. 나도 친구들의 토론 과정을 지켜보며 나름대로 답을 구하려 애를 썼다. 10뿐쯤 지났을까, 소희가 서클룸으로 들어왔다.

"미안, 좀 늦었지?"

소희는 조용히 자리에 앉아 문제 해결에 참여했다. 소희는 칠판에 적힌 문제를 보고 조금 생각을 하더니 일어서서 칠판 앞으로 다가갔다. 모두 '설마?' 하는 눈빛으로 소희를 바라보고 있었다. 하긴 재석이도 못 푸는 문제라면 전교 1등에 수학 만점까지 기록한 소희한테 기대하는 수밖에 없을 성싶기도 했다. 모두의 의심을 일축하며 소희는 그 자리에서 바로 문제를 풀기 시작했다.

┌ n번째 달에서 토끼 쌍의 수 : $f(n)$

$f(1)=1, f(2)=1, f(3)=2$

$n \geq 4$인 경우,

n번째 달에 있는 토끼 쌍 = $n-1$번째 달에 있는 토끼 쌍 + 그들이 낳는 토끼 쌍

$n-1$번째 달에 있는 토끼 쌍들 중 새끼를 낳는 토끼들 = $n-2$번째 달에 있던 토끼들

n번째 달에 있는 토끼 쌍 = $n-1$번째 달에 있는 토끼 쌍 + $n-2$번째 달에 있는 토끼 쌍

$\therefore f(n) = f(n-1) + f(n-2)$

$f(4) = f(3) + f(2) = 2 + 1 = 3$

$f(5) = f(4) + f(3) = 3 + 2 = 5$

$f(6) = f(5) + f(4) = 5 + 3 = 8$

$f(7) = f(6) + f(5) = 8 + 5 = 13$

$f(8) = f(7) + f(6) = 13 + 8 = 21$

$f(9) = f(8) + f(7) = 21 + 13 = 34$

$f(10) = f(9) + f(8) = 55$

$f(11) = f(10) + f(9) = 89$

$f(12) = f(11) + f(10) = 144$

$f(13) = f(12) + f(11) = 144 + 89 = 233$

$\therefore$ 1년 후 토끼는 233쌍 있다. 」

풀이는 칠판을 가득 채우고서야 끝이 났다. 문제 풀이를 보더니, 명왕성이 토끼 쌍의 수가 피보나치 수열(Fibonacci Sequence)이 된다고 말했다.

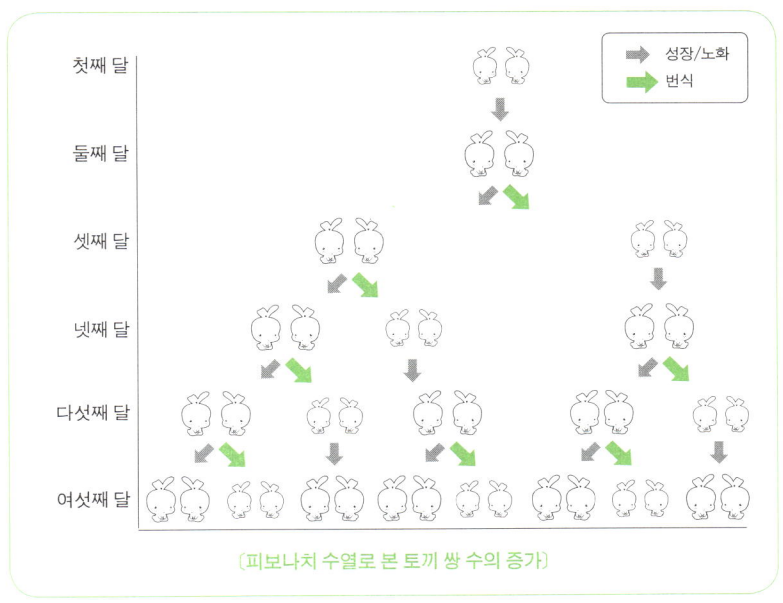

첫째 달

둘째 달

셋째 달

넷째 달

다섯째 달

여섯째 달

성장/노화
번식

〔피보나치 수열로 본 토끼 쌍 수의 증가〕

"피보나치 수열은 소희가 문제에서 정의했던 $f(n)$과 마찬가지로 $F_1 = 1$, $F_2 = 2$이고 $F_n = F_{n-1} + F_{n-2}$를 만족하는 수열이야. 피보나치 수열에서 나타나는 숫자들은 여러 자연 현상에서 나타나. 예를 들어 꽃잎의 개수나 나뭇가지의 개수 등이 피보나치 수열을 따른다고 알려져 있어."

명왕성의 이야기를 듣고 소희도 신기해하는 걸로 미루어 짐작했을 때, 피보나치 수열을 모르고도 소희는 이 문제를 푼 것 같았다.

이렇게 어려운 문제를 그 자리에서 보자마자 풀었다는 것도 그렇지만, 이렇게 길고 복잡한 풀이 과정을 단번에 써내려간 것이 더욱 놀라웠다. 모두 역시 소희는 대단하다며 감탄을 했다.

신기했던 건, 저렇게 막연히 어렵게만 보이던 문제가 몇 번의 단계를 거치고 나니 쉬운 계산 문제로 변환되는 것이었다. 최종 과정만 보면 나도 충분히 풀 만한 문제였던 것인데, 나는 초반부터 어떻게 풀이를 전개해나가야 할지 갈피도 못 잡고 있었던 것을 생각하니 마음이 답답해졌다. 역시 나는 아무리 노력해도 안 되는 것일까? 소희나 재석이같이 수학을 잘하는 아이들에겐 내가 알지 못하는 어떤 비밀이 있는 걸까? 마음이 우울해지는 것을 어쩔 수 없었다.

소희의 활약은 그 뒤로도 쭉 이어졌다. 오늘 서클 시간에는 영화를 봤는데, 소희가 강력하게 추천한 〈행복을 찾아서〉라는 영화였다. 노숙자 신세로 전락해버린 실패한 세일즈맨 크리스 가드너가 주식회계사가 되어 1,800억이라는 거금을 벌어들인 실화를 기반으로 한 이야기였다.

크리스 가드너는 증권회사 인사팀장이 루빅스 큐브를 맞추지 못해 골머리를 앓고 있을 때 그것을 시원하게 해결하고 주식 중개인 인턴 자리를 얻게 된다. 영화 이야기는 자연스럽게 루빅스 큐브 맞추기로 이어졌다.

"주인공, 정말 대단하지 않냐? 제대로 된 교육도 못 받았을 텐데, 루빅스 큐브를 그렇게나 빨리 풀어내다니 정말 타고난 천재가 아니었을까?"

"맞아, 나도 어렸을 때 루빅스 큐브 맞추는 거 많이 해봤는데, 정말 어려웠어. 한두 면 정도는 맞출 수 있겠는데, 여섯 면을 동시에 맞추는 것은 거의 불가능에 가깝지. 어쩌다 맞추더라도 거의 몇 시간씩 걸리고 그랬는데 말이야."

모두 크리스 가드너가 천재인 것 같다며 호들갑을 떨고 있을 때 재석이가 한마디 했다.

"아냐. 큐브를 쉽게, 빨리 풀 수 있는 방법이 있다고 하던데? 큐브를 맞추는 몇 가지 특정한 패턴이 있는데, 이 방법대로 각 면의 모양을 하나하나 맞춰나가다 보면 어느새 여섯 면이 모두 맞춰진다고 하더라."

소희가 재석이의 말을 거들었다.

"응, 맞아. 나도 우리 아빠한테 루빅스 큐브를 맞추는 체계적인 방

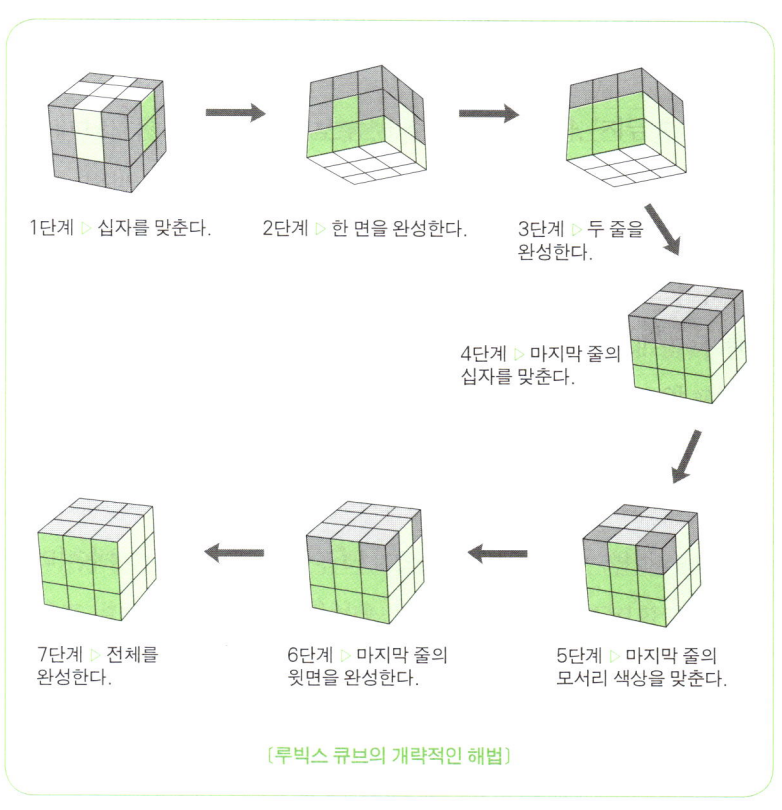

1단계 ▷ 십자를 맞춘다.

2단계 ▷ 한 면을 완성한다.

3단계 ▷ 두 줄을 완성한다.

4단계 ▷ 마지막 줄의 십자를 맞춘다.

5단계 ▷ 마지막 줄의 모서리 색상을 맞춘다.

6단계 ▷ 마지막 줄의 윗면을 완성한다.

7단계 ▷ 전체를 완성한다.

[루빅스 큐브의 개략적인 해법]

법이 있다고 들었어. 하도 어렸을 때 들은 얘기라 기억은 잘 안 나지만 우리 아빠는 내가 아무리 큐브를 뒤섞어놓아도 단숨에 해결해내던걸! 우리 아빠가 천재는 아닌데 말이야."

소희와 재석이의 말에 모두 흥미를 보였고, 일주일쯤 지난 뒤 소희가 아빠에게 간단한 해법을 배워와 서클룸에서 시범을 보였다.

재석이와 소희의 이야기처럼 루빅스 큐브를 맞추는 것은 방법만 알면 얼마든지 가능한 일이었다. 처음에는 단계별 순서를 외우지 못해 매뉴얼을 찾아보며 한 단계씩 따라가야 하지만, 그다지 오랜 시간이 걸리지 않아 모두 빠른 시간 내에 능숙하게 맞출 수 있게 되었다. 나중에는 명수와 빨리 맞추기 내기도 종종 했는데, 둘 다 3분도 채 걸리지 않아 뚝딱 맞춰내는 경지에 올라 뿌듯했다. 소희처럼 든든한 아빠가 있었으면 나도 수학깨나 했을 텐데 하는 생각이 또다시 고개를 들었다.

어젯밤에 잠을 설쳐선지 오늘은 유난히 힘든 하루였다. 종례 시간을 기다리는 동안 어제 새로 다운받은 휴대전화 게임을 하며 지친 마음을 달래고 있었다. 그런데 한창 게임이 재미있어질 무렵, 갑자기 명수 녀석이 나타나 휴대전화기를 빼앗아 도망가버렸다.

"야! 명수, 너!"

명수 녀석은 어디서 기운이 샘솟는지 항상 에너지가 넘친다. 지금 막 레벨 업을 할 참이었는데……. 명수를 쫓아 나도 달리기 시작했다. 얼마나 오랜만에 해보는 달리긴지 숨이 턱까지 차오르면서 가슴이 터질 것만 같다. 중학교 3학년 때 체육 실기 평가 때문에 50m 달리기를 한 이후로 가장 빨리 달린 것 같다. 명수는 놀리듯 뒤를 돌아보면서 내 전화기를 흔들며 복도 끝으로 달려갔다. 금방 명수를 따라잡을 수 있을 것 같았다. 그렇게 미친 듯이 명수를 따라 달리던 나는 그만 뭔가에 부딪쳐 나가떨어지고 말았다. 순간 눈앞이 깜깜해지면서 주위가 조용해졌다. '이거 크게 다친 거 아냐?' 하는 생각이 들며 서서히 눈이 보이기 시작했다. 몸은 생각보다 괜찮은 것 같다. 그런데 눈앞에 소희가 쓰러져 있는 게 아닌가!

"소희야!"

나는 반사적으로 몸을 일으켜 소희를 끌어안았다.

"어, 희철이 너였어?"

"어, 그래, 미안해! 소희 너 괜찮아?"

"아냐, 아냐, 괜찮아. 근데 복도에서 뭐한 거야?"

"그게…… 명수가 내 휴대전화기를 빼앗아서 도망가는 바람에……."

"하긴, 생각에 잠겨 네가 달려오는 걸 못 본 나도 잘못했지, 뭐."

"야, 근데 소희 네 덕분에 난 대낮에 별을 다 봤다."

"진짜? 만화에서처럼 별이 뱅뱅 돌던? 하하하!"

명수가 깜짝 놀라 달려와서는 우리 둘을 보며 황당해했다.

"뭐야, 난 또 다친 줄 알았잖아! 얘들이 또 여기 앉아서 스캔들 만들고 있네."

명수는 두 손을 내밀어 우리 두 사람을 동시에 일으켜 세웠다.

"희철이는 그렇다 치고, 소희 넌 또 왜 넋을 놓고 다니는 건데?"

"아, 너희 마침 잘 만났다. 수학 문제 하나가 잘 안 풀려서 말이야. 서클룸 칠판에 써놓을까 했는데……."

"야, 천하의 소희가 고민해야 되는 수학 문제도 있어?"

명수가 놀리자 소희가 슬쩍 눈을 흘긴다.

"아니야. 그때 그 문제는 전에 한 번 풀어본 거랑 비슷한 유형이어서 그랬던 거야. 나도 수학 문제 때문에 고민 많이 한단 말이야. 나역시 새로운 문제를 풀려면 많은 시간과 노력이 필요해. 새로운 수학 문제를 푸는 것은 언제나 커다란 도전인걸."

"야, 그래도 그때는 정말 대단했어. 칠판 가득히 풀이를 써내려가는 너를 보고 있더니 재석이도 깜짝 놀라던걸!"

명수의 표정이 진지했다.

"맞아. 소희 너 정말 대단하더라. 나는 네가 한 번 풀어줬는데도 그 풀이의 절반도 기억 못 하겠더라."

"나도 마찬가지야. 수학 문제의 풀이 과정을 모두 외운다는 건 불가능에 가까워."

"그래? 요즘은 '수학은 암기다'라는 말이 유행이던데!"

"진짜? 그건 나도 처음 듣는 말인데? 명수 넌 어디서 그런 말을 다들었냐?"

"어디선가 들어봤어. 물론 수학도 어느 정도 암기가 필요한 건 사실이야. 하지만 무작정 문제 풀이를 외워서는 안 돼. 문제를 푸는 각 단계별로 어느 정도 훈련이 된 상태에서 문제의 유형과 풀이의 핵심적인 아이디어를 외워야지."

"문제를 푸는 각 단계라니?"

난 잘 이해가 안 되었다. 그저 소희가 존경스러워 보일 뿐이었다.

"문제를 풀 때 거치게 되는 단계 말이야. 나는 수학 문제 푸는 걸 문제를 읽고, 이해하고, 수식화하고, 풀고, 계산하고, 답을 구하는 여섯 단계로 나누고 있어. 실제로 문제를 풀 때는 각 단계별로 중요한 아이디어만 먼저 생각을 해두고, 나머지는 문제를 풀면서 생각해. 지난번 서클 시간에 풀었던 문제도 수식화를 어떻게 했는지, 어떤 개념과 공식을 적용해야 하는지, 풀이 과정에서 어떤 아이디어를 사용했는지를 외우고, 나머지 과정은 그 자리에서 푸는 거지. 문제 풀이 단계의 흐름을 알고 있으면 나머지 과정들은 충분히 유도할 수 있거든."

잠시 멍해 있는 우리 둘을 번갈아 보더니 소희가 말을 이었다.

"지난번 서클 시간에 했던 루빅스 큐브 푸는 방법 기억나지? 큐브를 맞출 때, 무작정 여섯 면을 동시에 맞추려고 하면 잘 안 되듯이, 수학 문제를 풀 때도 한 번에 답을 구하려고 하면 잘 안 되는 거야. 큐브를 맞추듯이 수학 문제도 한 단계, 한 단계씩 밟아나가다 보면 하나의 커다란 덩어리라고 생각되었던 수학 문제가 작은 문제로 쪼개지고, 작은 문제들을 하나씩 해결하다 보면 어느새 답에 도달하게 되는 거지."

단계별 문제 풀이라……. 나도 수학 문제를 풀면서 어느 정도 의식하고 있긴 했지만, 소희에게 직접 들으니 문제 풀이의 단계가 확실하게 정리된 느낌이었다. 내가 수학 공부를 하면서 느꼈던 부족한 점도 바로 이 부분이라는 생각이 들었다. 수학을 잘하고, 시험 성적을 잘 받기 위해서는 수학 문제를 잘 풀어야 하는데, 개념 이해보다는 문제에서 많은 어려움을 겪었던 것이다.

"소희야, 우리 서클 시간에 단계별 문제 풀이를 연습해보는 건 어떨까?"

"오, 그거 좋은 생각인데!"

명수가 거들고 나섰다.

"그러자. 요즘 우리 서클 시간에 너무 노는 것 같아. 잡담만 하고……. 이렇게 단계별 문제 풀이법을 함께 공부하면 앞으로 많은 도움이 될 것 같은데!"

서클 시간에 단계별 문제 풀이 기법에 대해 공부하자는 제안은 아주 쉽게 의견 일치를 보았고, 재석이와 명왕성도 적극 추천했다. 그렇게 열 명이 둘러앉아 문제 푸는 과정을 단계별로 나누는 방법을 의논했다. 각 과정은 지난번에 소희가 이야기했던 것과 크게 다르지 않았다. 우리는 수학 문제를 푸는 단계를 문제를 읽고(Read), 문제를 이해하고(Understand), 수식으로 표현하고(Formulate), 수식화된 문제를 해결하고(Solve), 계산을 하고(Calculate), 검산(Answer)을 하는 단계로 나누었다. 그리고 각 단계의 영어 단어의 앞 글자를 따서 '루프스카(RUFSCA)'라고 부르기로 했다.

여기에 수학 서클의 또 한 명의 에이스인 재석이가 의견을 더했다.

"내 생각에는 세분화된 각 단계를 두 개씩 묶어줄 수 있을 것 같아. 문제를 읽고, 이해하는 단계는 '문제의 이해'로 크게 생각할 수 있을 것 같아. 그리고 수식화 과정과 문제 해결 과정은 '문제 풀이'로 생각할 수 있고, 계산과 검산은 묶어서 '답안 도출'로 생각할 수 있지. 이렇게 크게 세 단계로 볼 수 있고, 각 단계는 다시 두 단계로 나눌 수 있는 거지."

소희는 각 단계가 어떻게 구분되는지 자세히 설명해주었다.

"먼저 Read, 문제를 읽는 단계에서는 말 그대로 문제를 읽는 거야. 그 다음은 Understand, 문제를 이해하는 단계야. 문제의 조건이 무엇인지, 주어진 자료는 무엇이 있는지, 구하려는 것 즉, 문제에서 요구하는 것이 무엇인지를 파악하는 단계라고 할 수 있지. 이렇게 문제를 파악한 뒤에는 내가 잘 알고 있는 개념이나 공식들을 이 문제에 적용할 수 있는지, 아니면 이 문제와 비슷한 문제를 풀어봤는지 등을 생각해봐야 해.

그러면서 자연스럽게 Formulate, 수식화 과정으로 넘어가는 거지. 문제에서 주어진 조건과 자료를 어떻게 수식으로 표현할지 생각해보고, 실제로 식으로 나타내보는 단계야. 이제는 지금까지 계획하고 생각해본 것들을 실제 문제 풀이에 적용을 할 차례야. Solve, 문제 해결 단계지. 실제 문제 해결을 위한 여러 가지 수학적인 테크닉이나 아이디어들을 사용해 문제 해결의 실마리를 찾고, 실제로 도전해보는 거지.

이제는 Calculate, 즉 문제 해결 단계에서 수행한 것을 최종적으로 마무리하는 계산을 하게 돼. 그리고 문제에서 구하라고 한 것을 잘 구했는지, 내가 구한 답이 맞는지 확인해야 돼. 이게 문제 풀이 과정의 마지막 단계인 Answer야."

소희는 지난 서클 시간에 풀었던 피보나치 수열과 관련된 문제를 예로 들어 루프스카로 어떻게 나누어 풀었는지 설명해주었다.

1. Read
문제를 읽는 단계

2. Understand
문제의 주어진 조건 :

⇨ 한 쌍의 토끼가 태어나서 두 달이 지나면 암수 한 쌍의 새끼 토끼를 낳는다.

요구 사항 :

⇨ 처음에 암수 한 쌍의 새끼 토끼가 있을 때, 1년이 지난 후 토끼 쌍의 수

3. Formulate
n번째 달에 있는 토끼 쌍의 수를 $f(n)$이라 한다.
1년이 지난 후의 토끼 쌍의 수는 $f(13)$이다.

4. Solve
$n \geq 4$인 경우,
n번째 달에 있는 토끼 쌍 = $n-1$번째 달에 있는 토끼 쌍 + 그들이 낳는 토끼 쌍
$n-1$번째 달에 있는 토끼 쌍들 중 새끼를 낳는 토끼들 = $n-2$번째 달에 있던 토끼들
n번째 달에 있는 토끼 쌍 = $n-1$번째 달에 있는 토끼 쌍 + $n-2$번째 달에 있는 토끼 쌍
$\therefore f(n) = f(n-1) + f(n-2)$

5. Calculate
$f(1)=1, f(2)=1, f(3)=2, f(4)=3, f(5)=5, f(6)=8, f(7)=13, f(8)=21,$
$f(9)=34, f(10)=55, f(11)=89, f(12)=144, f(13)=233$

6. Answer
1년 후 토끼 쌍의 수는 233이다.

토론 시간 내내 조용했던 명수가 한마디 거들었다.

"하지만 모든 수학 문제들이 여섯 단계를 모두 거치는 것은 아니지 않아? 많은 문제들이 Solve-Calculate-Answer로 이루어져 있기도 하고, Formulate에서 Solve를 거치지 않고 바로 Calculate로 넘어갈 수도 있지 않을까?"

"그래, 맞아. 모든 문제들이 여섯 단계를 거칠 필요는 없어. 이 여섯 단계는 수학 문제를 해결하기 위한 과정을 모두 나열한 것이고, 실제 문제들에는 저 단계들이 조금씩 변형되어 적용된다고 볼 수 있을 것 같아."

이제 서클룸에서 수학 문제를 풀 때는 저런 단계들로 나누어서 푸는 연습을 해보기로 했다. 물론 혼자서 할 때도 연습을 해야겠지만……. 수학 서클에 들길 잘한 것 같다. 벌써 이렇게 새로운 수학 공부 방법을 알게 되다니…….

그러나 처음에는 수학 문제를 단계별로 나누어 푸는 데 익숙하지 않아 고생을 많이 했다. 각 단계가 어떻게 구분되는지 명확히 이해하지 못해서 헷갈리기도 했고, 억지로 나누려고 하는 것 같아 부자연스러워 보이기도 했다. 하지만 2주간 꾸준히 연습한 결과 우리는 모두 문제 풀이 단계를 나누는 것에 익숙해졌다.

문제 풀이 단계를 나누는 것에 익숙해지자 그동안 내가 부족했던 것이 무엇인지 쉽게 파악할 수 있었다. 초등학교 때 학습지와 학원에서 수학 공부를 많이 했던 덕분인지 계산에는 큰 문제가 없었지만, 중학교 이후에 새로 배운 수학 개념들과 공식을 문제와 연결시키고 적용해서 문제를 해결하는 데 특히 어려움을 느끼고 있었던 것이었다.

수학을 아주 잘하는 소희나 재석이를 제외하고는 모두가 각자 잘 못하는 단계가 있었다. 자신의 부족한 부분을 정확히 파악하게 된 것만으로도 큰 수확이었다. 소희와 재석이는 우리가 부족한 부분을 어떻게 보완하면 좋을지 조언해주었다. 나는 중학교 과정과 고등학교 과정의 연관 단원들과 흐름을 파악하고, 그것을 중심으로 다시 한 번 개념을 정리할 필요가 있을 것 같다는 조언을 얻었다. 또한 개념들을 정리하고 그것이 활용되는 문제들을 다시 한 번 풀어보면서 문제 푸는 방법에 익숙해져야 한다는 충고를 들었다.

나는 10-나 처음 부분부터 기본 개념과 공식들이 구체적으로 문제에 어떻게 적용되는지를 중점적으로 다시 공부했다. 그동안에는 내용과 문제들을 직접 관계 맺어 생각하지 않고, 문제 유형별로 어떻게 푸는지만 공부했었는데, 내용과 문제의 관계를 중심으로 공부하니 훨씬 이해가 잘 되었고, 문제를 어떻게 풀어야 할지 감이 잡히는 것 같았다. 루프스카를 익히고, 내가 부족한 부분을 집중적으로 보완했더니, 이제는 새로운 유형의 문제를 만나도 걱정보다는 해법을 찾으려는 자세를 갖게 되었다.

이제 기말고사까지 5주 정도 남았다. 새로 익힌 문제 풀이 기법을 활용해 공부하면 그동안 뭔지 모르게 부족하다고 느꼈던 부분들을 후련하게 해소할 수 있을 것 같아 기대가 되기까지 했다. 물론 아크와의 거래를 생각하면, 기말고사를 못 보면 모든 것이 끝장이니까 최선을 다할 수밖에 없는 상황이었다. 아직은 부족한 점이 많긴 해도 개념 이해는 어느 정도 되어 있으니 남은 기간 동안 문제 풀이에 신경을 집중해야 했다.

　수학 서클을 통해 친구들과 토론하고 공부하는 가운데 아크의 여섯 번째 힌트가 정답을 드러냈다. 수학 문제를 풀기 위해서는 문제와 내가 알고 있던 개념들의 관계를 알아내고, 그 개념을 적용하여 연산을 해야 한다. 이번 힌트의 정답은 바로 문제 풀이의 단계별 기법을 알아야 한다는 것이다. 생각이 여기까지 미치자 심드렁한 표정으로 아크가 나타났다.

　"서클은 갑자기 웬 서클이야. 자,《수학의 눈》이리 줘봐."

　잔뜩 심통이 난 아크의 얼굴을 보니 배가 많이 고픈가 싶어 살짝 신경이 쓰였다.

'수학의 눈' 비법 6

단계별 문제 풀이 기법으로 문제 해결 능력을 업그레이드하라

1. 문제 풀이도 징검다리를 건너듯이

수학 문제를 푸는 데는 단계가 있다. 이 단계를 인식하지 못하고 수학 문제를 하나의 큰 덩어리로 인식하여 풀어내려고 한다면 큰 벽에 부딪히기 마련이다. 반면 수학 문제를 풀 때 필요한 단계를 차례차례 밟아나가다 보면 하나의 커다란 벽이었던 수학 문제를 어떻게 풀어내야 할지 조금씩 방향이 보이게 되고, 어느 순간 답에 도달해 있게 될 것이다. 폭이 넓은 개울을 건널 때, 젖지 않고 한 번에 건널 방법은 없다. 하지만 징검다리를 하나씩 밟아가며 건넌다면 쉽게 건널 수 있다. 수학 문제를 푸는 것도 징검다리를 건너는 것과 마찬가지로 하나씩 하나씩 단계를 밟아가야만 쉽게 답에 도달할 수 있는 것이다.

수학 문제를 푸는 각 단계를 인식하고 각 단계별로 문제 푸는 방법을 연습해둔다면, 어려운 문제를 만났을 때에도 당황하지 않고 각 단계를 밟아가며 문제를 해결할 수 있을 것이다.

2. 단계별 문제 풀이 기법: RUFSCA

수학 문제를 풀어내는 과정은 크게 여섯 단계로 나눌 수 있다. 문제 읽기(Read), 이해하기(Understand), 수식화하기(Formulate), 해결 전략 찾기(Solve), 계산하기(Calculate), 검산하기(Answer)가 바로 그것이다. 위 단계들의 앞 글자들을 따서 문제를 풀어내는 여섯 가지 단계를 RUFSCA라고 부르기로 한다.

그렇다면 RUFSCA의 각 여섯 단계가 무엇을 의미하는지, 그리고 각 단계를 보완하기 위해서는 어떻게 해야 하는지 알아보도록 하자.

첫 번째 단계 : 문제 읽기(Read)

말 그대로 문제를 읽는 과정이다. 줄글로 된 문제의 경우 문제 속 주어는 무엇이고 어떠한 답을 요구하는지 등을 주어, 목적어, 보어로 끊어서 독해하는 단계이다. 따라서 본 단계에서 가장 핵심적인 능력은 바로 독해 능력이다. 평범한 중고등학생이라면 대부분 줄글로 된 수학 문제를 읽는 데 큰 어려움은 없을 것이다. 하지만 문제 읽기는 모든 문제를 풀어내는 시발점이므로 이 단계를 간과해서는 안 된다.

이 단계에서 어려움을 느끼는 학생들은 주어에는 동그라미를 치고, 문맥이나 문장이 바뀌는 부분에서는 슬러쉬(/) 표시를 하여 끊어 읽는 연습을 하는 것이 좋다.

두 번째 단계 : 이해하기(Understand)

이 단계는 문제를 읽은 뒤에 문제를 이해하는 단계이다. 문제를 이해한다는 것이 모호하게 들릴 수도 있겠지만 이 단계는 앞선 읽기 단계와는 반드시 구분되어야 한다. 일반적으로 문제는 크게 두 가지로 구성되어 있다. 첫째는 주어진 상황이나 조건이고, 둘째는 요구 사항, 즉 문제에서 구하고자 하는 바이다. 문제 읽기 단계가 단순히 문제를 독해하는 것이었다면, 본 단계에서는 문제의 주어진 조건과 요구 사항을 따로따로 파악하는 것이다.

어렵다고 느끼는 문제일수록 문제가 무엇을 의미하는지 모호하여 문제를 어떻게 풀어야 할지 접근조차 하지 못하는 경우가 많다. 문제의 주어진 조건이나 상황을 제대로 파악하지 못하였기 때문이다. 이런 경우 문제를 한 번에 다 이해하려 하지 말고 '주어진 조건'과 '요구 사항'을 따로따로 발췌하여 여러 개의 문장으로 적어보는 것이 좋다. 또한 문제의 주어진 상황을 간단한 그래프나 그림을 그려서 이해하는 것도 좋은 방법이다. 특히 고등수학에서 방정식, 부등식, 함수 단원의 많은 문제는 그래프를 그리는 것만으로도 문제의 절반 가까이를 풀어낼 수 있기 때문에 그래프를 그리는 훈련은 반드시 필요하다.

많은 수학 선생님들이 '문제 속에 답이 있다'는 말을 하곤 하는데, 이 말이 의미하는 것 또한 주어진 조건과 상황을 이해하는 것이 문제 해결의 핵심이라는 것이다.

다음 예를 통해서 문제 이해하기에 대해 좀 더 구체적으로 살펴보자.

두 자리 자연수가 있다. 이 수의 십의 자리의 숫자와 일의 자리의 숫자의 합은 12이고, 곱은 이 수보다 22만큼 작다고 한다. 이 수를 구하시오.

이 문제의 주어진 조건(상황)
- 어떤 두 자릿수의 십의 자리 숫자와 일의 자리 숫자의 합은 12이다.
- 그 두 자릿수의 십의 자리 숫자와 일의 자리 숫자의 곱은 원래 수보다 22만큼 작다.

요구 사항(구하고자 하는 바)
- 문제의 조건을 만족시키는 두 자리의 자연수

세 번째 단계 : 수식화하기(Formulate)

앞선 단계에서 문제의 주어진 조건과 요구 사항을 파악했다면 이 단계에서는 문제의 주어진 조건과 요구 사항을 수식으로 나타내야 한다. 일상 언어로 된 문제를 수학의 언어로 된 문제로 재구성하는 단계라고도 말할 수 있다. 우리가 수학 시간에 배우는 것들은 모두 수학의 언어로 구성되어 있기 때문에, 이와 같은 과정을 거쳐야만 수학적 사고를 통해서 수학 문제를 풀어낼 수가 있는 것이다.

'$x^2+2x+3=0$ 방정식을 푸시오'와 같이 문제 자체가 이미 수식화된 것들도 있지만, 많은 응용 문제에서 수식화 단계는 필수적이다. 문제에서 주어진 조건을 기본 개념을 사용하여 하나씩 수식으로 바꾸고, 요구 사항을 미지수로 놓는 경우가 대부분이다. 수식화 단계를 통해 문제에서 숨어 있는 조건을 발견하게 되고, 이런 숨어 있는 조건들이 대부분 문제의 결정적 힌트가 된다.

고등학교 때 많은 공식과 개념을 배우면서 대부분의 학생들이 수식화 단계에 어려움을 겪고 있다. 하지만 수식화 단계는 문제를 이해하고 있고, 기본적인 개념과 공식을 잘 파악하고 있다면 크게 어려운 단계가 아니다.

앞서 나온 예를 통해서 수식화하기란 무엇인지 좀 더 구체적으로 살펴보자.

두 자리 자연수가 있다. 이 수의 십의 자리의 숫자와 일의 자리의 숫자의 합은 12이고, 곱은 이 수보다 22만큼 작다고 한다. 이 수를 구하시오.

요구 사항을 미지수로 놓기
- 두 자리의 자연수 중에서 십의 자리 수를 x, 일의 자리 수를 y라고 하자.
- 이 수는 $10x+y$가 된다. 이때 x, y는 모두 한 자리의 음이 아닌 정수이다.

주어진 조건을 수식으로 나타내기
- 십의 자리 숫자와 일의 자리 숫자의 합은 12이다.
  $x+y=12$
- 십의 자리 숫자와 일의 자리 숫자의 곱은 원래 수보다 22만큼 작다.
  $xy=10x+y-22$

네 번째 단계 : 해결 전략 찾기(Solve)

일상 언어로 된 문제를 수식화하여 수학의 언어로 된 문제로 바꾸었다면, 이제 남은 일은 수학의 언어로 탈바꿈한 문제를 풀어내는 것이다. 이때 수학의 언어로 된 문제를 풀어낼 전략을 찾는 과정이 바로 문제 해결 단계이다. 이 단계에서 중요한 것은 문제를 좀 더 간단한 형태의 수식으로 정리하는 것이다.

수학 공부를 열심히 해 공식과 개념을 잘 파악하고 있음에도 불구하고 문제를 잘 풀지 못하는 것은 문제를 풀기 위한 적절한 해결 전략을 찾지 못했기 때문이다. 해결 능력을 기르기 위해서는 다양한 유형의 문제를 많이 접하고, 각 문제들의 해결 전략을 파악해야 한다.

이때 가장 중요한 것이 오답 노트이다. 오답 노트를 통해 내가 틀렸던 문제를 다시 한 번 확인해보면 그 유형에 대한 해결 전략을 완벽히 파악할 수 있게 되는 것이다. 여기서 말하는 오답 노트의 활용은 틀린 문제를 외우는 것이 아니라, 해결 전략을 파악하는 것임을 잊지 말자.

다양한 개념들이 연관되어 있는 수학의 특성상, 어느 정도 문제 해결 전략에 익숙해진다면, 새로운 유형의 문제를 만났을 때

두 자리 자연수가 있다. 이 수의 십의 자리의 숫자와 일의 자리의 숫자의 합은 12이고, 곱은 이 수보다 22만큼 작다고 한다. 이 수를 구하시오.

해결 전략

$xy=10x+y-22$와 $x+y=12$를 만족하는 x, y를 찾는 연립방정식 문제이다. 연립방정식을 풀기 위해 변수를 하나 소거하자.

$y=12-x$라 하고, 첫 번째 식에 대입하자.

$x(12-x)=10x+(12-x)-22$이고, 정리하면

$x^2-3x-10=0$으로 이차방정식이 된다.

에도 새로운 해결 전략을 스스로 찾아낼 수 있게 된다. 기존에 내가 알고 있던 해결 전략을 변형해보기도 하고, 여러 전략들을 조합하는 과정을 통해 새로운 해결 전략을 찾는 것이다.

앞서 나온 예를 통해서 해결 전략 찾기란 무엇인지 좀 더 구체적으로 살펴보자.(217쪽 참조)

다섯 번째 단계 : 계산하기(Calculate)

간단한 형태로 정리된 수식을 계산하여 미지수 값을 구하게 되는 과정이 계산 단계이다. 많은 학생들이 문제를 올바르게 수식화하고 해결 전략을 찾고도 계산을 제대로 수행하지 못해 문제를 틀리곤 한다. 수학 시험에서는 해결 전략까지 완벽하게 도출했다고 하더라도 답이 틀렸다면 점수를 주지 않는다. 정확한 계산을 통해 올바른 답을 구해야만 비로소 점수를 얻을 수 있다는 사실을 명심하자.

계산력을 기르기 위해서는 풀이 노트를 활용하는 것이 좋다. 줄이 쳐진 풀이 노트에 모든 문제의 풀이 과정을 꼼꼼히 기록하는 훈련을 하다 보면 자연스레 암산 능력이 향상되고, 이러한 암산 능력의 향상은 계산 속도와 정확도를 높여준다.

앞서 나온 예를 통해서 계산하기란 무엇인지 좀 더 구체적으로 살펴보자.

두 자리 자연수가 있다. 이 수의 십의 자리의 숫자와 일의 자리의 숫자의 합은 12이고, 곱은 이 수보다 22만큼 작다고 한다. 이 수를 구하시오.

계산하기

$x^2 - 3x - 10 = 0$을 풀기 위해 인수분해를 하면,

$(x-5)(x+2) = 0$이므로 $x = -2, 5$이다.

여섯 번째 단계 : 검산하기(Answer)

앞선 단계에서 계산을 통해 미지수를 계산했다면, 본 단계에서는 미지수를 이용해 문제의 요구 사항을 구해야 한다. 즉 최종적인 답을 구하는 단계라고 할 수 있다.

단순히 계산 과정에서 얻어진 미지수를 그대로 답으로 적으면 안 된다. 최종적으로 얻어진 미지수가 과연 답의 조건을 만족하는지 다시 한 번 살펴볼 필요가 있다. 뿐만 아니라 수식화 단계나 해결 전략 단계에서 오류는 없는지 검토하고 계산 단계에서 발생한 실수가 있는지 검산해야 한다. 즉 문제 풀이의 마지막 단계는 자신의 문제 풀이 과정과 계산 과정을 검토해 내가 구한 답이 맞는지를 확인하는 것이다.

거의 대부분의 학생들이 검산 과정을 거치지 않는다. 시험의 경우 시간이 주어져 있기 때문에 수식화 단계나, 해결 단계에서 오류나 실수가 있을 수 있고, 계산 단계에서 계산 실수가 있을 가능성이 매우 높다. 이들을 검토하고 검산하지 않아 문제의 구부능선을 넘었음에도 불구하고 답안지에 오답을 적게 되는 것이다.

이러한 사태를 막기 위해서는 앞서 말한 것처럼 풀이 노트의 활용이 필수적이다. 한 줄 한 줄 자신의 문제 풀이 과정을 모두 기록해가며 문제를 풀어낸 후에 다시 한 번 틀린 것이 있는지 검토해보는 습관을 길러야 한다. 이러한 습관을 가지고 있다면 시험에서 검산을 통해 실수할 확률은 거의 없어진다. 시험지의 조그마한 공간에도 문제 풀이 과정 대부분을 기록할 수 있기 때문이다. 이렇게 되면 빠른 시간에 자신의 문제 풀이 과정 중에서 발생하는 오류를 찾기도 쉬워진다.

앞서 나온 예를 통해서 검산하기란 무엇인지 좀 더 구체적으로 살펴보자.

두 자리 자연수가 있다. 이 수의 십의 자리의 숫자와 일의 자리의 숫자의 합은 12이고, 곱은 이 수보다 22만큼 작다고 한다. 이 수를 구하시오.

검산하기

$x=-2$, 5인데, x는 한 자리의 음이 아닌 정수이므로 $x=5$가 된다.
$y=12-x$에서 $y=7$이다.
따라서, 구하는 두 자리의 자연수는 57이 된다.

문제 풀이 단계를 정리하면 오른쪽 페이지의 도표와 같다. 물론 모든 문제들을 RUFSCA의 순서대로 해결해야 하는 것은 아니다. 문제에 따라 RSCA, RUSFCA 등 다양한 해결 순서가 있을 수도 있다. 하지만 대부분의 문제는 RUFSCA의 순서를 따르고 있고, 예외인 문제들도 그 기본은 RUFSCA에 있음을 명심하자.

	단계별 내용	예시
Read **문제 읽기**	• 문제를 읽고 문제의 상황 파악하기 • 독해력에 해당	• 두 자리 자연수가 있다. 이 수의 십의 자리 숫자와 일의 자리 숫자의 합은 12이고, 곱은 이 수보다 22만큼 작다고 한다. 이 수를 구하시오.

Understand
조건
파악하기
	• 문제의 조건과 요구 사항(구하고자 하는 바) 파악하기
	• 이해력에 해당
		• 조건
		  – 어떤 두 자릿수의 십의 자리 숫자와 일의 자리 숫자의 합은 12이다.
		  – 그 두 자릿수의 십의 자리 숫자와 일의 자리 숫자의 곱은 실제 수보다 22만큼 작다.
		• 요구 사항(구하고자 하는 바)
		  – 문제의 조건을 만족시키는 두 자리 자연수

Formulate **수식으로** **나타내기**	• 자연 언어로 주어진 조건과 요구 사항을 수식화하여 수학의 언어로 나타내기 • 수식화 능력에 해당	• 구하고자 하는 두 자릿수의 십의 자리숫자를 x, 일의 자리 숫자를 y라고 하자. • 조건을 수식으로 표현하면 아래와 같다. $x+y=12$ $xy=10x+y-22$
Solve **해결 방안** **찾기**	• 수학의 언어로 표현된 문제를 풀어내기 위한 전략을 도출하여 간단한 수식으로 만들기 • 해결 능력에 해당	• 위 식은 식이 두 개이고 문자가 두 개이므로 식을 변형하여 연립방정식으로 풀어낼 수 있다. • 첫 번째 식에서 $y=12-x$를 얻을 수 있다. 이를 두 번째 식에 대입하면 x에 관한 이차방정식을 얻을 수 있다. $x(12-x)y=10x+(12-x)-22$
Calculate **계산하기**	• 간단한 수식으로 변환된 문제를 계산하기 • 계산 능력에 해당	• 간단한 형태로 변환된 문제를 계산한다. $x^2-3x-10=(x+2)(x-5)=0$ $x=-2, 5$
Answer **검산하기**	• 계산된 결과를 바탕으로 문제에서 정확히 요구하는 답 구하기 • 문제 풀이 과정과 논리를 검토하고 자신이 구한 답이 맞는지 검산하기 • 검산 능력에 해당	• x는 음수일 수 없으므로 $x=5$이다. • $x+y=12$이므로 $y=7$이다. • 답은 57이다. 구하고자 하는 바가 x값이 아님에 주의한다.

3. RUFSCA의 활용 방법

문제 풀이를 여섯 단계로 구분하는 궁극적인 목적은 문제를 틀리는 근본적인 원인을 찾는 데 있다. 수학 문제를 풀이 노트에 꼼꼼히 기록하고 채점할 때 단순히 답이 맞는지 틀리는지만을 체크해보는 것이 아니라, 자신이 어느 단계에서 문제를 틀렸는지 자세히 살펴봐야 하는 것이다.

RUFSCA 중 자신이 취약한 단계를 파악하고, 그것을 향상시키기 위한 좋은 도구 중 하나가 바로 오답 자료 정리이다. 다음 그림처럼 오답 유형을 체계적으로 나누고, 이를 RUFSCA의 단계별로 연결 지을 수 있다.

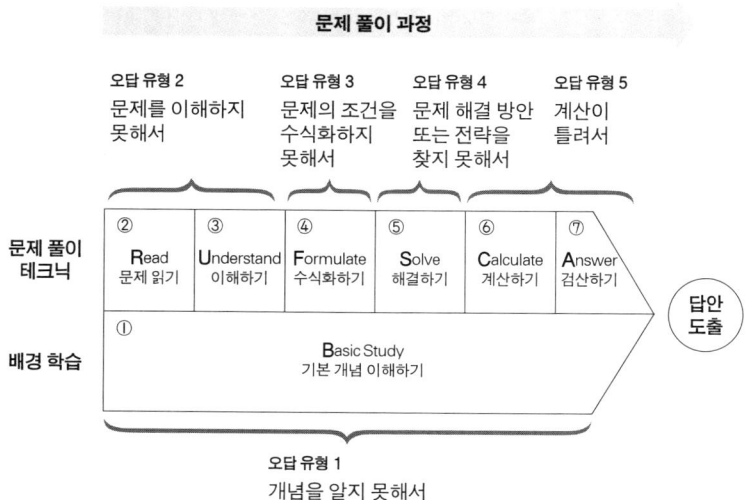

오답 유형을 정리하다 보면, 영역 혹은 단원별로 내가 취약한 오답 유형을 파악할 수 있게 될 것이다. 남은 일은 아래의 표를 참조하여 적절한 보완 방안으로 해당 부분을 복습하는 것이다. 참고로 다음 표에서 '(+ 오답 정리)'는 반드시 오답 노트에 옮겨 적지 않아도 되지만 필요한 경우 함께 사용하면 좋다는 의미이다.

〔오답의 유형과 보완 방법〕

오답 유형	설명	보완 방안
1. 기본 개념을 알지 못해서	• 배경 지식에 대한 기본 이해가 부족해 문제에 접근조차 할 수 없는 경우	• 기본 개념 학습 (+ 오답 정리) • 이러한 오답 유형이 많을 경우 문제 풀이를 멈추고 기본 내용으로 돌아가 확실한 개념 이해부터 해야 함
2. 문제를 이해하지 못해서	• 문제에 주어진 조건이나 상황을 정확히 파악하지 못한 경우 • 문제에서 요구하는 바(구하고자 하는 것)를 정확히 파악하지 못한 경우	• 문제를 조건과 요구 사항으로 나누어 파악하는 연습하기 (+ 오답 정리) • 근본적 독해력 향상을 위한 노력
3. 문제의 조건을 수식화하지 못해서	• 문제의 조건과 요구 사항을 적절한 수식의 형태로 정리하지 못한 경우	• 오답 정리 • 연관 단원에 대한 복습 • 문제의 조건과 상황을 수식으로 바꾸는 연습하기
4. 문제 해결 방안 또는 전략을 찾지 못해서	• 수식화된 문제를 풀기 위한 수학적 테크닉이 부족한 경우 • 문제를 풀기 위한 적절한 방법이나 아이디어를 떠올리지 못한 경우	• 오답 정리 • 해당 단원의 문제 유형 복습 및 정복
5. 계산이 틀려서	• 계산 실수를 한 경우 • 정확한 답을 구하지 못한 경우	• 습관 개선 (+ 오답 정리) • 자주 틀리는 유형의 계산 실수는 정리 후 각인

일곱 번째 **7**

힌트

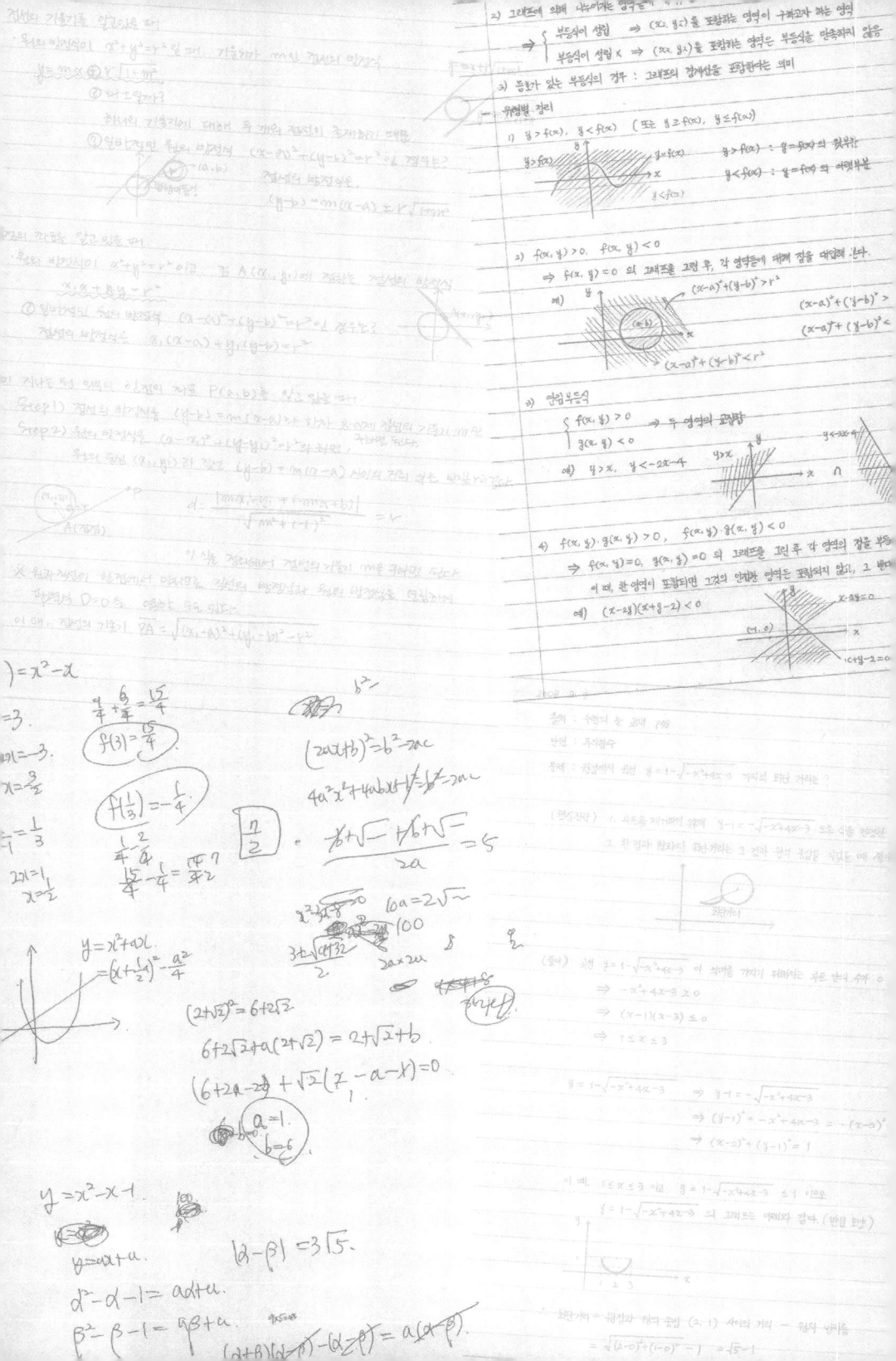

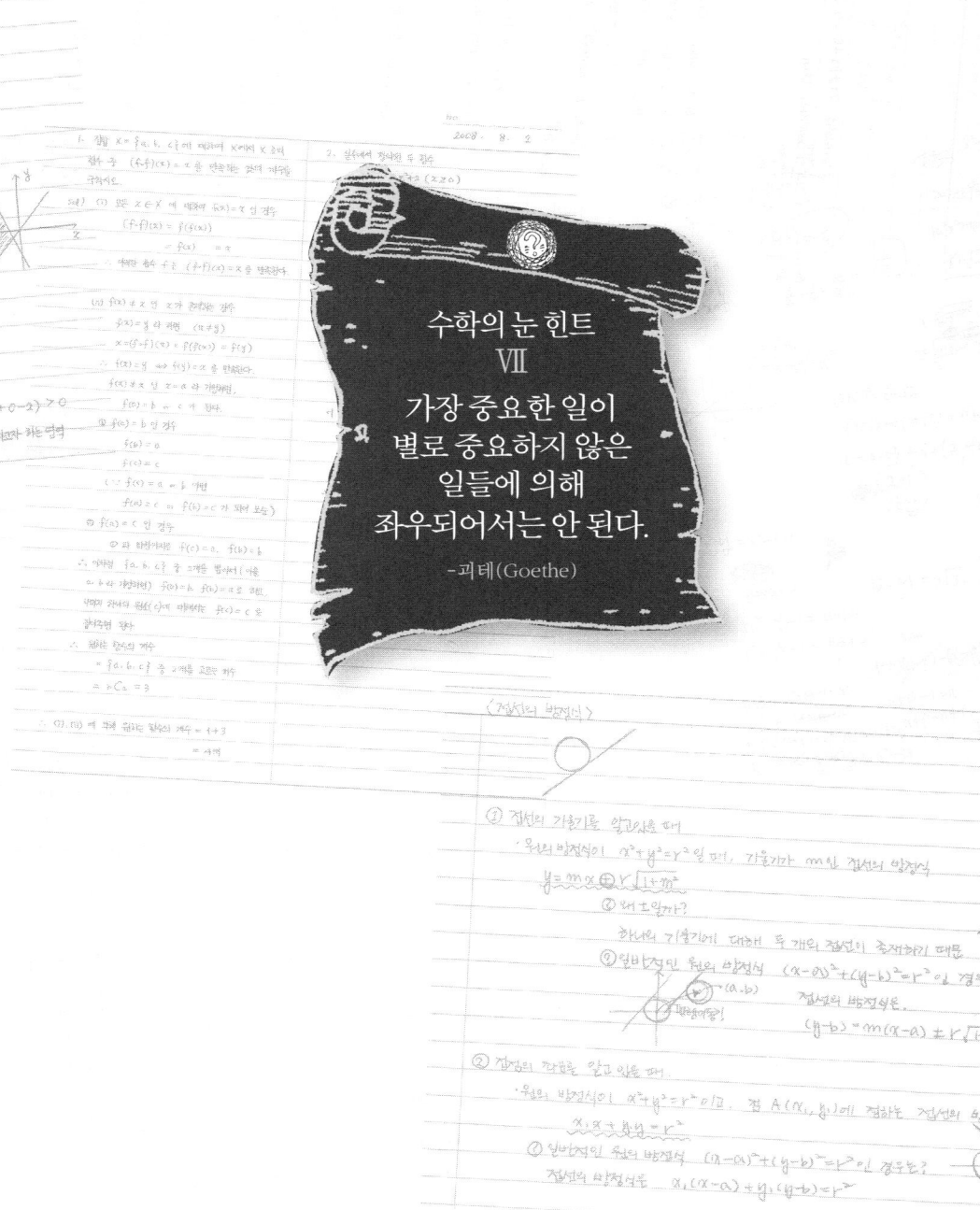

수학의 눈 힌트
VII

가장 중요한 일이
별로 중요하지 않은
일들에 의해
좌우되어서는 안 된다.

-괴테(Goethe)

〈기울기와 방정식〉

① 접선의 기울기를 알고 있을 때
· 원의 방정식이 $x^2+y^2=r^2$일 때, 기울기가 m인 접선의 방정식
$y=mx \oplus r\sqrt{1+m^2}$
① 왜 ±일까?
하나의 기울기에 대하여 두 개의 접선이 존재하기 때문
② 일반적인 원의 방정식 $(x-a)^2+(y-b)^2=r^2$일 경우는
접선의 방정식은.
$(y-b)=m(x-a) \pm r\sqrt{1+m^2}$

② 접점의 좌표를 알고 있을 때.
· 원의 방정식이 $x^2+y^2=r^2$이고, 점 $A(x_1, y_1)$에 접하는 접선의 방정
$x_1 x + y_1 y = r^2$
① 일반적인 원의 방정식 $(x-a)^2+(y-b)^2=r^2$인 경우는?
접선의 방정식도 $x_1(x-a)+y_1(y-b)=r^2$

③ 접선이 지나는 원 밖의 한 점의 좌표 $P(a,b)$를 알고 있을 때

어느새 기말고사가 한 달 앞으로 다가왔다. 게다가 《수학의 눈》도 드디어 마지막 힌트를 제시했다. 아크는 잔뜩 골이 난 표정으로 《수학의 눈》을 팽개치듯 내던졌다.

"흥! 친구들 덕 좀 보는군. 그게 진짜 네 실력이 될지는 두고 봐야 알지."

일곱 번째 힌트는 '가장 중요한 일이 별로 중요하지 않은 일들에 의해 좌우되어서는 안 된다'였다. 문구 자체는 이전 힌트들보다 쉬웠다. 하지만 이 명제를 어떻게 수학 공부에 적용시켜야 하는지는 막막하기만 했다. 일주일 넘게 고민해보았지만 힌트를 해결할 실마리는 보이지 않았다. 사실 이전에 비해 힌트 자체에는 그다지 집중하지 못했다. 지금 나에게는 힌트를 푸는 것보다 기말고사의 수학 시험을 잘 보는 일이 훨씬 더 중요한 과제였기 때문이다. 시험을 보고 나면 아크와의 거래도 끝이 나겠지. 아크에 대한 두려움은 벌써 오래전에 사라졌지만 난 자존심을 지키고 싶었다. 또 나도 해낼 수 있다는 자신감을 갖고 싶었다. 자신감을 아크에게 뺏기고 나면 남은 2년은 진짜 괴로운 시간이 되고 말 것이다. 고등학교에 입학하여 첫 수학 시험을 망치고 흔들리던 그때의 괴로운 마음을 다시는 느끼고 싶지 않았다.

　오늘은 서클룸을 청소하는 날. 그다지 큰 방은 아니지만 서클 부원도 열 명밖에 안 되기 때문에 두 명씩 짝을 지어 청소하는 것으로 원칙을 세워두었다. 오늘은 명수와 내 차례였다.
　그런데 명수가 가지고 온 농구공 때문에 작은 문제가 발생했다. 비질을 하고 있던 내가 명수의 허무맹랑한 말을 못 들은 척하자 녀석이 내 뒤통수에 공을 던진 것이다.
　"야! 너, 한번 해보자는 거야, 뭐야?"
　"오, 희철 씨! 캄 다운, 캄 다운……. 진정하라고…….."
　그렇게 해서 서클룸에서 공놀이를 한 것까지는 좋았는데, 내가 세게 던진 공을 명수가 피하는 바람에 책장이 우지끈 소리를 내며 넘어가버렸다. 이렇게 허무하고 황당할 수가! 창고에 버려져 있던 낡은 책장이 내 강속구를 이겨내기에는 무리였던 것이다.
　"야, 그걸 피하면 어떡해! 진짜 너랑 있으면 되는 게 없다니깐."
　"으이구! 그럼 내가 그걸 맞고 죽었으면 좋겠냐! 야, 근데 우리 지금 학원 가야 되지 않아? 오늘은 시험 보는 날이잖아. 시간이 벌써 이렇게 된 줄 몰랐네."

상황은 난감했지만 오늘은 정말 학원에 늦으면 안 되는 날이었다. 고민 끝에 모르는 일로 하기로 명수와 입을 맞추고 서둘러 학교를 나왔다. 사실 책장이 저절로 넘어질 수도 있는 거고, 꼭 우리가 저지른 일이라는 증거도 없을 테니⋯⋯.

하지만 다음 날 점심 시간, 수학 선생님이 나를 조용히 부르셨다.

"희철아, 선생님이 왜 불렀는지 알고 있으리라 믿는다. 서클룸 책장은 어떻게 된 거니? 게다가 문단속도 안 하고 갔더라."

나는 명수와의 약속이 떠올라 모르는 일이라고 시치미를 뗐다.

선생님의 표정에는 별다른 변화가 없었다.

"명수는 지금 다른 방에서 학생주임 선생님과 면담하는 중이다. 면담이 끝나면 이야기의 결과에 따라 벌을 결정할 거야. 만약 너랑 명수, 둘 다 끝까지 잘못을 부인한다면 청소가 끝나고 문단속을 제대로 안 한 벌로 둘 다 화장실 청소 3일씩, 어느 한쪽만 잘못을 자백한다면 그 사람은 벌이 없고 상대편은 화장실 청소 보름, 둘 다 죄를 자백한다면 청소 일주일씩의 벌을 내리기로 했다."

희철 \ 명수	자백 안 함	자백함
자백 안 함	둘 다 청소 3일	희철 : 청소 보름 명수 : 벌 없음
자백함	희철 : 벌 없음 명수 : 청소 보름	둘 다 청소 일주일

머릿속이 복잡해졌다. 명수와의 의리를 지켜야 하나. 하지만 시험도 얼마 남지 않았는데 화장실 청소로 기운을 다 뺄 수는 없잖아. 나

는 정말 이번 기말고사를 잘 봐야 한다고.

'그런데 가만, 명수가 어떤 답변을 할지는 알 수 없지만 내 입장에서는 자백하는 게 무조건 유리한 것 같다. 명수가 자백을 안 할 때 내가 자백하면 나는 벌이 없는 거고, 명수가 자백을 할 때에도 내가 자백해야 유리하네. 그래, 자백을 해야겠어. 어차피 내가 잘못한 거니까.'

고민 끝에 나는 선생님께 자초지종을 말씀드리며 잘못을 빌었다. 잠시 후 선생님께서는 명수도 자백을 했다며 한 가지 제안을 하셨다.

"이 녀석들. 앞으로는 절대로 이런 거짓말을 하지 마라. 자신이 한 일에 대해서는 떳떳하게 책임지는 사람이 되어야지. 이번 서클 시간에는 너희에게 했던 심문에 대한 수학적인 이야기를 들려줄까 하는데, 괜찮지? 충분히 반성한 것 같아 청소는 5일로 줄여주마."

이런 망신! 수학 선생님은 약속대로 서클 시간에 게임 이론에 대해 설명해주셨다. 게임 이론은 모든 참가자들이 자신의 이익을 극대화하려는 상황에서의 전략에 대해 연구하는 학문이다. 경제 주체들이 주어진 환경 속에서 각자의 상황에 맞게 어떻게 행동하는지 예측하는 데 매우 유용한 기법이기 때문에 경제학 등에서 널리 활용된다고 했다.

게임 이론의 시발점은 **폰 노이만**이라는 사람이 '죄수의 딜레마'라는 상황을 생각하면서 시작되었다. 죄수의 딜레마는 명수와 나처럼 두 명의 죄수가 서로 격리되어 다음과 같은 선택 사항을 제안받는 경우에 발생한다.

 폰 노이만
(John von Neumann, 1903~1957)
20세기 가장 뛰어난 수학자 중 한 사람으로 게임 이론, 양자 역학, 함수 해석학, 수치 해석, 통계학 등 여러 학문 분야에 걸쳐 다양한 업적을 남겼다. 제2차 세계 대전 중에는 핵무기를 만드는 미국의 맨해튼 계획에 참여하여 중요한 역할을 하기도 했다.

죄수 2 \ 죄수 1	자백 안 함	자백함
자백 안 함	둘 다 6개월 복역	죄수1 : 즉시 석방 죄수2 : 10년 복역
자백함	죄수1: 10년 복역 죄수2: 즉시 석방	둘 다 2년 복역

이 상황에서 죄수는 상대방의 결과는 고려하지 않고 자신의 이익만을 최대화한다는 가정하에 성립되는 이론이다. 이때 언제나 협동보다는 배신을 통해 더 많은 이익을 얻게 되므로 모든 참가자가 배신을 택하는 평형 상태가 된다. 죄수의 입장에서는 상대방의 선택에 상관없이 배신을 하는 쪽이 언제나 이익이므로 이성적인 죄수라면 배신을 택하는 것이 보통이다. 나와 명수처럼 말이다. 나와 명수가 자백을 하고, 두 명의 죄수가 서로를 배신하는 것을 **내쉬 평형** 상태라고 한다. 이 이론이 바로 지난번에 수학 선생님이 말씀하셨던 영화 〈뷰티풀 마인드〉의 주인공 존 내시가 게임 이론을 연구하여 만든 것이다.

우리만의 음모와 배신이 이런 식으로 친구들에게 공개된 것은 창피했지만 서클룸에는 새 책장이 생겼고 우리는 또 새로운 수학 이론을 배우게 됐으니 기분이 썩 나쁘지는 않았다.

고등학생이 되고 나서 가장 괴로운 것 중 하나는 시험공부의 양이 중학교 때와

내쉬 평형
(Nash Equilibrium)

경쟁 관계에 있는 개인, 기업, 또는 조직들이 동시에 결정을 내려야 하는 경우에 대해 분석한 이론이다.
참여자가 어떤 특정한 전략을 선택해서 하나의 결론에 도달했을 때, 모든 참여자가 이에 만족하고 자신의 선택이 최선이라고 여기며 더 이상 전략을 변화시킬 의도가 없는 경우를 '내쉬 평형'에 도달했다고 한다. 존 내쉬가 창안하고 증명하여 노벨 경제학상을 받았다.

비교도 되지 않을 만큼 많다는 것이다. 게다가 학원 수업에 숙제까지, 항상 공부에 치이다 보니 시험 기간에 대한 감각이 둔해진 것도 사실이었다. 지난 시험들도 남들보다는 늦게 시험공부를 시작했다는 기억이 떠올라 이번에는 작정하고 일찍부터 시험공부를 시작하기로 했다. 어차피 마음 놓고 놀지도 못하는 대한민국 고등학생인데, 시험공부한다는 핑계라도 대고 도서관에서 친구들과 같이 어울리는 편이 나을 것 같았다.

나랑 명수는 학원 앞에 있는 도서관에서 같이 공부하기로 했다. 명수도 여름방학까지는 하도 노력을 안 해 똑똑한 머리가 아깝다 싶었는데, 2학기 중간고사에서 내 수학 성적이 오른 것을 보고 자극을 받았는지 요즘은 나보다도 더 열심히 공부했다.

어느 날인가 "야, 내가 원래 한번 시작하면 또 끝장을 보는 성격이잖냐" 하고 농담처럼 말하더니 그 뒤로는 정말 공부에만 집중하는 것이었다. 나에게 수학 문제도 자주 물어보고, 평소에는 관심도 없던 시험 범위도 꼼꼼히 확인하는 모습을 보고 있자니 내가 다 당황스러울 지경이었다. 그렇게 명수와 나는 서로에게 자극제가 되어주고 있었다.

도서관에 온 첫날, 명수는 무언가를 열심히 계산하고 있었다. 무슨 일이건 한다면 하는 녀석이니 열심히 하리라고 믿고 나는 내 공부에만 집중했다. 한 시간이나 지났을까? 한창 수학 문제를 풀고 있는데 명수가 어깨를 건드렸다.

"희철아, 콜라나 한잔 하자."

명수 녀석, 도서관에 온 지 얼마나 됐다고…… 역시 체질에 안 맞는 공부를 하려니 좀이 쑤시나 보았다. 아직은 시간 여유가 있으니 바깥바람이나 좀 쐬일까 싶어 나도 책을 덮고 일어섰다.

"아까 보니까 너 시험공부는 안 하고 딴 짓 하고 있던데, 뭐 한 거야?"

"어, 계획표 짜고 있었어. 원래 시험은 전략적으로 대비해야 되는 거 아니겠냐? 하하하!"

역시 명수다운 발상이다.

"전략적 대비? 너무 거창하지 않냐? 시험공부에 무슨 특별한 전략이 필요하다고 그래?"

"얘가 참 모르는 소리를 하고 있네. 이렇게 둔한 녀석이 어떻게 중간고사 성적이 그렇게 많이 오른 거지? 정말 신기해."

"얘는!"

나는 왠지 쑥스러워 얼버무리며 명수를 쳐다보았다.

"자, 들어봐. 평상시와 시험 기간의 공부 방법은 근본적으로 달라."

"시험 기간에는 그냥 시험공부 하면 되지, 무슨 개가 풀 뜯어먹는 소리야."

"너, 소희가 이렇게 말했어도 '개 풀……' 어쩌고 할 거냐? 형님이 가르쳐주면 '감사합니다!' 하고 배워, 인마! 봐라. 평상시의 공부는 대입이라는 골을 향한 마라톤이라고 할 수 있어. 장기 레이스를 위해 선행 학습이나 취약한 부분의 복습, 심화 학습 등 자기 자신을 단련하고 보완해나가는 수행이라고 보면 비슷할 거야."

"아, 무슨 말을 하려는 건지 알겠어. 하지만 학교 시험은 상대적으로 단기간을 뛰는 경주라는 거지?"

"그래, 시험 기간에는 한정된 시험 범위와 예측 가능한 시험 성향 등을 바탕으로 계획적으로 공부를 해야 해. 그러니 당연히 여러모로 차이가 날 수밖에 없지. 나처럼 요령 있는 학생들은 이런 걸 염두에 두고 전략적으로 시험공부를 해왔다고."

어느덧 우리 두 사람 모두 진지해져 있었다. 시험공부를 어떻게 전략적으로 하는 것인지 어리둥절해하는 나에게 명수는 자기만의 시험공부 방법론을 털어놓았다.

"아무에게나 알려주면 안 되는 건데……. 너니까 내가 특별히 알려준다."

"알았어, 알았어. 일단 들어보고 도움이 되면 내가 은혜 갚는다."

명수는 시험공부를 하려면 일정표를 짜는 것부터 시작해야 한다고 했다. 일정표 만들기의 첫 단계는 시험까지 공부할 수 있는 현실적인 시간을 계산하는 것이다. 그 뒤에는 과목별로 학업 성취도와 중요도 및 난이도를 고려하여 각각 공부해야 하는 시간을 배분해야 한다. 명수의 경우에는 수학과 영어 등 주요 과목 성적이 좋았기 때문에, 평균 점수를 깎아먹었던 암기 과목에 많은 비중을 두고 있었다.

명수의 설명에 따르면 계획을 세울 때는 가급적 한 과목을 하루 종일, 또는 연속한 날짜에 몰아서 공부하는 것보다는 하루에 두 과목 이상 공부하는 등 적은 양으로 쪼개고 섞어서 하는 것이 좋다. 오랫동안 한 과목만 공부하다 보면 자칫 지루해져서 집중력이 떨어질 가능성이 높고, 과목마다 공부할 때 사용하는 뇌의 부위도 각각 다르기 때문에 골고루 사용하는 것이 학습 효율성을 높이고 한쪽 두뇌에만 스트레스를 몰아주는 것도 예

일요일	월요일	화요일	수요일	목요일	금요일	토요일
11월 9일 • 영어 교과서 내용 정리 및 독해 연습 • 국어 교과서 내용 정리 및 문제집 풀이 (1/3)	10일 • 수학 10-나 6단원 교과서 정리 및 문제집 풀이 • 국어 교과서 내용 정리 및 문제집 풀이 (2/3)	11일 • 영어 교과서 내용 정리 및 독해 연습 • 국어 교과서 내용 정리 및 문제집 풀이 (3/3)	12일 • 수학 10-나 7단원 교과서 정리 및 문제집 풀이	13일 • 영어 교과서 내용 정리 및 독해 연습 • 과학 교과서 내용 정리 및 문제집 풀이 (1/3)	14일 • 수학 10-나 8단원 교과서 정리 및 문제집 풀이 • 과학 교과서 내용 정리 및 문제집 풀이 (2/3)	15일 • 영어 교과서 내용 정리 및 독해 연습 • 과학 교과서 내용 정리 및 문제집 풀이 (3/3)
16일 • 수학 10-나 9단원 교과서 정리 및 문제집 풀이 • 국사 교과서 내용 정리 및 문제집 풀이 (1/3)	17일 • 영어 단어 암기 및 독해 연습 • 국사 교과서 내용 정리 및 문제집 풀이 (2/3)	18일 • 수학 10-나 10단원 교과서 정리 및 문제집 풀이 • 국사 교과서 내용 정리 및 문제집 풀이 (3/3)	19일 • 영어 단어 암기 및 독해 연습 • 도덕 교과서 내용 정리 및 문제집 풀이 (1/2)	20일 • 수학 10-나 11단원 교과서 정리 및 문제집 풀이 • 도덕 교과서 내용 정리 및 문제집 풀이 (2/2)	21일 • 영어 단어 암기 및 독해 연습 • 사회 교과서 내용 정리 및 문제집 풀이 (1/2)	22일 • 수학 10-나 6~11단원 문제집 풀이 • 사회 교과서 내용 정리 및 문제집 풀이 (2/2)
23일 • 영어 단어 암기 및 독해 연습 • 한문 교과서 내용 정리 및 문제집 풀이 (1/2)	24일 • 수학 10-나 6~11단원 문제집 풀이 • 한문 교과서 내용 정리 및 문제집 풀이 (1/2)	25일 • 영어 단어 암기 및 독해 연습 • 기술 교과서 내용 정리 및 문제집 풀이	26일 • 수학 10-나 6~11단원 문제집 풀이 • 가정 교과서 내용 정리 및 문제집 풀이	27일 • 과학 공부 내용 복습 • 영어 오답 노트 내용 복습	28일 • 사회, 국사 공부 내용 복습 • 수학 오답 노트 내용 복습	29일 • 국어 공부 내용 복습
30일 • 국어 최종 점검 • 도덕 최종 점검	12월 1일 ★ • 1교시 국어 시험 • 2교시 도덕 시험 • 수학 과목 최종 점검 • 한문 과목 최종 점검	2일 ★ • 1교시 수학 시험 • 2교시 한문 시험 • 과학 과목 최종 점검 • 사회 과목 최종 점검 • 기술 과목 최종 점검	3일 ★ • 1교시 과학 시험 • 2교시 사회 시험 • 3교시 기술 시험 • 영어 과목 최종 점검 • 국사 과목 최종 점검	4일 ★ • 1교시 영어 시험 • 2교시 국사 시험	5일	6일

〔명수의 시험공부 계획표〕

방할 수 있기 때문이다. 특히 수학은 과목 특성상 다른 과목들에 비해 생각을 많이 해야 하며, 시험일까지 문제 풀이 감각을 꾸준히 올리는 것이 중요하기 때문에 가능한 한

여러 번으로 나누어 배치하는 것이 좋다.

명수의 이론은 제법 체계적이었다. 나는 집에 돌아와 명수가 설파한 전략적 시험공부 방법에 대해 곰곰이 생각해봤다. 맞는 말이었다. 평소 공부와 시험공부에는 다른 전략이 필요했다. 명수 녀석, 어떻게 그런 걸 다 알고 있는지…… . 생각해보면 지금까지《수학의 눈》에 나온 비법들, 그리고 내가 해왔던 공부들도 모두 수학 실력의 전반적인 향상을 위한 것이었다. 진정한 수학 실력이 는다면 당연히 좋은 것이고, 그것이 수학 공부의 궁극적인 목표라고 할 수 있다. 하지만 시험을 잘 보는 것 역시 그에 못지않게 중요한 일이다. 게다가 선순환 구조에 오르기 위한 필요 조건 중 하나가 시험을 잘 봐서 자신감을 회복하는 것이 아니던가! 나 역시 중간고사를 잘 본 이후로 자신감이 붙어 더욱 수학 공부가 잘 되고 있는 참이었다.

그렇다면 이제부터는 기말시험을 대비한 공부를 해야 한다는 얘기데…… . 명수와 이야기를 나누는 동안에는 잠시 헷갈렸지만 이제 모든 것이 명확해졌다. 수학 기말고사를 잘 보기 위해서는 전략적으로 공부해야만 했다. 나도 명수의 비법을 시도해보기로 했다. 그동안 노트 정리도 잘 해왔고 수학 실력도 어느 정도 향상된 것 같으니까, 이제 시험공부를 제대로 한번 해보자.

'가장 중요한 일이 별로 중요하지 않은 일들에 의해 좌우되어서는 안 된다'는 힌트 역시 같은 내용을 담고 있었다.《수학의 눈》은 시험 기간에 어떻게 공부해야 하는지 그 방법을 정리해서 보여주었다. 아크는 억울해서 펄펄 뛰었지만, 정작 중요한 시험이 남아 있었기 때문에 긴장의 끈을 놓을 수는 없었다.

우선 나는 시험 직전까지 최대한 많은 문제를 풀어보기로 했다. 개념 설명보다는 문제 비중이 큰 문제집을 한 권 샀고, 수학 선생님 께서 추천해주셨던 문제집을 한 권 더 샀다. 이렇게 두 권에 있는 모 든 수학 문제들을 꾸준히 풀어나갔다. 시험 기간에는 다른 과목도 공부를 해야 하기 때문에 시간 관리의 중요성은 더욱 커졌다. 그래 도 하루에 1시간 이상 꼭 수학 문제를 풀고, 유형을 정리하고 익히 는 데 투자했다. 유형을 정리하고 익히는 데는 풀이 노트와 오답 노 트를 함께 활용한 것이 큰 도움이 되었다. 풀이 노트의 문제 번호 위 에 유형들을 간략히 정리해두었더니, 두 번째 문제집을 풀 때는 문 제 푸는 속도도 빨라졌고, 틀리는 문제도 적어졌다. 내가 그날 재석 이한테 떡볶이를 샀던가? 시험 끝나고 나면 한 번 더 사야겠는걸!

어느덧 시험이 일주일 앞으로 다가왔다. 지난주에 정리한 풀이 노 트를 중심으로 유형별 복습에 들어갔다. 또 명수가 구해온 기출문 제를 풀어보며 시험에 대한 감도 익혔다. 명수와 함께 모의고사 문 제도 몇 개 풀어보았는데, 명수가 실제 시험을 볼 때처럼 시간을 재 면서 시험지에 풀어보자는 의견을 내놓았다. 이렇게 연습을 해두어 야 시험 때도 시험지에 깔끔하게 문제를 풀고, 검산하기가 좋다는 것이었다.

다른 과목들, 특히 암기 과목 때문에 수학에 많은 시간을 투자하 긴 힘들었지만, 계산에 대한 감을 잃지 않기 위해 하루에 30분 이상 시간을 내서 해당 단원들에 대한 계산 연습을 했다. 이렇게 철저히 시험공부를 해보기는 처음이었다. 이런 식의 훈련은 지금까지 내가 얼마나 허술하게 시험공부를 해왔는지를 새삼 깨닫게 해주었다.

드디어 시험 기간. 수학은 시험 첫날인 내일이다. 수학 공부를 하려고 책을 펼쳤지만 너무 긴장이 되어 눈에 잘 들어오지 않았다. 전에 느껴보지 못한 긴장감이었다. 가장 공부를 열심히 하고 대비를 많이 한 시험임에도 불구하고 이전보다 몇 배는 더 긴장이 되었다. 더 이상 뭔가 새로운 것을 공부하는 것은 불가능해 보였다. 나는 오답 노트를 들고 밖으로 나갔다. 도서관 주변에 산책하기 좋은 공원이 있어서 거기에서 머리를 식힐 생각이었다. 길을 걸으며 오답 노트를 펼쳐보니 2주 동안 상당히 많은 분량의 내용들이 정리되어 있었고, 내가 약했던 부분이나 자주 틀리는 문제들을 분명히 알 수 있었다. 내일 시험에서는 똑같은 실수를 저지르면 안 되는데…….

아무래도 안 되겠다 싶어 도서관에 명수를 남겨두고 집에 일찍 들어왔다. 차라리 일찍 자고 일찍 일어나는 편이 좋겠다 싶었다. 가방을 정리해두고 자리에 눕자 기다렸다는 듯이 아크가 나타났다. 아크는 침대 발치에 걸터앉아 침대를 흔들어댔다.

"이봐! 시험이 내일인데 잠이 와? 응? 밤새워 공부해야 하는 거 아냐?"

"됐어. 내가 할 수 있는 건 다 했어. 괜히 밤새우고 해롱거리느니 푹 자고 맑은 머리로 시험 보는 게 훨씬 나을 것 같아!"

내 태도가 워낙 확고해선지 아크는 선선히 물러났다.

"뭐, 결과는 금방 나올 테니까……."

일찍 잠자리에 든 덕분에 아침 일찍 눈이 떠졌다. 드디어 승부다. 내 자존심과 자신감을 지켜내야 하는 순간이 찾아온 것이다. 아크와의 거래에서 이기기 위해서나 나 자신을 지키기 위해서나 중요한 날이 될 터였다.

수학 시험지를 받아드는데 손이 벌벌 떨렸다. 뒤에 앉은 명수에게 시험지를 넘겨주려다 시험지를 떨어뜨리고 말았다.

"화이팅!"

시험지를 주워들며 명수가 작은 소리로 기합을 넣어주었다.

나는 조용히 눈을 감았다. 10초 정도 시간을 갖고 마음을 다스리려 노력했다. '나는 할 수 있다, 나는 잘할 수 있다' 하고 연달아 속삭이며 마음을 다잡았다. 잘할 수 있을 거야. 그 어느 때보다도 열심히 공부했고, 평소 실력도 많이 늘었어. 하던 대로만 점수가 나와준다면 충분히 90점을 넘길 수 있어! 힘내, 김희철!

마음이 차분해지자 조용히 눈을 뜨고 한 문제씩 풀기 시작했다. 명수와 같이 시험 보는 연습을 해둔 효과가 있었는지 앞부분은 큰 어려움 없이 풀어나갔다. 그런데 9번 문제에서 딱 막히고 말았다.

'아, 이번 시험은 진짜 잘 봐야 되는데…… 벌써부터 막히는 문제가 나오면 안 되는데……. 왜 이 문제가 안 풀리지? 이렇게 하면 될 거 같은데…….

마음이 점점 조급해졌다.

'이거 진짜 큰일이네. 아직도 남은 문제가 많은데, 또 이렇게 어려운 문제가 나오면 어떡하지? 이번에도 시험을 망치면 정말 큰일인데……. 이러다 정말 아크가 내 자신감을 빼앗아 삼켜버리는 건 아닐까? 그럼 난 어떻게 되는 거지?'

갑자기 불안감이 엄습해오며 마음의 평정이 깨져버렸다. 귓속에서 사박사박 소리가 나며 귓불이 근질거리기 시작한다. 아크다! 하필 이런 때……. 아크는 내 책상머리로 바짝 다가와 위협적인 웃음을 지었다.

"낄낄낄……. 이렇게 될 줄 알았어. 비법도 다 찾고, 수학 공부도 열심히 하기에 걱정했는데, 참 별것도 아니었군! 아무래도 내가 이길 것 같은데? 낄낄낄낄…… 희철이 네 자신감이야말로 아주 맛있을 것 같아. 있는 대로 부풀어 있으니 말이야. 그걸 빼앗아서 한입 꽉 깨물면……. 낄낄낄낄……. 자, 이제 그만 포기해. 시간은 없고, 어려운 문제는 아직도 많이 남았으니까 애써봤자 헛수고라고."

막판이라고 아예 교실까지 따라와 발악이다. 나는 아크의 말을 무시하고 눈을 감았다. 다시 한 번 마음을 가라앉히기 위해 속으로 주문을 외웠다.

'김희철. 나는 할 수 있어. 나는 할 수 있다고!'

최대한 마음을 가다듬으며 9번 문제에 체크를 해두고 다음 문제로 넘어갔다. 침착하게, 문제를 차분히 읽으며 한 문제씩 풀어나갔다. 중간에 몇 문제 더 막히긴 했지만 처음처럼 당황스럽진 않았다. 나는 조금 생각을 해본 뒤에 풀리지 않으면 체크를 하고 일단 넘어갔다.

아크는 교실을 이리저리 서성이며 아이들을 들여다보고 있었다. 아이들은 이유도 모른 채 귀를 긁적이며 시험을 보고 있었다. 하지만 그것도 지루해졌는지 다시 내게 다가와 방해를 했다.

"이봐, 지금 네가 체크해둔 문제가 몇 개나 되지? 그 문제들을 끝까지 못 푼다면 네 자신감은 내 거라고! 으흐흐흐…… 맛있는 자신감을 배불리 먹을 생각을 하니 너무 기대되어 온몸이 근질거리는군.

낄낄낄낄……. 오호! 이제 시험 시간이 얼마 남지 않았는걸!"

아크는 정말로 기분이 좋아 보였다. 하지만 나는 아크의 끊임없는 방해에 대꾸도 하지 않고 시험에 집중하려 노력했다. 어차피 이건 나 자신과의 싸움이야. 드디어 마지막 문제까지 해결하고, 다시 앞으로 돌아와 체크해두었던 문제들을 다시 한 번 살펴보았다. 아직 풀지 못한 문제가 네 개나 되는데 시험 시간은 17분밖에 남지 않았다. 하지만 일단 문제가 풀리기만 한다면 시간은 충분하다.

처음엔 긴장해서 그랬는지, 잘 풀리지 않던 문제들이 차분한 마음으로 다시 도전했더니 의외로 간단하게 해결되었다. 예전에는 이런 어려운 문제를 만나면 당황하고 시간을 너무 많이 허비해버려서 결국 마지막에는 시간에 쫓기며 쉬운 문제에서도 실수를 했었다. 하지만 오늘은 쉬운 문제부터 해결하고 남은 시간을 활용하여 어려운 문제들을 해결했더니 문제가 훨씬 잘 풀렸다.

이제 남은 시간은 9분. 먼저 주관식 문제부터 답안지에 옮겨 적으며 검토를 했다. 구한 답이 조건을 만족하는지, 계산 실수는 하지 않았는지 하나씩 다시 한 번 확인했다. 시험지에 문제를 깔끔하게 정리하며 푸는 연습을 한 덕분에 계산 과정을 검토하는 것이 한결 수월했다. 객관식 문제들도 모두 검토하고 답안지에 옮겨 적었다. 마지막으로 답안지에 답을 잘 옮겨 적었는지 확인하고 나니 가슴속에 꽉 뭉쳐 있던 응어리가 쑥 내려가는 듯한 느낌이 들었다. 시험 시간 끝을 알리는 종소리가 이렇게 편안하게 느껴진 적이 있었던가! 선생님이 답안지를 걷어가시자 명수가 뒤에서 등을 쿡 찔렀다.

"괜찮았어?"

우리는 서로 얼굴을 마주보며 의미심장한 미소를 주고받았다. 항상 답안지를 제출하고 나면 마음이 무겁고 어딘가로 도망가고 싶었지만 오늘은 다르다. 모든 긴장이 해소되며 온몸의 기운이 쭉 빠지는 것 같다. 잠시 책상에 엎드려 머리를 쉬며 다음 시험을 대비했다. 수학 때문에 워낙 마음을 졸였던 탓에 다른 시험은 걱정도 안 되었다. 1학기 중간고사의 아픈 기억으로부터 시작된 지난 몇 개월간의 노력들이 보상받을 수 있을까. 설마 이게 마지막 시험이 되는 건 아니겠지? 아크에게 자신감을 넘겨주고 나면 남은 2년은 내게 아무것도 아닌 게 될 것이다.

이렇게 해서 마지막 비법도 완성한 셈이다. 나에게 가장 중요한 건 이번 기말고사를 최선을 다해 잘 보는 것이었기 때문이다. 그렇다면 나는 '수학의 눈'을 정복한 것일까?

교문을 나서며 하늘을 쳐다보았다. 구름 한 점 없이 청명한 가을 하늘……. 얼마 만에 바라보는 하늘인가. 1학기 중간고사 이후 하늘은 내게 아무런 의미도 없었다. 마음이 불안할 때나 우울할 때면 언제나 내게 힘을 주고 마음을 차분히 가라앉혀주던 하늘이 몇 달 만에야 제 빛을 찾아 환하게 빛나고 있었다.

"희철아, 같이 가자!"

소희. 그래, 이럴 때는 언제나 소희가 곁에 있었지. 언제나 변함없는 소희, 내 17년 친구……. 갑자기 1학기 때 수학 성적 때문에 소희를 피하던 생각이 나서 혼자서 피식 웃고 말았다. 가을 햇빛을 받으며 달려오는 소희를 보니 이젠 제법 여고생 티가 나는 것 같았다.

시험 기간의 알짜배기 공부 전략

1. 시험 기간에 대한 올바른 이해

수학 공부를 농사에 비유하여 평상시와 시험 기간의 학습 방법 차이를 살펴보도록 하자.

평상시의 공부는 한 해 농사라는 큰 틀에 맞추어 밭을 갈고, 작물을 심고, 거름을 주는 등의 전반적인 농사의 과정이라고 할 수 있다. 즉 대입을 최종 목표로 장기적인 계획 아래에서 수학 공부를 해나가는 것이다. 중고등학교 과정의 수학은 내신 진도에 따라 한 번 공부한 것으로, 수능이나 대학별 고사 등을 대비하기에는 많이 부족하다. 따라서 선행 학습과 반복 학습을 통해 부족한 부분을 보완하며 종합적인 학업 성취드와 문제 풀이 능력을 끌어올리는 데 주력해야 하는 것이다. 땅이 척박하다면 밭도 여러 번 갈아 농작물이 잘 자랄 수 있는 토양을 조성해놓아야 하며(문제 풀이 능력 향상), 기름지지 않은 부분에는 비료도 적절히 주어야 하는 것(보충 학습)과 같다.

한편 중간고사나 기말고사 등을 앞둔 시험 기간의 학습은 명확한 시험 범위의 내용에 대해 최대한으로 높은 학업 성취도를 달성해내는 것이 핵심이다. 평소에 공부한 내용을 바탕으로 잘 여문 곡식들을 최대한 빠뜨리지 않고 수확해내야 하는 것이다. 하지만 기본에 완벽을 기하며 심화 문제들까지 두루 익히기에 시험 기간, 즉 수확기는 충분히 길지 않다. 따라서 남들과 똑같이 주어진 짧은 시험 기간 동안에 최고의 효율을 거둘 수 있는 마무리 학습 전략이 필요하다.

'시험 기간에는 그냥 배웠던 것들을 열심히 복습하면 되지, 무슨 특별한 전략이 필요해?'라고 생각한다면, 평소에는 자신보다 수학을 못하는 것 같았는데 시험은 더 잘 보곤 했던 친구를 떠올려보자. 같은 시간 동안 같은 조건에서 공부를 하더라도 더 좋은 성적을 받는 학생들은 어디에나 있기 마련이다. 그들은 좀 더 효과적인 방법으로 시험공부를 해왔을 뿐이다.

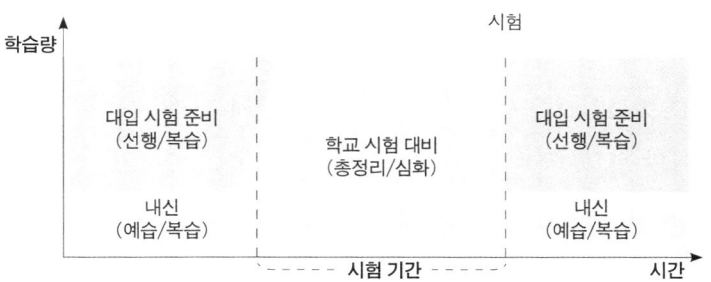

2. 기간별 시험공부 방법

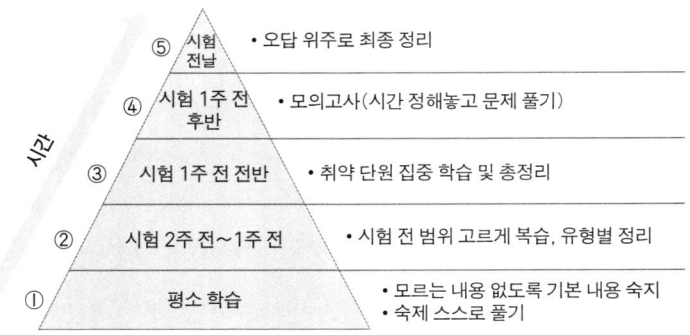

⑤ 시험 전날 • 오답 위주로 최종 정리

④ 시험 1주 전 후반 • 모의고사(시간 정해놓고 문제 풀기)

③ 시험 1주 전 전반 • 취약 단원 집중 학습 및 총정리

② 시험 2주 전~1주 전 • 시험 전 범위 고르게 복습, 유형별 정리

① 평소 학습 • 모르는 내용 없도록 기본 내용 숙지
• 숙제 스스로 풀기

평소 학습

노력 없이 얻을 수 있는 것은 아무것도 없다는 말처럼, 시험 기간
의 학습 방법은 어디까지나 기본적인 학습 상태를 갖춰온 학생
에게 제대로 효과가 발휘될 수 있는 것들이다. 수학 과목은 특히
벼락치기가 불가능한 과목이기 때문에 최소한 시험 범위의 내용
중 완전히 모르는 부분은 없도록 평소에 기본 내용을 숙지해놓
아야 한다. 숙제 등을 스스로의 힘으로 성실하게 풀어왔다면 시
험 기간의 학습에 든든한 버팀목이 될 것이다.

시험 기간 2주 전 ~ 1주 전

이제 본격적인 시험 기간이 찾아왔다. 시험공부 계획을 세울 때
수학 과목은 최대한 여러 번으로 나누어 꾸준히 학습할 수 있도

록 배치하자. 가능하면 적어도 하루에 30분 이상씩 매일 수학 문제를 풀며 감각을 유지하는 것이 좋다. 수학은 타 과목에 비해 생각을 많이 해야 하며, 시험일까지 문제 풀이 감각을 지속적으로 유지하는 것이 중요하기 때문이다.

이 기간에는 전체 시험 범위의 내용을 고르게 이해하는 데 초점을 맞추자. 내용 정리 위주로 공부하며, 한 단원의 내용을 공부한 뒤에 그 단원에 해당하는 대표적인 유형의 문제 5~6개만 풀고, 문제 풀이 노트에 유형별로 정리를 하며, 학교 프린트나 숙제 문제 등 기본적인 학습 자료들도 꼭 한 번씩 점검하도록 하자. 이때에는 시험 범위 전체를 점검할 수 있도록 한 단원에 오랫동안 집착하지 않아야 하며, 약한 단원들은 별도로 체크해놓자.

시험 기간 1주 전 전반

취약했던 단원과 어려웠던 문제들을 위주로 집중적으로 공부하며 전반적인 학업 성취도를 균일하게 끌어올리자. 시험 범위의 전체적인 흐름과 각 단원의 대략적인 내용이 파악되었다면 하루를 투자하여 전체적인 내용 정리를 다시 한 번 하자. 이전까지 이해하지 못했던 부분들도 이 과정에서는 완벽히 이해할 수 있어야 한다. 종합 문제나 심화 문제 등을 풀며 여러 단원의 내용을 종합적으로 이해했는지 점검하자.

시험 기간 1주 전 후반

시험 2~3일 전부터는 실제 시험처럼 시간 제한을 두고 모의고사처럼 문제를 풀어보자. 수학 문제는 언제나 풀이 노트에 정리하는 것이 좋지만, 이때만큼은 직접 시험지나 문제지의 여백을 활용하며 실제 시험에 적응해보자. 시험에 스트레스를 가지고 있는 많은 학생들이 지나친 긴장으로 시험을 망치곤 하는데, 이같은 환경에서의 문제 풀이는 심리적, 기술적으로 큰 도움을 줄 수 있다.

시험 전날

시험 전날에는 많은 변화를 주려고 하기보다는 지금까지 정리했던 내용 중 취약했던 부분이나 틀렸던 문제 위주로 차분히 정리하는 시간을 갖자. 수학은 암기 과목이 아니기 때문에 어차피 시험 전날 바짝 새로운 내용을 외우거나 하는 노력을 하더라도 성적 향상으로 연결될 가능성이 낮다.

수학 시험은 당일의 컨디션 조절이 중요하므로 꼭 12시 이전에 잠자리에 들어 7시간 정도 수면을 취하도록 하자. 아침에는 충분히 일찍 기상하여 상쾌한 마음을 갖도록 하며, 아침식사를 해서 뇌를 활성화시키고 집중력을 끌어올리도록 하자.

마인드 컨트롤로 불안함을 다스려라

'여의길상(如意吉祥)'이란 말이 있다. '항상 길하고 상서로운 좋은 일들은 자기 의지에 달려 있다'는 말로, 좋은 일을 생각하면 좋은 일이 생긴다는 것을 의미한다. 이는 시험을 볼 때도 마찬가지이다. 과거에 시험을 망쳤던 기억이나 불안한 생각들을 떠올리기보다는 차분하게 지난 시간들의 노력을 기억해내자. 시험지를 나눠주기 전 잠시 눈을 감고 '나는 할 수 있어', '내가 못 풀 문제는 없어' 등의 말을 속으로 함으로써 시험을 잘 볼 수 있다는 자기 암시를 해보자.

검산하는 자에게 복이 있나니

실수가 곧 실력으로 이어지는 것이 시험이다. 당연히 '계산 실수만 안 했어도', '문제만 제대로 읽었어도', '숫자를 잘못 옮겨 적지만 않았어도' 같은 푸념들도 성적표에 함께 나오지는 않는다. 이처럼 검산의 중요성은 백 번 강조해도 부족함이 없지만, 실제 시험에서 검산을 효과적으로 활용하는 학생들은 많지 않다.

검산은 수학 성적을 일정 수준 이상 향상시켜주는 가장 쉽고 확실한 방법이다. 검산을 어떠한 방법으로 해야 좋은지 잘 모르는 학생들은 다음의 조언을 참고하기 바란다.

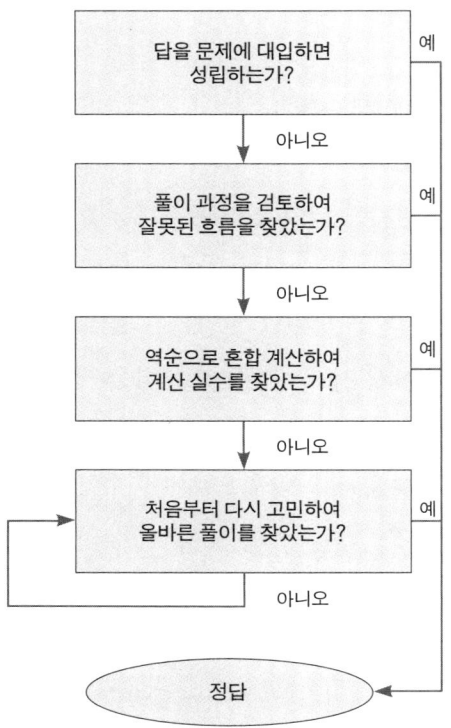

① 검산에서 가장 먼저 해야 하는 것은 답을 거꾸로 문제의 조건에 집어넣어 식이 성립하는지를 확인해보는 것이다. 검산이라고 해서 무작정 문제를 다시 풀어보는 것은 절대로 좋은 방법이 아니다. 풀이 과정에서 실수가 있었다면, 습관적으로 똑같은 실수를 되풀이해 오답 여부를 찾아내기 어려울 가능성이 높다.

② 오답인 것이 확인되었다면, 먼저 풀이 과정을 눈으로 살펴보며 어색한 흐름이 있는지 찾아보자. 공식을 잘못 사용했는지, 식을 엉뚱한 곳에 대입했는지 등의 실수를 발견했다면 해당 부분만을 고쳐서 답이 맞는지 확인하자.

③ 그래도 틀린 부분을 찾지 못했다면, 계산 실수를 했을 확률이 높다. 계산 실수는 혼합 계산의 순서를 바꾸어 효과적으로 찾아낼 수 있다.
예를 들어 $12 \times 34 \times 56$이라는 식이 있다면, 처음 문제를 풀 때에는 $(12 \times 34) \times 56$의 순서로 계산했을 것이다. 이것을 검산할 때에는 $12 \times (34 \times 56)$의 순서로 계산하면 특정 숫자의 곱셈에서의 실수를 찾을 수 있다.

④ 계산 실수를 발견하지 못했다면, 처음부터 문제를 다시 고민하여 풀어보는 것이 좋다. 시험지 여백 등을 적절히 활용하여 풀이 과정을 꼼꼼하게 다시 적어보자. 다만, 풀이 방법에 대한 감이 전혀 잡히지 않을 경우에는 체크만 해놓은 뒤 과감하게 다음 문제로 넘어가자. 다른 문제에 대한 검산까지 마친 후 마음의 여유를 가지고 다시 풀어보는 것이 나은 방법이다.

어려운 문제 앞에서도 기죽지 마라
무작정 펜을 들고 풀기보다는 문제를 반복하여 읽으면서 무슨 문제인지를 잘 파악하는 데 노력을 기울이자. 차분하게 시험 범위 내에서 어떤 부분과 관련이 있는지를 생각해보고, 그 부분에서 어떤 개념들이 문제를 푸는 데 쓰였는지, 어떤 유형의 문제들이 있었는지를 떠올려보자. 내가 알고 있는 개념들과 연관을 짓기 위한 시도를 해보자. 예를 들어 이차방정식과 관련된 문제를 푸는 경우, 근의 공식, 판별식, 근과 계수와의 관계 중 어느 것을 활용할 수 있는지를 생각해보는 것이다.

그래도 풀리지 않는다면 문제에서 요구하는 것이 무엇인지, 그것을 해결하기 위해서는 어떤 정보들이 필요할지 반대로 짚어가며 생각해보자. 이렇게 하나씩 거꾸로 단계를 내려오면서 필요한 단계들을 간단히 정리해 시험지의 여백에 적어두자. 그러다 보면 어느새 거짓말처럼 문제 풀이의 실마리가 보일 것이다.

4. 시험 직후의 자기 관리

학교 시험이 끝났다고 수학 공부가 끝난 것은 아니다. 취약했던 부분은 결국 수능 시험이나 대학별 고사 등을 앞두고 다시 복습해야 하는 내용들이며, 연관 단원이 중요한 수학의 특성상 향후 배울 단원의 학습에도 악영향을 줄 수 있다. 해이해지기 쉬운 시험 기간 직후에 조금만 더 부지런하면, 시험을 잘 봤든 못 봤든 큰 도약의 계기를 마련할 수 있다.

틀린 문제는 반드시 왜 틀렸는지 분석하고, 오답 노트에 정리하자. 시험이 끝나고 자신이 약한 부분을 정확히 체감하고 느끼는 순간이 바로 부족한 부분을 복습하기 가장 좋은 시점이라는 것을 잊지 말자.

"이번 겨울만 지나면 우리도 4학년이네."

"그러게 말이야, 대학교 입학한 게 엊그제 같은데…….""

"휴, 내년부터는 정말 졸업 준비에 유학 준비에 정신없겠는걸!"

"에이, 수학과 천재 김희철이 그런 말 하면 다들 웃겠다, 야."

"금융수학과로 유학 가는 게 쉽지 않다는 거, 너도 잘 알면서 그래. 소희 너야말로 교육 실습만 잘 다녀오면 금방 선생님 되는 거 아냐? 난 너에 비하면 갈 길이 한참 멀었다."

"나야말로 아직 첫 발도 내딛지 못했는데……. 그나저나 오랜만에 한강에 나오니까 기분 정말 좋다. 맥주도 시원하고 말이야."

"내일 고등학교 동창회 가면 또 마실 텐데, 그것만 마셔라. 너 술 먹이면 나 너희 아빠한테 혼나."

"얘는! 누가 들으면 내가 술꾼인 줄 알겠다. 그나저나 명수 볼 생각하니 벌써부터 설렌다. 너도 명수 본 지 오래됐지?"

"설렌다고? 어허! 진작 말하지 그랬냐, 안 그래도 어제 명수랑 통화했는데……."

"야, 그런 말이 아니잖아!"

"몰라. 너 없어도 명수는 잘 지내는 것 같더라. 걔는 고등학교 때도 만날 놀더니, 대학교 가서는 아주 물 만났어. 하루가 멀다 하고 소개팅에 미팅에, 바쁘게 지내나 보던데?"

"그래도 명수는 한번 마음먹으면 잘 하잖아. 고등학교 때도 1학년 말부터 마음먹더니 2학년 때부터는 줄곧 상위권을 유지했잖아. 대학교 때도 뭐 마음만 잡으면 금방 해낼 거야."

"명왕성도 작년에 전주영화제 학생 부문에 작품을 올렸다더라. 그 녀석은 역시 그쪽으로 성공할 것 같더라고. 곧 만나기 어려워지는 거 아냐? 아, 재석이랑은 연락해봤니? 라이벌 중에 너희처럼 친한 애들도 없었을 텐데……."

"재석이는 뭐, 의대라서 우리보다 더 바쁜 것 같아. 예과 때부터 그렇게 열심히 공부하는 걸 보면 재석이는 역시 공부가 체질에 맞나 봐. 지금 생각해보면 내가 그런 애랑 경쟁했다는 게 믿어지지 않을 정도야."

"그러고 보니 고등학교 때 생각난다. 그 사건도 그렇고……."

"그 사건? 뭐?"

"음, 아니야. 말해도 믿지도 않을 텐데, 뭘."

"뭔데 그래? 그렇게 말하니까 더 궁금하잖아! 내가 모르는 일이야?"

"그래. 나 1학년 1학기 중간고사 끝나고 수학 때문에 엄청 고생했던 거 기억하지?"

"그거야 알지. 우리 아빠도 그때 네 걱정 많이 했었으니까."

"내가 어떻게 수학을 잘하게 되었는지 궁금하지 않아?"

"에이, 난 또 엄청난 사건이라고! 그게 뭐 사건이야, 열심히 했으니까 된 거지."

"그게 아니고, 사실 그때 나 악마를 만났었거든······."

"악마? 얘가 또 왜 이래? 맥주 한 캔에 취하셨어?"

"수학 때문에 한참 고민하고 있을 때 악마가 날 찾아왔었어. 결국 난 악마와 거래를 하게 되었지. 악마는 내게 《수학의 눈》을 주는 대가로 1년 안에 성적이 오르지 않으면 내 자신감을 빼앗아가겠다고 말했어. 나는 그 거래 때문에 올바른 수학 공부 방법을 찾기 위해 온갖 노력을 다 해야 했지. 결국 내 자신감은 아직까지 내가 잘 지키고 있지만 말이야."

"하하하! 희철이 너, 그런 진지한 표정으로 이렇게 재미있는 얘기를 해도 되는 거야?"

"그럴 줄 알았어. 어차피 네가 안 믿을 줄 알았다니까."

"아니야. 그때 너 고생한 건 내가 누구보다 잘 아는걸. 악마면 어떻고 귀신이면 어때? 내 생각은 이래. 누구에게나 어렵고 힘든 시기는 있게 마련이야. 특히 공부가 인생의 전부인 것처럼 느껴지는 학창 시절에는 심리적으로 많이 흔들리게 되는 것 같아. 시험을 망치면 하늘이 무너져 내리는 것처럼 혼란스럽고 좌절감도 느끼게 되잖아. 그럴 때 우리를 나약하게 만드는 마음이 여러 가지 모습으로 나타나는 게 아닐까?"

"네 말을 듣고 보니 그럴 수도 있겠다. 특히 자신감이 떨어지면서 '나는 어차피 못할 거야', '그냥 포기하는 편이 나을지도 몰라' 하는 생각을 하며 꿈을 잃어갈 때는 정말 힘들었던 것 같아."

"그런 난관을 슬기롭고 꿋꿋하게 극복해냈기 때문에 지금의 우리가 있는 거겠지. 결국 중요한 건 자기 자신을 이겨내는 과정이 아닐까. 너도 많이 힘들었을 텐데 잘 해냈잖아. 희철이 네가 자랑스러워."

"뭘 그 정도 갖고 자랑스럽기까지야. 하긴 생각해보면 그때 어려움을 헤쳐나갔던 경험 이후로 모든 일에 자신감을 가지고 임할 수 있게 된 것 같아. 새로운 눈을 뜬 기분이랄까."

"나도 그래. 위기는 나를 강하게 만드는 또 다른 기회가 된다는 말은 바로 그런 뜻 아니겠어?"

"남은 1년, 우리 함께 잘해보자. 너나 나나 학창 시절 자기 자신과의 싸움에서 승리한 사람들이잖아. 그때의 마음으로 한 걸음씩 나아간다면 조금씩 꿈에 가까워질 수 있을 거야. 난 그렇게 믿어."

"희철이 널 보고 있으니 랭보가 생각난다."

"랭보?"

소희의 미소가 가슴에 와 닿는다. 서늘한 바람보다 더 날카롭게 가슴을 파고든다.

나는 보았어.
무엇을?
영원.
그것은 태양이 녹아드는 바다야.

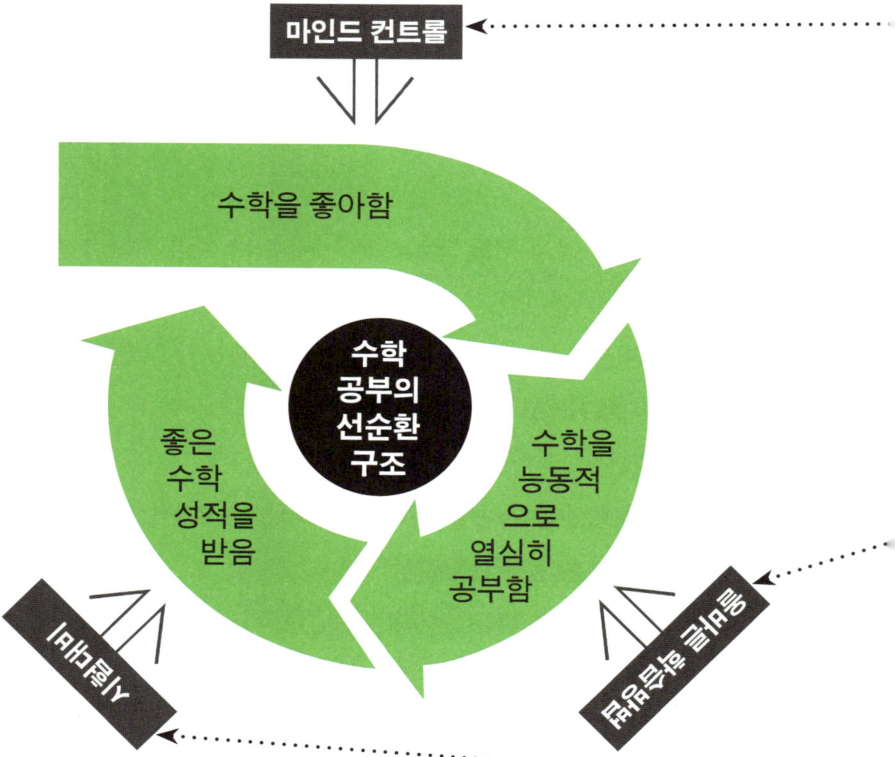

마인드 컨트롤

수학을 좋아함

수학
공부의
선순환
구조

좋은
수학
성적을
받음

수학을
능동적
으로
열심히
공부함

시험관리

맞춤형 수학 공부법

"나는 수학이 아주 어렵다.
수학이 두려운 친구들,
오늘 밤 내가 찾아갈지도 몰라.
낄낄낄……."

:: 기획 대담 ::

수학, 피할 수 없다면 즐겨라

《수학의 눈을 찾아라》의 출간을 앞두고 저희 지은이들은 다시 한자리에 모여 처음 이 책을 기획할 때 가졌던 문제의식을 되새기고 원고의 내용을 정리하는 시간을 가졌습니다. 그 시간은 원고를 집필하면서 한 단계 한 단계 더욱 명확해진 '수학의 눈 공부법'에 대해 다시 한 번 확신을 갖게 된 계기이기도 했습니다.

이 책은 '몇 년째 국제수학올림피아드에서 최상위권의 성적을 유지하는 한국에서 왜 대부분의 학생들은 수학을 어려워하고 싫어하는 것일까?'라는 단순하지만 근본적인 의문에서 시작했습니다. 그리고 거기서 한 걸음 더 나아가 '어떻게 하면 누구나 수학을 즐기면서도 잘할 수 있게 될까'라는 궁극의 질문에 대한 답을 구하려던 저희 여섯 명의 탐구와 노력의 결실이기도 합니다.

다음의 대담 내용은 위 질문에 대한 답이자, '수학 공부 선배'로서의 생생한 경험담, 실질적이고도 구체적인 공부 조언입니다. 아무쪼록 수학 공부에 어려움을 느끼는 여러분에게 도움이 되었으면 합니다.

:: 수학 공포증에서 벗어나 자신감을 갖기 위한 첫 관문

김서준 학생들을 상담하거나 가르쳐보면 상당수가 수학에 대한 두려움을 넘어 공포증까지 느끼고 있는 것 같아. 일종의 패배의식이랄까, 수학은 아무리 해도 수학적 재능이 없으면 안 된다는 생각 말이야. 《수학의 눈을 찾아라》의 악마 아크가 바로 수학 공포증을 상징한다고 할 수 있지. 끊임없이 수학에 대한 거부감과 두려움을 일깨우니까. 하지만 우리도 경험해봐서 알지만, 수학은 기초를 확실하게 잡아서 일단 선순환 구조에 들어서게 되면 다른 과목에 비해 오히려 점수를 올리거나 유지하기가 쉬운 과목이잖아.

김철 그렇지. 나 같은 경우는 선행 학습을 거의 안 해서 인수분해도 모르는 채 과학고에 들어갔어. 입학 후 바로 반 편성 시험을 치렀는데, 140명 남짓한 학생들 중에서 수학이 109등인 거야. 그 당시만 해도 수학의 모든 것이 내겐 부담이었지. 게다가 과학고에서는 수학 공부를 정말 많이 시키잖아. 그때는 수학의 '수'자도 싫었지.

박진형 오죽하면 학생들끼리 '과학고'가 아니라 '수학고'라고 부르기까지 했을까. 과학보다 수학 공부를 더 많이 시킨다고. 왜 이렇게 수학 공부를 많이 시키나 하는 불만은 없었어? 한번 자신감을 잃으면 공부도 하기 싫어지고, 공부를 안 하니까 더 못하게 되고……. 그러다 보면 점점 악순환에 빠지게 되잖아. 어떻게 극복했어?

김희철 그때는 학원도 못 다니고 계속 기숙사에 있어야 되니까, 어쩔 수 없이 친구들한테 많이 의존할 수밖에 없었지. 내가 한 시간 걸려서 푸는 문제를 5분 만에 푸는 친구들을 보면서 자극도 많이 받았지. 하지만 '어떻게 해야 지금보다 수학을 더 잘할 수 있을까' 고민하면서 나만의 공부법을 만들어가게 되었던 것 같아.

처음 입학 시험에서 수학 성적이 너무 안 좋았으니까 중간고사 보기까지 두 달 동안 수학만 공부했어. 하루에 수학 공부만 일곱 시간씩은 했던 것 같아. 풀이 노트에 문제를 진짜 열심히 꼬박꼬박 풀었지. 그렇게 한두 달 꾸준히 풀다 보니, 처음에는 풀이가 스무 줄이 넘고 시간도 오래 걸리던 것이 열 줄, 여덟 줄로 점점 짧아지고, 문제 푸는 시간도 줄어들고, 문제도 잘 풀리고 그랬던 것 같아. 그때 풀이 노트 세 권 가량을 쓰고 나서야 결과적으로 첫 중간고사에서 남들 하는 만큼 할 수 있었던 것 같아.

김서준 희철이가 처음 중간고사 끝나고 겪었던 그런 느낌이었겠네. 특히 그럴 때 수학 잘하는 애들 보면 괜히 거리감 느껴지고, '쟤들은 저런데, 나는 왜 이렇게 못하나' 하는 자괴감에 빠지게 되잖아.

김희철 나도 그때 수학에 재능이 없는 건가 고민 많이 했지. 사실 과학고 학생들이라면 누구나 수학에 대한 두려움을 가지고 있잖아. 공부해야 하는 양도 많고, 배우는 내용도 어렵고 하니까. 그런데 일단 두 번째 시험에서 어느 정도 점수가 나오니까 자꾸 욕심이 생기더라. 자신감이 있으니까 문제도 잘 풀리고, 조금 더 어려운 문제를 풀고 싶고, 성취감이 생기니까 더 열심히 하게 되고, 계속 그렇게 흘러갔던 것 같아.

조승연 철이처럼 수학에 대한 두려움과 편견을 깨고 스스로의 공부법을 찾아가는 게 가장 좋은 공부 방법인 것 같아. 어느 단계까지는 다른 생각 않고 죽어라 공부하다 보면 한순간 벽을 넘어섰다는 느낌을 받게 되지. 소설에서도 희철이가 계속 악마 아크의 말에 신경 쓰고 흔들려하다가 자신만의 방법을 찾고 자신감을 갖게 되면서 아크의 협박과 회유를 무시할 수 있게 되잖아. 악마와의 내기도 중요하지만 '더 이상 수학 공포증에 떨기 싫다, 자존심을 지키고 싶다' 이러면서.

:: 선순환 구조로 가기 위한 첫걸음은 노트 정리

김서준 맞아, 그런 면에서 나는 선순환 구조로 가기 위해서 가장 중요한 건 노트 정리라고 생각해. 수학 노트만 봐도 이 학생이 얼마나 잘하나 감을 잡을 수 있는 것 같거든. 지난 방학에 오산중학교에서 수학을 가르치는 봉사 활동에 교사로 참여한 적이 있었는데, 내가 갔던 반에서 수학을 정말 잘하는 학생이 한 명 있었어. 그런데 그 학생이 다른 학생들과 가장 달랐던 점은, 풀이 노트에 자기가 푸는 모든 문제를 꼼꼼히 정리하는 거였어. 요즘은 수학 전문 학원들에서도 학생들에게 풀이 노트를 만들라고 강요하고 있지만, 정작 그 학생은 사교육을 경험해보지 못했던 학생이었거든. 어렸을 때부터 그런 풀이 노트 쓰는 습관을 기르는 게 정말 중요하다는 걸 다시 한 번 실감했지.

한아름 나는 수학에 대해 크게 자신이 없었기 때문에, 과학고 붙은 중학교 마지막 겨울방학 때는 무조건 《정석》을 다 풀자는 목표를 세우고 도전했었어. 수학은 혼자 공부하는 과목이라고 생각했기 때문에 늦은 밤 시간까지 라디오를 들어가며 홀로 문제를 풀었는데, 결과적으로 풀이 노트가 대여섯 권 정도 나왔을 거야. 그 과정을 이겨내면서부터 수학이 재미있다, 내가 수학을 못하는 게 아니라는 확신이 들었어.

박진형 맞아, 과학고가 수학 공부하는 데 제일 좋았던 점은 선생님들이 문제를 노트에 풀게 해서 검사를 하는 거였어. 수학 공부에 흥미를 붙이기 위해서는 실제로 공부를 해보면서 문제 푸는 게 재미있다는 것을 몸으로 느껴야 하는데 과학고에서는 어쩔 수 없이 수학 공부를 꼭 해야 한다는 생각이 목까지 차오르잖아. 그렇게 처음엔 어쩔 수 없이 수학 공부를 하게 되지만, 그렇게 하다 보면 어느 순간 그 안에서 재미를 발견할 수 있는 것 같아.

김철 난 풀이 노트를 쓸 때도 자기만의 방식을 체계화할 필요가 있다고 생각해. 풀이 노트에 아무리 문제를 열심히 푼다 해도 나름의 법칙과 순서가 없으면 연습장에 휘갈겨 쓴 것과 다름없어지거든. 소설에서 희철이가 '루프스카(RUFSCA)' 방식으로 문제를 풀어나갔던 것이나, 재석이가 수학 공부를 네 가지 노트로 분류해서 했던 것도 같은 맥락에서 이해할 수 있겠지.

특히 문제 풀이 노트에도 단계와 절차를 정해놓고 그것대로 정리하면 당장은 좀 귀찮더라도 훗날 돌이켜보면 정말 큰 도움이 되는 것 같아. 문제를 해결해나가는 논리적 과정을 한눈에 볼 수 있어 복습하기도 좋고 말이야. 이렇게 체계적인 노트 정리가 습관화되면 논리력과 문제 해결 능력이 크게 증진하는 걸 스스로 느낄 수 있지. 그렇게 되면 수학 공부에 더 자신감이 붙고.

:: 수학 과목의 본질과 효율적 공부 방법에 대하여

서인석 난 무엇보다 자신에게 맞는 효과적인 공부 방법을 아는 게 중요한 것 같아. 중고등학교 때 보면 정말 공부 열심히 하는 친구들 있잖아, 그런데도 성적은 잘 안 나오고. 그런 의미에서 또 한 가지 중요한 공부법은 개념을 정확히 이해한 후 확실히 외우는 거라고 생각해. 수학을 이해 과목이라고만 여기고 개념이나 공식을 확실히 외워두지 않으면, 문제를 풀 때마다 매번 개념 유도 과정부터 생각해내야 하기 때문에 시간도 오래 걸리고 실수도 잦아지는 것 같아.

고승연 맞아. 난 교육계의 최대 거짓말 중 하나가 '수학은 암기 과목이 아니다'라는 말 같아. 수학이 암기 과목이 아니라는 것은 정말 수학적 재능을 타고난 애들 얘기지. 일전에 유시민 씨가 쓴 경험담에서 고등학교 때 수학 점수가 안 오르자 3년치 교과서를 몽땅 외웠다는 내용을 봤어. 그 정도는 아니더라도, 수학 공부엔 어느 정도 이해와 암기가 병행되어야 효율적인 것 같아. 그런 의미에서 개념 노트를 정리하는 것도 좋은 방법이지.

박진형 수학 공부에서 효율과 효과를 따지자면 학습 계획표 짜기와 시험 기간의 전략 세우기를 빼놓을 수 없지. 당연한 얘기겠지만 학습 계획표를 제대로 짜지 않으면 효율적으로 공부할 수 없고, 시험 기간을 제대로 보내지 못해 좋은 점수를 받지 못하면 그 또한 효과적이라고 할 수 없으니까. 학습 계획은 단기 · 중기 · 장기 계획으로 나누어 현실적으로, 그리고 실천 가능하게 세우는 게 중요한 것 같아. 세상만사가 그렇듯이 눈앞의 것만 좇다 보면 더 큰 걸 놓치게 되는 경우가 허다하잖아. 매일매일 책상에 코 박고 아무리 열심히 공부해도 계획표라는 큰 밑그림이 없으면 자기가 목표한 바를 성취하기는 힘들지.

:: 연간 단원 맵과 올바른 선행 학습의 중요성

박진형 같은 맥락에서 부모님이나 학생들과 상담을 하다보면 가장 관심 있어 하는 게 바로 '연관 단원 맵'이야. 대학교에서 수학을 전공하면서 더욱 절실하게 느끼는 건데, 수학은 무엇보다 큰 그림이나 흐름을 이해하고 접근하느냐 그렇지 않느냐가 성패를 좌우할 만큼 결정적인 것 같아. 이른바 '종횡무진 공부법'을 어떻게 활용하느냐가 중요하다는 거지.

서인석 나도 고등학교 때까지는 별 체계 없이 공부했던 것 같은데, 수학을 전공한 대학시절 이후 어려운 내용들을 공부하면서 보니까 나도 모르게 종횡무진 학습법으로 공부하고 있더라고. 각각의 개념은 어떻게 공부해도 이해하지만 그 개념의 큰 그림이나 흐름을 완벽히 파악하기 위해선 종횡무진 공부법이 가장 효율적인 것 같아.

한아름 나도 수능 공부 할 때 그렇게 했었어. 수능 공부할 땐 이미 학년별 교과 과정을 다 배운 상태였으니까. 통합형 문제들도 가만 들여다보면 어떤 특정 카테고리 안에서 출제가 되니까 그 카테고리를 폭넓게 이해하고 있으면 문제를 해결하기가 훨씬 쉽더라고.

조승연 맞는 얘기야. 일단 머릿속에 큰 지도가 그려져 있으면, 그걸 대륙별로 구획화하고 그 안에 지명을 하나씩 채워가는 거지. 달리 말해 연관 단원 맵을 머릿속에 잘 그리고 단원 간의 관계를 이해하는 게 정말 중요한 거 같아. 그런 의미에서 선행 학습을 통해 각 단원의 개념을 미리 파악해두는 일이 필요한 거고.

김서준 그런데 말이야, 요즘 학생들 얘기를 들어보면 온 나라가 수학 선행 학습에 미친 것 같잖아. 교과 과정도 많은 고민 끝에 만든 건데, 별 고민 없이 4~5학년씩 당겨서 선행 학습을 하고, 심지어 초등학교 때부터 《정석》 정도는 봐야 공부 좀 하는 거라고 생각하고. 그 아이들이 정말로 제대로 이해하고 있긴 할까?

박진형 공부 좀 한다는 초등학생들이 모두 《정석》을 푸는 게 정상적인 일은 아니지. 지금 이해할 수 있는 수준이 있는데, 그걸 넘어서 억지로 가르쳐주는 건 오히려 부작용을 낳을 수도 있을 거라 생각해.

김서준 선행 학습의 가장 큰 문제는 자만심을 갖게 되는 일인 것 같아. 난 수 I까지 공부하고 과학고에 입학했어. 과학고에는 선행 학습을 하고 온 친구들 많았지만 선행 학습을 전혀 하지 않은 친구들도 상당수 있었어. 과학고까지 오면서 어떻게 선행 학습을 하지도 않았나 하는 생각을 했었는데, 실제 시험을 볼 때 선행 학습을 해서 알고 있다고 자만한 나보다 선행 학습을 전혀 하지 않았지만 정말 꼼꼼히 공부한 애들이 결국 더 낫더라고. 그런 걸 보면서 선행 학습도 하기 나름이구나 생각했지.

처음 선행 학습을 할 때는 나중에 또 배우겠지 하는 생각에 그냥 대충 넘어가게 되고, 나중에 공부할 때는 전에 했던 거니까 하고 넘어가서 결국 제대로 공부하지 못하게 되는 경우가 많잖아. 차라리 한 번을 공부하더라도 경각심을 가지고 제대로 하는 게 낫지 않나 싶어. 그리고 선행 학습은 자기 자신과의 싸움인 것 같아. 수업 시간에도 그만큼 더 집중해야 하니까.

김철 맞아. 무리한 선행 학습보다는 머릿속에 전체 그림을 그리는 차원에서 연관 단원 맵을 이용해 한 학기 정도 앞서서 예습하는 것이 가장 적당한 것 같아.

:: '오늘의 수학 공부'가 '내일의 나'를 결정한다

고승연 그런데 상담을 해보면 이미 수학에 흥미를 잃어버린 학생들에게 수학이 중요하고 재미있는 과목이라는 사실을 이해시키기란 상당히 어려운 일인 것 같아. 고등학생 정도 되면 몇 년 후에 수능을 봐야 하니까

'정말 어쩔 수 없이' 수학 공부를 해야 한다고 생각하잖아. 적지 않은 학생들이 아예 일찌감치 수학을 포기하기도 하고.

박진형 전에 내가 가르쳤던 중학교 1학년 학생이 있었는데, 꿈이 요리사인 그 친구에게 왜 수학을 공부해야 되는지 설명할 길이 없더라. 사실 요리사가 꿈인 아이가 수Ⅱ까지 공부해야 하는 현실이 나조차도 이해가 잘 안 되기도 하고 말야.

김서준 미적분을 잘하면 요리에도 응용할 수 있지 않을까? 시간의 흐름에 따라 국물의 농도가 진해진다든지, 맛과 향이 달라진다든지. 우스갯소리로 한 말이지만 개념적으로 파고들다 보면 분명 도움이 되는 부분이 있을 거야.

김철 그런데 우리도 이미 경험했지만, 대부분의 사람들은 어렸을 때의 꿈이 점점 바뀌잖아. 좀 더 현실적으로 변하기도 하고 구체화되기도 하고. 그런 것처럼 내가 선택할 수 있는 진로의 폭을 넓히기 위해서는 공부를 할 수 있을 때 최선을 다 하는 게 맞는 것 같아. 어렸을 땐 국어 선생님이 되고 싶어 수학, 과학 공부를 등한시했는데 갑자기 의사가 되고 싶어지면 어쩌겠어. 그러니까 그것이 수학이든 영어이든 공부는 자기가 현실적으로 선택할 수 있는 기회의 가짓수를 늘리는 것으로 봐야 할 것 같아. 그건 대학교에 가서도 마찬가지잖아.

김서준 그렇지. 공부는 성실함이랑 관련이 큰 것 같아. 대학에 가고 사회에 나가는 게 지금은 먼 일처럼 느껴져도, 열심히 산 하루하루가 모여 3년 후, 5년 후의 내 모습을 결정하는 거니까. 수학 공부 또한 마찬가지지. 그저 싫고 힘들어서 하루이틀 수학을 피하다 보면, 자기가 원하는 대학이나 직업하고는 점점 멀어지게 되잖아.

박진형 동감이야. '피할 수 없는 현실이라면 즐겨라'라는 말이 있잖아. 원하는 대학 진학을 위해서든, 자신이 꿈꾸는 일을 하기 위해서든 수학 공부는 '피할 수 없는 현실'이니까 끝까지 악착같이 물고 늘어지는 수밖에. 그런 의미에서 수학 공부를 해야 하는 자기만의 이유를 만드는 게 중요한 거고.

서인석 그래도 이 책을 읽는 친구들은 정말 행운아들이다. 우리가 공부할 땐 이렇게 실질적으로 도움이 되는 수학 공부 비법을 알려주는 사람은 없었잖아.

수학의 눈을 찾아라

1판 1쇄 인쇄 2008년 5월 26일
1판 12쇄 발행 2016년 1월 22일

지은이 에듀아이즈(김서준, 박진형, 김철, 서인석, 조승연, 한아름)

발행인 양원석
편집장 김건희
해외저작권 황지현
제작 문태일
영업마케팅 이영인, 김민수, 장현기, 정미진, 이선미, 김수연, 김은유
일러스트 추덕영 **사진** 김연용

펴낸 곳 ㈜알에이치코리아
주소 서울시 금천구 가산디지털2로 53, 20층 (가산동, 한라시그마밸리)
편집문의 02-6443-8903 **구입문의** 02-6443-8838
홈페이지 http://rhk.co.kr
등록 2004년 1월 15일 제2-3726호

ISBN 978-89-255-1957-9 (43410)